电子信息类专业本科系列教材

DIANZI XINXI LEI ZHUANYE BENKE XILIE JIAOCAI

数字电路与HDL实现

SHUZI DIANLU YU HDL SHIXIAN

主 编 曾菊容 文良华

重庆大学出版社

内容提要

本书是“依托国家一流本科专业建设点的电子信息类虚拟教研室建设与探索研究”和一流课程建设的教学改革成果之一,结合电类专业创新型应用人才培养目标的需求编写而成的。本书系统地介绍了数字电路的基础知识、传统数字电路的分析、设计方法和基于EDA现代数字系统设计方法,介绍了Verilog HDL语言在数字逻辑电路设计和数字系统设计方面的应用。全书共10章,主要内容包括逻辑代数基础、Verilog HDL语言基础、基本的集成逻辑门电路、组合逻辑电路、数字信号的存储电路、时序逻辑电路、脉冲产生与整形电路、信号转换电路和数字系统设计基础等。

本书可作为高等院校电子类、自动化类、计算机类及其他相近专业的本科生教学用书,也可作为相关工程技术人员的参考用书。

图书在版编目(CIP)数据

数字电路与HDL实现 / 曾菊容,文良华主编. -- 重庆 : 重庆大学出版社, 2024.1

ISBN 978-7-5689-4306-2

Ⅰ. ①数… Ⅱ. ①曾… ②文… Ⅲ. ①数字电路—可编程序逻辑阵列—高等学校—教材 Ⅳ. ①TN790.2

中国国家版本馆CIP数据核字(2024)第001970号

数字电路与HDL实现

主 编 曾菊容 文良华

副主编 刘亚娟 邓 盼 文代琼

策划编辑:杨粮菊

责任编辑:姜 凤 版式设计:杨粮菊

责任校对:谢 芳 责任印制:张 策

*

重庆大学出版社出版发行

出版人:陈晓阳

社址:重庆市沙坪坝区大学城西路21号

邮编:401331

电话:(023)88617190 88617185(中小学)

传真:(023)88617186 88617166

网址:http://www.cqup.com.cn

邮箱:fxk@cqup.com.cn(营销中心)

全国新华书店经销

重庆市国丰印务有限责任公司印刷

*

开本:787mm×1092mm 1/16 印张:17 字数:438千

2024年1月第1版 2024年1月第1次印刷

印数:1—2 000

ISBN 978-7-5689-4306-2 定价:45.00元

前言

随着数字电子技术的飞速发展,大规模、超大规模可编程逻辑器件及开发软件的相继推出,引起了数字逻辑电路设计的巨大变革。一方面,数字电路的集成度不断提高;另一方面,数字逻辑电路大量借助各种 EDA 工具来进行设计、仿真和调试,实现了硬件设计的软件化。为了适应这种技术发展的需要,同时,也为了适应电类专业创新型应用人才培养目标的需求,我们编写了本书,并作为"依托国家一流本科专业建设点的电子信息类虚拟教研室建设与探索研究"和一流课程建设教学改革成果之一。

本书的特点主要有以下几点:

(1)突出方法,引入新技术,精选内容,适应发展,强化基础,强化工程应用。本书体现了近期教改成果,重点介绍通用集成电路的基本原理及特性,略去其内部复杂电路及分析,侧重器件的逻辑功能及输入、输出电气特性并结合典型工程应用实例,使学生以此进行实际工程设计与应用的初步训练。

(2)对教学内容进行了整合和充实,精简了分立元件部分,减少了数字逻辑门内部电路的分析,淡化了小规模数字逻辑器件的电路设计,加强了数字逻辑电路的 Verilog 描述。

(3)为便于读者加深理解,书中针对重点、难点内容都设有相应的例题,每章均安排有目标、小结和习题,力求做到通俗易懂,便于教学。

(4)书中各部分内容均从基本概念入手,提供学习数字电路的分析方法和设计方法,通过具体电路系统加以归纳和总结,从而培养学生分析问题、解决问题的能力。

本书共 10 章,具体内容如下:

第 1 章是概述,内容包括数字电子技术发展简史、模拟电路和数字电路、数字电路中的数制和数字电路中的代码。

第 2 章是逻辑代数基础,内容包括逻辑代数的基本运算、逻辑代数的基本公式和常用公式、逻辑代数的基本定理、逻辑函数及表示方法、逻辑函数的化简法和卡诺图化简法。

第3章是Verilog HDL语言基础,内容包括Verilog HDL概述、Verilog HDL语言入门、Verilog HDL的基本语法和基本语句。

第4章是基本的集成逻辑门电路,内容包括TTL与CMOS集成门电路的结构和工作原理;特殊逻辑门电路包括OC门、OD门、三态门、传输门的特点及使用方法;TTL和CMOS电路间的接口问题;门电路的Verilog HDL描述和仿真方法。

第5章是组合逻辑电路,内容包括组合逻辑电路的特点;组合逻辑电路的分析与设计;常用的MSI组合逻辑器件的原理及应用;组合逻辑电路的竞争与冒险现象的判别和消除方法;常用组合逻辑器件的Verilog HDL描述和仿真方法。

第6章是数字信号的存储电路,内容包括各种触发器的电路结构和逻辑功能;数码寄存器和移位寄存器的工作原理;只读存储器和随机存储器的工作原理以及存储器容量扩展,用存储器实现组合逻辑函数的方法;触发器的Verilog HDL描述及其仿真方法。

第7章是时序逻辑电路,内容包括时序逻辑电路的特点;时序逻辑电路的分析方法和设计方法;常用MSI时序逻辑器件的原理及应用;常用时序逻辑器件的Verilog HDL描述及其仿真方法。

第8章是脉冲产生与整形电路,内容包括555定时器电路结构和基本功能;555定时器构成的施密特触发器、单稳态触发器和多谐振荡器的方法及3种电路的应用。

第9章是信号转换电路,内容包括模数转换电路和数模转换电路的基本工作原理,常用集成模数转换器和数模转换器的使用方法。

第10章是数字系统设计基础,内容包括数字系统的基本构成、数字系统的设计方法;以交通信号灯控制器的设计为例,详细讲解有限状态机的应用。

本书由曾菊容、文良华担任主编,负责制订编写提纲并统稿。刘亚娟、邓盼、文代琼担任副主编。编写分工如下:邓盼编写第1、2章,文良华编写第3、10章,曾菊容编写第4、6、7、8章,刘亚娟编写第5、9章,其中,第4、5、6、7章中的Verilog HDL描述由文代琼提供。

由于编者水平有限,书中难免存在疏漏与不足之处,恳请广大读者批评指正。

编　者

2023年1月

目录

第1章 概述

【本章目标】

(1)了解数字电子技术的发展简史。

(2)了解模拟信号、模拟电路与数字信号、数字电路以及数字系统等概念。

(3)掌握各种常用的数制:十进制、二进制、八进制、十六进制。

(4)熟练掌握进位计数制规则及相互转换。

(5)熟练掌握各种常用码制和编码方式。

(6)了解原码、反码、补码以及二进制的运算。

1.1 数字电子技术发展简史

数字电子技术应用的历史可以追溯到17世纪。1642年,法国人Blaise Pascal设计了一台机械的数值加法器。1671年,德国数学家Gottfried Wilhelm Leibniz设计了一台乘、除法器。19世纪,英国数学家Charles Babbage制造了一台用于计算航行时间表的自动计算机器,该机器被公认为是现代计算机的先驱。1848年,英国数学家George Boole提出了一种特殊的代数,也就是现在所说的布尔代数,它是现代数字逻辑电路设计的核心。

1904年,世界上第一只电子管诞生了,由英国物理学家John Ambrose Fleming发明。人类第一只电子管的诞生,标志着世界从此进入了电子时代。20世纪30—40年代,贝尔实验室发明了二进制电子加法器和复数运算器(均采用继电器逻辑实现,图1.1是用继电器实现的与逻辑)。同期贝尔实验室的Claude Elwood Shannon为了实现电话交换的自动化,继承了布尔早期的工作,提出了现在用于数字逻辑电路设计的现代交换代数。20世纪40年代,宾夕法尼亚大学莫尔学院的莫尔小组研制发明了世界上第一台电子数字计算机ENIAC,如图1.2所示,它采用真空电子管工艺(图1.3)制造,由17 468个电子管、6万个电阻器、1万个电容器和6 000个开关组成,重达30 t,占地160 m^2,耗电174 kW · h,耗资45万美元。20世纪50年代,发明了双极型晶体管(图1.4);20世纪60年代,TTL逻辑电路和集成电路的出现都极大地加快了数字逻辑和计算机技术的发展。随着科学技术的迅速发展和对数字电路不断增长的应用要求,集成电路生产厂家积极采用新技术、改进设计方案和生产工艺,沿着提高速度、降低功耗、缩小体积的方向作不懈努力,不断推出各种型号的新产品。仅几十年时间,数字电路就从小规模、中规模、大规模发展到超大规模、巨大规模。到 2000 年,Pentium 4 拥有 4 000 多万个晶体管,而发展到现在 Intel 的酷睿 i9 四核处理器已经达到 7.31 亿个晶体管。

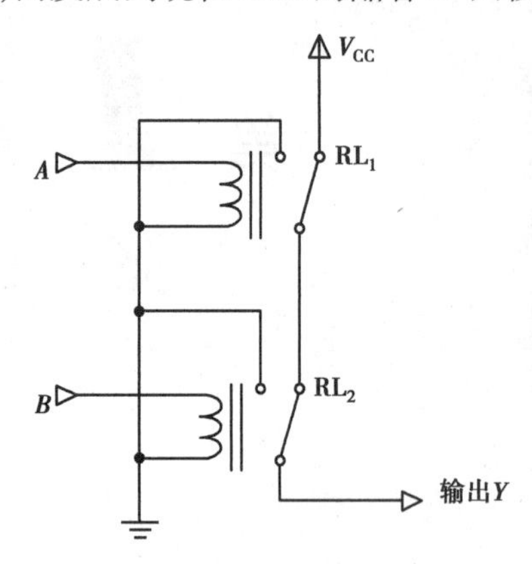

图 1.1　继电器实现的与逻辑

图 1.2　世界上第一台电子数字计算机 ENIAC

图 1.3　真空电子管

图 1.4　双极型晶体管

如今新一代电子系统设计师利用模拟电子技术和数字电子技术设计制造出品种多样、功能丰富的电子系统来帮助人们进行医疗、农业、工业生产过程控制、金融、通信、娱乐、探索太空奥秘和预测天气等活动。

1.2　模拟电路和数字电路

1.2.1　模拟信号和数字信号

1) 模拟信号

模拟信号是指用连续变化的物理量表示的信息,其信号的幅度、频率或相位随时间作连续变化,如图 1.5 所示,声音、图像以及自然界的风速、光照度、流量、压力等均为模拟信号。物理学中的物理量,大多以模拟信号的形式存在。

2)数字信号

数字信号是指时间和幅度的取值都是离散的物理量。数字信号在电路中往往表示为突变的电压或电流。图1.6是典型的数字信号波形,即理想的矩形脉冲。该波形具有以下两个特点:

①信号只有两个电压值:5 V和0 V。可以用逻辑0表示0 V,用逻辑1表示5 V(正逻辑体制,本书所采用的体制),也可以反过来用逻辑1表示0 V,用逻辑0表示5 V(负逻辑体制)。

②信号从一个逻辑状态变化到另一个逻辑状态,是一个突然变化的过程,因此,这类信号通常又称为脉冲信号。

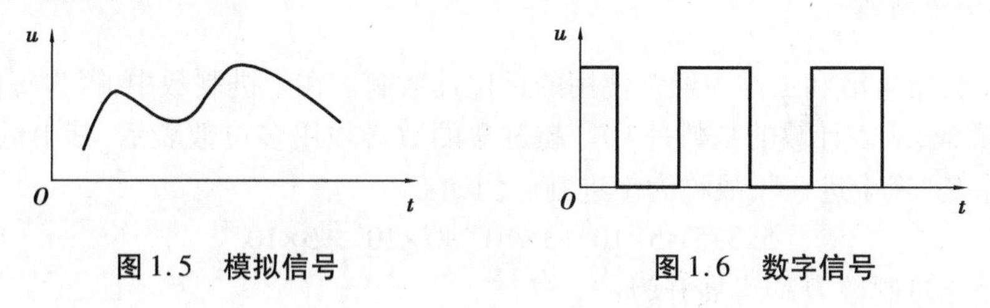

图1.5 模拟信号　　图1.6 数字信号

1.2.2 模拟电路和数字电路

1)模拟电路

模拟电路是指用于传递、处理模拟信号的电子线路。模拟电路已渗透到各个领域,如无线电通信、工业自动控制、电子仪器仪表以及文化生活中的电视、音响、娱乐等家用电器中。

2)数字电路

数字电路是指用于传递、处理数字信号的电子线路。数字电路能够实现对数字信号的传输、逻辑运算、控制、计数、寄存、显示及脉冲信号的产生和转换。数字电路被广泛应用于数字电子计算机、数字通信系统、数字式仪表、数字控制装置及工业逻辑系统等领域。

与模拟电路相比,数字电路的优点如下:

①抗干扰能力强、无噪声积累。在模拟通信中,需要在信号传输过程中及时对衰减的传输信号进行放大,以免随着传输距离的增加,噪声累积越来越多,使传输质量严重恶化。对数字通信,只要当信噪比恶化到一定程度时重新生成与原发送端一样的数字信号,即可实现长距离、高质量的信号传输。

②便于压缩。通过删除冗余和不重要的信息,数字信号可以被压缩,因此,数字电路占用资源少。

③便于加密处理。数字通信的加密处理比模拟通信容易得多,以语音信号为例,经过数字变换后的信号可用简单的数字逻辑运算进行加密和解密处理。

④便于存储、处理和交换。数字通信的信号形式与计算机所用信号一致,都是二进制代码,因此,便于与计算机联网,也便于用计算机对数字信号进行存储、处理和交换。

⑤数字化的设备便于集成化、微型化。如数字通信采用时分多路复用;数字电路可用大规模和超大规模集成电路实现,电路装置体积小、功耗低。

为了充分利用数字系统的优势,现代电子系统输入端的模拟信号应尽可能早地转换成数字信号,而在输出端则应尽可能迟地转换回模拟信号。

1.3 数字电路中的数制

数制是计数进位的简称。在数字电路中广泛使用二进制(Binary)数,但二进制数读写起来数字都较长。为了弥补这一缺点,通常也采用八进制(Octal)数和十六进制(Hexadecimal)数。本节从大家熟悉的十进制(Decimal)数开始,介绍常用数制和数制之间的相互转换方法。

1.3.1 十进制数

十进制是日常生活和工作中经常使用的进位计数制。在十进制数中,因为每位有 0 ~9 共 10 个可能的数码,所以计数的基数是 10。超过 9 的数必须用多位数表示,其中低位和相邻高位之间的关系是"逢十进一",故称为十进制。例如:

$$5.375=5\times10^{0}+3\times10^{-1}+7\times10^{-2}+5\times10^{-3}$$

所以任意一个十进制数 D 均可展开为:

$$D = \sum k_i \times 10^i \tag{1.1}$$

式中,k_i 是第 i 位的系数,它可以是 0 ~9 这 10 个数码中的任意一个。若整数部分的位数为 n,小数部分的位数为 m,则 i 包含从 $n-1$ 到 0 的所有正整数和从 -1 到 $-m$ 的所有负整数。

若以 N 取代式(1.1)中的 10,即可得到任意进制(N 进制)数按十进制展开式的普遍形式:

$$D = \sum k_i N^i \tag{1.2}$$

式中,i 的取值与式(1.1)的规定相同。k_i 为第 i 位的系数,N 称为计数的基数,为第 i 位的权。

1.3.2 二进制数

目前,在数字电路中使用较广的是二进制数。在二进制数中,因为每一位仅有"0"和"1"两个可能的数码,所以计数基数是 2。低位和相邻高位之间的进位关系是"逢二进一",故称为二进制。

根据式(1.2),任何一个二进制数均可展开为:

$$D = \sum k_i \times 2^i \tag{1.3}$$

1.3.3 八进制数

在某些场合有时也使用八进制数。在八进制数中,因为每一位有 0 ~7 共 8 个可能的数码,所以计数的基数是 8。低位和相邻的高位之间的进位关系是"逢八进一"。任意一个八进制数可以按十进制数展开为:

$$D = \sum k_i \times 8^i \tag{1.4}$$

1.3.4 十六进制数

十六进制数的每一位有 16 个可能的数码,分别用 0 ~9、A(10)、B(11)、C(12)、D(13)、E(14)、F(15)表示。因此,任意一个十六进制数均可展开为:

$$D = \sum k_i \times 16^i \tag{1.5}$$

由于目前在微型计算机中普遍采用8位、16位和32位二进制数并行运算,而8位、16位和32位的二进制数可以用2位、4位和8位的十六进制数表示,因而用十六进制符号书写程序十分简便。

表1.1是十进制数0~15与等值二进制、八进制、十六进制的对照表。

表1.1 不同进制数的对照表

十进制(Decimal)	二进制(Binary)	八进制(Octal)	十六进制(Hexadecimal)
00	0000	00	0
01	0001	01	1
02	0010	02	2
03	0011	03	3
04	0100	04	4
05	0101	05	5
06	0110	06	6
07	0111	07	7
08	1000	10	8
09	1001	11	9
10	1010	12	A
11	1011	13	B
12	1100	14	C
13	1101	15	D
14	1110	16	E
15	1111	17	F

1.3.5 不同数制间的转换

1)二进制数、八进制数、十六进制数转换为十进制数

将二进制数、八进制数、十六进制数转换为等值的十进制数时只要将二进制数、八进制数、十六进制数分别按照式(1.3)、式(1.4)、式(1.5)展开,然后将所有各项的数值按十进制数相加,就可得到等值的十进制数。例如:

$$(1101101)_2 = 1\times2^6+1\times2^5+0\times2^4+1\times2^3+1\times2^2+0\times2^1+1\times2^0 = (109)_{10}$$

2)十进制数转换为二进制数、八进制数、十六进制数

将十进制数转换为二进制数、八进制数、十六进制数的方法是:整数部分除以基数取余,小数部分乘以基数取整。

例如,将$(173)_{10}$化为二进制数时可按如下进行:

2⌊173 ………………………………………………… 余数$=1=k_0$

$$
\begin{array}{l|ll}
2 & 86 & \cdots\cdots\ \text{余数}=0=k_1 \\
2 & 43 & \cdots\cdots\ \text{余数}=1=k_2 \\
2 & 21 & \cdots\cdots\ \text{余数}=1=k_3 \\
2 & 10 & \cdots\cdots\ \text{余数}=0=k_4 \\
2 & 5 & \cdots\cdots\ \text{余数}=1=k_5 \\
2 & 2 & \cdots\cdots\ \text{余数}=0=k_6 \\
2 & 1 & \cdots\cdots\ \text{余数}=1=k_7 \\
 & 0 &
\end{array}
$$

故$(173)_{10}=(10101101)_2$。

例如，将$(0.8125)_{10}$化为二进制小数时可按如下进行，即

$$
\begin{array}{rl}
0.8125 & \\
\times\quad 2 & \\
\hline
1.6250 & \cdots\cdots\ \text{整数部分}=1=k_{-1} \\
0.6250 & \\
\times\quad 2 & \\
\hline
1.2500 & \cdots\cdots\ \text{整数部分}=1=k_{-2} \\
0.2500 & \\
\times\quad 2 & \\
\hline
0.5000 & \cdots\cdots\ \text{整数部分}=0=k_{-3} \\
0.5000 & \\
\times\quad 2 & \\
\hline
1.0000 & \cdots\cdots\ \text{整数部分}=1=k_{-4}
\end{array}
$$

故$(0.8125)_{10}=(0.1101)_2$。

3）二进制数转换为八进制数、十六进制数

因为八进制数是 3 位二进制数，所以将二进制数转换为等值的八进制数时只需将二进制数整数部分从低位到高位每 3 位分组，不足 3 位的在高位补 0，小数部分从高位到低位每 3 位分组，不足 3 位的在低位补 0，每组用 1 位八进制数代替即可得到对应的八进制数。同理，因为十六进制数是 4 位二进制数，所以将二进制数转换为等值的十六进制数时只需将二进制数整数部分从低位到高位每 4 位分组，不足 4 位的在高位补 0，小数部分从高位到低位每 4 位分组，不足 4 位的在低位补 0，每组用 1 位十六进制数代替即可得到对应的十六进制数。

例如：二进制数$(01011110.10110010)_2$转换为十六进制数为$(5E.B2)_{16}$

二进制数$(011110.010111)_2$转换为八进制数为$(36.27)_8$

4）十六进制数或者八进制数转换为二进制数

十六进制数转换为等值的二进制数时只需将十六进制数的每一位用等值的 4 位二进制数代替即可，八进制数转换为等值的二进制数只需将八进制数的每一位用等值的 3 位二进制数代替即可。

例如：十六进制数$(8FA.C6)_{16}$转换为二进制数为$(100011111010.11000110)_2$

八进制数$(52.43)_8$转换为二进制数为$(101010.100011)_2$

1.4 数字电路中的代码

1.4.1 二-十进制代码

为了用二进制代码表示十进制数的0~9这10个状态,二进制代码至少应有4位。4位二进制代码一共有16个(0000~1111),取其中哪十个以及如何与0~9相对应,有许多种方案。表1.2中列出了几种常用的十进制代码,它们的编码规则各不相同。

表1.2 几种常用的十进制代码

十进制数	编码种类			
	8421码(BCD代码)	余3码	2421码	5211码
0	0000	0011	0000	0000
1	0001	0100	0001	0001
2	0010	0101	0010	0100
3	0011	0110	0011	0101
4	0100	0111	0100	0111
5	0101	1000	1011	1000
6	0110	1001	1100	1001
7	0111	1010	1101	1100
8	1000	1011	1110	1101
9	1001	1100	1111	1111
权	8421	无权码	2421	5211

8421码又称BCD(Binary Coded Decimal)码,是十进制代码中最常用的一种。在这种编码方式中,每一位二值代码的1都代表一个固定数值,将每一位的1代表的十进制数相加,所得结果就是它代表的十进制数码。由于代码中从左到右每一位的1分别表示8,4,2,1,因此将这种代码称为8421码。每一位的1代表的十进制数称为这一位的权。8421码中每一位的权是固定不变的,它属于恒权代码。

余3码的编码规则与8421码不同,如果把每一个余3码看作4位二进制数,则它的数值要比它所表示的十进制数码多3,故将这种代码称为余3码。余3码中0和9、1和8、2和7、3和6、4和5互为反码,余3码不是恒权代码。

2421码是一种恒权代码,它的0和9、1和8、2和7、3和6、4和5也互为反码。

5211码是另一种恒权代码。5211码每一位的权与8421码十进制计数器输出脉冲的分频比相对应。这种对应关系在构成某些数字系统时很实用。

1.4.2 格雷码

格雷码(Gray Code)又称循环码。从表 1.3 的 4 位格雷码编码表中可看出,格雷码的构成方法就是每一位的状态变化都按照一定的顺序循环。如果从 0000 开始,最右边一位的状态按 0110 顺序循环变化,右边第二位的状态按 00111100 顺序循环变化,右边第三位按 0000111111110000 顺序循环变化。可见,自右向左,每一位状态循环中连续的 0、1 数目增加一倍。由于 4 位格雷码只有 16 个,因此最左边一位的状态只有半个循环,即 0000000011111111。按照上述原则,就很容易得到更多位数的格雷码。

与普通二进制代码相比,格雷码的最大优点就在于它按照表 1.3 的编码顺序依次变化时,相邻两个代码之间只有一位发生变化。这样在代码转换的过程中就不会产生过渡噪声。而在普通二进制代码的转换过程中,有时会产生过渡噪声。

表 1.3　4 位格雷码与二进制代码的比较

编码顺序	二进制代码	格雷码
0	0000	0000
1	0001	0001
2	0010	0011
3	0011	0010
4	0100	0110
5	0101	0111
6	0110	0101
7	0111	0100
8	1000	1100
9	1001	1101
10	1010	1111
11	1011	1110
12	1100	1010
13	1101	1011
14	1110	1001
15	1111	1000

十进制代码的余 3 循环码就是取 4 位格雷码中的 10 个代码组成的,它仍然具有格雷码的优点,即两个相邻代码之间仅有一位不同。

1.4.3 美国信息交换标准代码(ASCII)

美国信息交换标准代码(American Standard Code for Information Interchange,ASCII 码)是由美国国家标准协会(American National Standard Institute,ANSI)制定的一种信息代码,广泛用

于计算机和通信领域中。ASCII 码已经由国际标准化组织(International Organization for Standardization,ISO)认定为国际通用的标准代码。

ASCII 码是一组 7 位二进制代码($b_7b_6b_5b_4b_3b_2b_1$),共 128 个,其中包括表示 0 ~9 的 10 个代码,表示大、小写英文字母的 52 个代码,32 个表示各种符号的代码以及 34 个控制码。表 1.4 是 ASCII 码的编码表。

表 1.4　美国信息交换标准代码(ASCII 码)

$b_4b_3b_2b_1$	$b_7b_6b_5$							
	000	001	010	011	100	101	110	111
0000	NUL	DLE	SP	0	@	P	、	P
0001	SOH	DC1	!	1	A	Q	a	q
0010	STX	DC2	“	2	B	R	b	r
0011	ETX	DC3	#	3	C	S	c	s
0100	EOT	DC4	$	4	D	T	d	t
0101	ENQ	NAK	%	5	E	U	e	u
0110	ACK	SYN	&	6	F	V	f	v
0111	BEL	ETB	‘	7	G	W	g	w
1000	BS	CAN	(	8	H	X	h	x
1001	HT	EM	)	9	I	Y	i	y
1010	LF	SUB	*	:	J	Z	j	z
1011	VT	ESC	+	;	K	[	k	{
1100	FF	FS	,	<	L	\	l	|
1101	CR	GS	–	=	M	]	m	}
1110	SO	RS	.	>	N	^	n	~
1111	SI	US	/	?	O	–	o	DEL

1.4.4　奇偶校验码

奇偶校验码也是一种可靠性代码,为校验码类型中最简单的一种,它能检验出信息代码在传送过程中出现的错误。其编码规律是在信息代码位上添加 1 位校验位。因此,奇偶校验码由两部分组成:一部分是信息位,为需要传送的信息本身;另一部分是奇偶校验位,校验位可以添加在信息位的前面,也可以添加在信息位的后面。在编码时,根据信息位中 1 的个数决定添加的校验位是 1 还是 0,这样,使整个代码中 1 的个数按预先规定成为奇数或偶数。当信息位和校验位中 1 的个数为奇数时,称为奇校验码;而 1 的个数为偶数时,称为偶校验码。

当某一组代码在传送过程中出现 1 的个数与规定不符时,一旦出错就会被发现。但奇偶校验码只能发现代码的 1 位(或奇数位)出错,而不能发现 2 位出错。由于 2 位出错的概率远低于 1 位出错的概率,因此,用奇偶校验码检测代码在传送过程中的错误是非常有效的。

表1.5列出了由4位信息位及1位奇偶校验位构成的十进制数码的5位奇偶校验码。

表1.5 十进制数码的5位奇偶校验码

十进制数码	带奇校验的8421BCD码		带偶校验的8421BCD码	
	信息码	校验码	信息码	校验码
0	0000	1	0000	0
1	0001	0	0001	1
2	0010	0	0010	1
3	0011	1	0011	0
4	0100	0	0100	1
5	0101	1	0101	0
6	0110	1	0110	0
7	0111	0	0111	1
8	1000	0	1000	1
9	1001	1	1001	0

1.4.5 原码、反码和补码

在数字系统中表示一个有符号数时,其符号也要用数码0和1来表示,一般用0表示正数,1表示负数。数的最高位为符号位,其余部分为数值位。在数字系统中,二进制数作减法运算时一般先比较两个数绝对值的大小,将绝对值大的数减绝对值小的数,最后在相减结果的前面加上正确符号即可。虽然逻辑电路可以实现减法运算,但是电路复杂,为了简化减法运算,一般转换为加法运算来进行。因此,提出了有符号数的3种表示形式,分别为原码、反码和补码。

1)原码

原码的编码规律可概括为:正数的符号位用"0"表示,负数的符号位用"1"表示,数位部分则和真值完全一样。原码的优点:简单、直观,而且用原码作乘法运算时比较方便。但对加、减运算却非常不方便。如两个异号数相加,实际是要做减法,而两个异号数相减,实际是要做加法。在做减法时,还要判断操作数绝对值的大小,这些都会使运算器的设计变得很复杂。为了克服上述缺点,目前在计算机中普遍使用补码进行算术运算。

2)反码

反码又称为"对1的补数"。用反码表示时,数值的形式与它的符号位有关,左边第1位是符号位,符号位为"0"代表正数,符号位为"1"代表负数。对于负数,反码是将原码数位部分按位取反;而对于正数,反码和原码相同。

3)补码

补码具有许多特点,是数字系统中使用最多的一种编码。补码又称为"对2的补数"。在补码表示中,正数的表示与原码相同,而负数的补码符号位为1,数值位是将原码按位取反后末位加1。

例如，两个带符号的二进制数分别为 X_1 和 X_2，其真值形式为 $X_1=+1100101$，$X_2=-1101100$，则 X_1 和 X_2 的补码表示形式为：$[X_1]_{补}=01100101$，$[X_2]_{补}=10010100$。

【例1.1】 用二进制补码运算，求(+8)+(+11)和(-16)+(-14)的运算结果，设字长为8位。

解 由于字长为8位，(+8)的补码等于00001000，(+11)的补码为00001011，(-16)的补码为11110000，(-14)的补码为11110010。

进行补码加运算，其结果为：

$$(+8)+(+11)=00001000+00001011=00010011$$

$$(-16)+(-14)=11110000+11110010=11100010$$

由该例可知，若将两个加数的符号位和来自最高位有效数的进位相加，得到的结果就是和的符号。如果两个同符号数相加，它们的绝对值之和不能超过有效数字位所能表示的最大值，否则会出错。

本章小结

本章概述了数字电子技术的发展简史、概括了数字信号的特点，详细讨论了数字电路中十分重要的数制和码制问题。为了简化电路结构，节省存储设备，数字信号主要采取二进制信号。计数制和编码方案是将二进制信号与具体的物理概念连接起来的纽带。常用数制包括二进制、八进制、十进制和十六进制等。在实际应用中，经常要将数字在不同计数制之间转换，本章还介绍了常用的数制转换方法，这些转换方法都遵循一个共同的原则，即转换前后数字的值(大小)不变。常用编码方案包括二-十进制码(BCD码)、格雷码和奇偶校验码。不同的编码方案各有其特点，在实际应用中，应根据具体情况选用。最后简述了原码、反码和补码的基本概念。

习 题

1. 将下列二进制数转换为十进制数。

(1)10110001　　(2)10101010　　(3)11110001　　(4)10001000

2. 将下列二进制数转换为十进制数。

(1)1110.01　　(2)1010.11　　(3)1100.101　　(4)1001.0101

3. 将下列十进制数转换为二进制数、八进制数和十六进制数。

(1)25　　(2)43　　(3)56　　(4)78

4. 将下列十六进制数转换为十进制数。

(1)FF　　(2)3FF　　(3)AB　　(4)13FF

5. 将下列十六进制数转换为二进制数。

(1)11　　(2)9C　　(3)B1　　(4)AF

6. 写出下列二进制数的反码与补码(最高位为符号位)。

(1)01101100　(2)11001100　(3)11101110　(4)11110001

7. 将下列十进制数转换成 BCD 码。

(1)25　(2)34　(3)78　(4)152

8. 试写出 3 位和 4 位二进制数的格雷码。

9. 用二进制补码运算计算下列各式。

(1)12-7　(2)23-11　(3)20-25　(4)-12-5

第2章 逻辑代数基础

【本章目标】

(1)掌握逻辑代数的基本运算、基本定理和常用公式。

(2)掌握逻辑函数的真值表、代数式、逻辑图和卡诺图的表示方法。

(3)掌握逻辑函数代数式的标准形式和非标准形式。

(4)掌握逻辑函数的公式法化简和卡诺图化简。

逻辑代数是按照一定的逻辑关系进行运算的代数,是分析和设计数字电路的数学工具。逻辑代数中的变量一般用字母 $A,B,C,\cdots$ 表示。每个变量只取“0”或“1”两种情况,即变量不是取“0”,就是取“1”,没有第三种情况。它相当于信号的有或无,电平的高或低,电路的导通或截止。

2.1 3种基本逻辑运算

逻辑代数的基本运算有与(AND)、或(OR)、非(NOT)3种。为便于理解它们的含义,先来看一个简单的例子。

图2.1中给出了3个指示灯的控制电路。在图2.1(a)所示的电路中,只有当两个开关同时闭合时,指示灯才会亮;在图2.1(b)所示的电路中,只要有任何一个开关闭合,指示灯就亮;而在图2.1(c)所示的电路中,开关断开时灯亮,开关闭合时灯反而不亮。

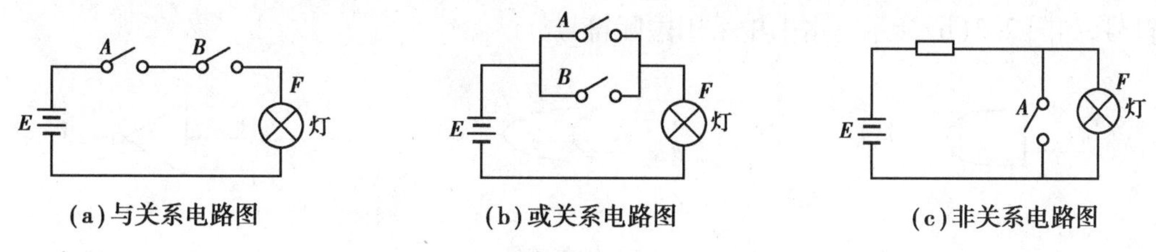

图2.1 用于说明与、或、非定义的电路

如果把开关闭合作为条件(或导致事物结果的原因),把灯亮作为结果,那么图2.1中的3

个电路代表了 3 种不同的因果关系：

图 2.1(a)的例子表明，只有决定事物结果的全部条件同时具备时，结果才会发生。这种因果关系称为逻辑与，或称逻辑相乘。

图 2.1(b)的例子表明，在决定事物结果的诸条件中只要有任何一个满足，结果就会发生。这种因果关系称为逻辑或，也称逻辑相加。

图 2.1(c)的例子表明，只要条件具备了，结果便不会发生；而条件不具备时，结果一定发生。这种因果关系称为逻辑非，也称逻辑求反。

若以 A,B 表示开关的状态，并以“1”表示开关闭合，以“0”表示开关断开；F 表示指示灯的状态，并以“1”表示灯亮，以“0”表示不亮，则可以列出以“0”“1”表示的与、或、非逻辑关系的图表，见表 2.1、表 2.2 和表 2.3。这种图表称为逻辑真值表(Truth Table)，简称真值表。

表 2.1　与逻辑运算的真值表

A	B	Y
0	0	0
0	1	0
1	0	0
1	1	1

表 2.2　或逻辑运算的真值表

A	B	Y
0	0	0
0	1	1
1	0	1
1	1	1

表 2.3　非逻辑运算的真值表

A	Y
0	1
1	0

在逻辑代数中，将与、或、非看作逻辑变量 A,B 间的 3 种最基本的逻辑运算，并以“ · ”表示与运算，以“+”表示或运算，以变量上的加“-”表示非运算。因此，A 和 B 进行与逻辑运算时可写成：

$$Y=A\cdot B \tag{2.1}$$

A 和 B 进行或逻辑运算时可写成：

$$Y=A+B \tag{2.2}$$

对 A 进行非逻辑运算时可写成：

$$Y=\overline{A} \tag{2.3}$$

同时，将实现与逻辑运算的单元电路称为与门，将实现或逻辑运算的单元电路称为或门，将实现非逻辑运算的单元电路称为非门(也称为反相器)。

与、或、非逻辑运算还可以用图形符号表示。图 2.2 中给出了被 IEEE(美国电气和电子工程师协会)和 IEC(国际电工委员会)认定的两套与、或、非的图形符号。其中，一套是目前在国外教材和 EDA 软件中普遍使用的欧美符号，如图 2.2(a)所示；另一套是矩形轮廓，称为国际符号，如图 2.2(b)所示。本书中采用国际符号。

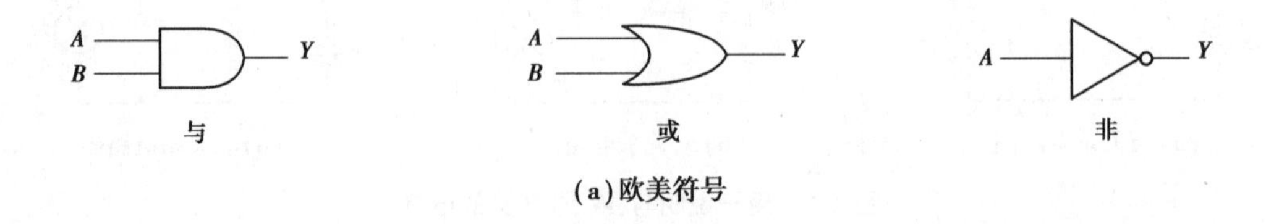

(a)欧美符号

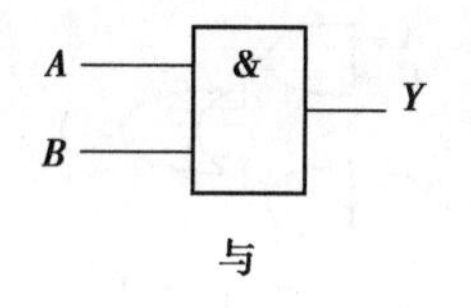

与

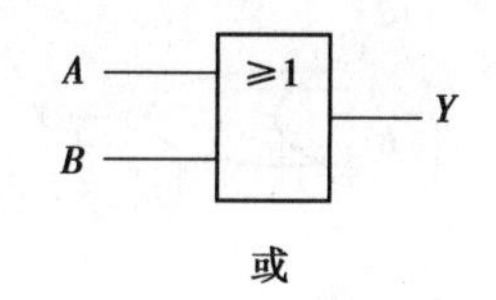

或

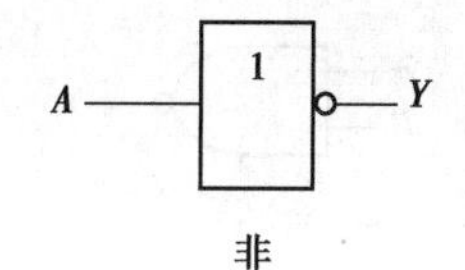

非

(b)矩形轮廓符号

图2.2　与、或、非的图形符号

实际的逻辑问题往往比与、或、非复杂得多，不过它们都可以用与、或、非的组合来实现。最常见的复合逻辑运算有与非(NAND)、或非(NOR)、与或非(AND-NOR)、异或(EXCLUSIVE OR)、同或(EXCLUSIVE NOR)等。表2.4—表2.8给出了这些复合逻辑运算的真值表。图2.3是它们的图形逻辑符号和运算符号。

表2.4　与非逻辑运算的真值表

A	B	Y
0	0	1
0	1	1
1	0	1
1	1	0

表2.5　或非逻辑的真值表

A	B	Y
0	0	1
0	1	0
1	0	0
1	1	0

表2.6　与或非逻辑运算的真值表

A	B	C	D	Y	A	B	C	D	Y
0	0	0	0	1	1	0	0	0	1
0	0	0	1	1	1	0	0	1	1
0	0	1	0	1	1	0	1	0	1
0	0	1	1	0	1	0	1	1	0
0	1	0	0	1	1	1	0	0	0
0	1	0	1	1	1	1	0	1	0
0	1	1	0	1	1	1	1	0	0
0	1	1	1	0	1	1	1	1	0

由表2.4可知，将A，B先进行与运算，然后将结果求反，最后得到的即为A，B的与非运算结果。因此，可以把与非运算看作与运算和非运算的组合。图2.3中图形符号上的小圆圈表示非运算。

表2.7　异或逻辑的真值表

A	B	Y
0	0	0
0	1	1
1	0	1
1	1	0

表2.8　同或逻辑的真值表

A	B	Y
0	0	1
0	1	0
1	0	0
1	1	1

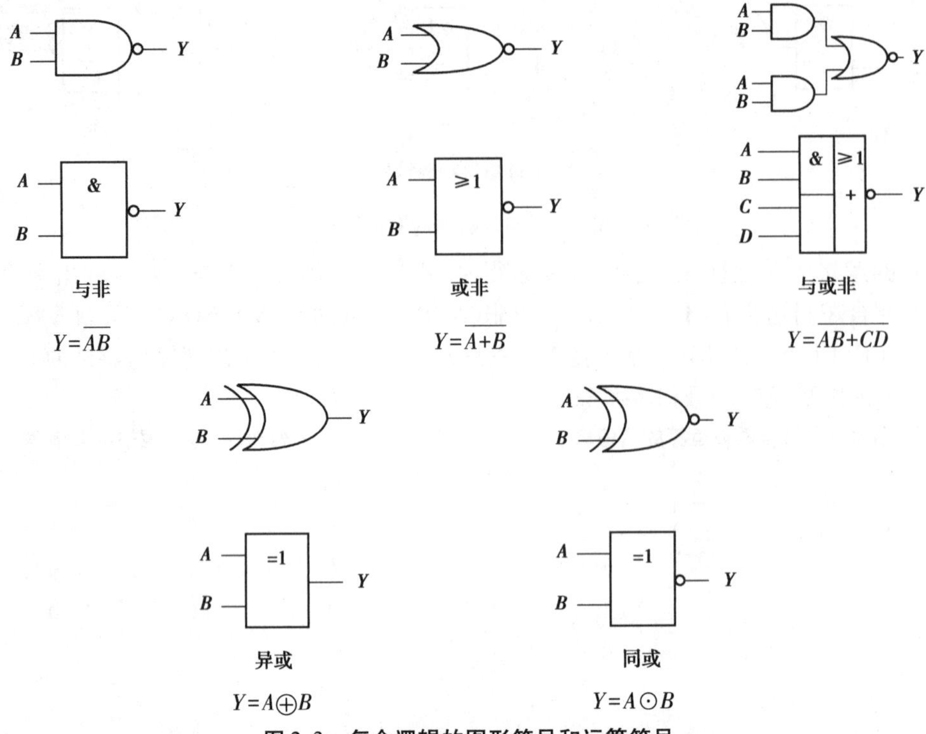

图 2.3　复合逻辑的图形符号和运算符号

在与或非逻辑中，A，B 之间以及 C，D 之间都是与的关系，只要 A，B 或 C，D 任何一组同时为 1，输出 Y 就是 0。只有当每一组输入都不全是 1 时，输出 Y 才是 1。

异或是这样一种逻辑关系：当 A，B 不同时，输出 Y 为 1；而当 A，B 相同时，输出 Y 为 0。异或也可以用与、或、非的组合表示，即

$$Y=A\oplus B=A\overline{B}+\overline{A}B \tag{2.4}$$

同或和异或相反，当 A，B 相同时，Y 等于 1；A，B 不同时，Y 等于 0。同或也可以写成与、或、非的组合形式，即

$$Y=A\odot B=AB+\overline{A}\cdot\overline{B} \tag{2.5}$$

而且，由表 2.7 和表 2.8 可知，异或和同或互为反运算，即

$$\begin{aligned}A\odot B&=\overline{A\oplus B}\\A\oplus B&=\overline{A\odot B}\end{aligned} \tag{2.6}$$

2.2　逻辑代数的基本公式和常用公式

2.2.1　基本公式

表 2.9 给出了逻辑代数的基本公式。这些公式也称为布尔恒等式。

表2.9　逻辑代数的基本公式

序号	公式	序号	公式
1	$0 \cdot A=0$	10	$\overline{1}=0;\overline{0}=1$
2	$1 \cdot A=A$	11	$1+A=1$
3	$A \cdot A=A$	12	$0+A=A$
4	$A \cdot \overline{A}=0$	13	$A+A=A$
5	$A \cdot B=B \cdot A$	14	$A+\overline{A}=1$
6	$A \cdot (B \cdot C)=(A \cdot B) \cdot C$	15	$A+B=B+A$
7	$A(B+C)=A \cdot B+A \cdot C$	16	$A+(B+C)=(A+B)+C$
8	$\overline{AB}=\overline{A}+\overline{B}$	17	$A+BC=(A+B)(A+C)$
9	$\overline{\overline{A}}=A$	18	$\overline{A+B}=\overline{A} \cdot \overline{B}$

表中序号1、2、11和12给出了变量与常量间的运算规则。

表中序号3和13是同一变量的运算规律，也称为重叠律。

表中序号4和14表示变量与它的反变量之间的运算规律，也称为互补律。

表中序号5和15为交换律，6和16为结合律，7和17为分配律。

表中序号8和18是著名的德·摩根定律，也称为反演律。在逻辑函数的化简和变换中经常要用到这对公式。

表中序号9表明，由于一个变量经过两次求反运算之后还原为其本身，因此该式又称为还原律。

表中序号10是对“0”和“1”求反运算的规则，它说明“0”和“1”互为求反结果。

这些公式的正确性可以用列真值表的方法加以验证。如果等式成立，那么将任何一组变量的取值代入公式两边所得的结果应相等。因此，等式两边对应的真值表也必然相同。

2.2.2　若干常用公式

表2.10中列出了几个常用公式。这些公式是利用基本公式导出的。直接运用这些导出公式可以为化简逻辑函数的工作带来很大方便。

现将表2.10中的各式证明如下。

1）式(21)　$A+AB=A$

证明　$A+AB=A(1+B)=A \cdot 1=A$

该式说明，当两个乘积项相加时，若其中一项以另一项为因子，则该项是多余的，可以消去。

表2.10　几个常用公式

序号	公式
21	$A+AB=A$
22	$A+\overline{A}B=A+B$
23	$AB+A\overline{B}=A$
24	$A(A+B)=A$
25	$AB+\overline{A}C+BC=AB+\overline{A}C$ $AB+\overline{A}C+BCD=AB+\overline{A}C$

续表

序号	公式
26	$A\cdot\overline{AB}=A\cdot\overline{B};\overline{A}\cdot\overline{AB}=\overline{A}$

2)式(22)　$A+\overline{A}B=A+B$

证明　$A+\overline{A}B=(A+\overline{A})(A+B)=1\cdot(A+B)=A+B$

该式说明,当两个乘积项相加时,如果有一项取反后是另一项的因子,则此因子是多余的,可以消去。

3)式(23)　$AB+A\overline{B}=A$

证明　$AB+A\overline{B}=A(B+\overline{B})=A\cdot 1=A$

该式说明,当两个乘积项相加时,若它们分别包含 B 和 $\overline{B}$ 两个因子而其他因子相同,则两项定能合并,且可将 B 和 $\overline{B}$ 两个因子消去。

4)式(24)　$A(A+B)=A$

证明　$A(A+B)=A\cdot A+A\cdot B=A+AB=A(1+B)=A\cdot 1=A$

该式说明,当变量 A 和包含 A 的和相乘时,其结果等于 A,即可将和消去。

5)式(25)　$AB+\overline{A}C+BC=AB+\overline{A}C$

证明　$AB+\overline{A}C+BC=AB+\overline{A}C+BC(A+\overline{A})=AB+\overline{A}C+ABC+\overline{A}BC$

$$=AB(1+C)+\overline{A}C(1+B)=AB+\overline{A}C$$

该式说明,当两个乘积项中分别包含 A 和 $\overline{A}$ 两个因子,而这两个乘积项的其余因子组成第三个乘积项时,则第三个乘积项是多余的,可以消去。

由上式不难导出

$$AB+\overline{A}C+BCD=AB+\overline{A}C$$

6)式(26)　$A\cdot\overline{AB}=A\cdot\overline{B};\overline{A}\cdot\overline{AB}=\overline{A}$

证明　$A\cdot\overline{AB}=A\cdot(\overline{A}+\overline{B})=A\overline{A}+A\overline{B}=A\overline{B}$

该式说明,当 A 和一个乘积项的非相乘,且 A 为乘积项的因子时,则乘积项中的 A 这个因子可以消去。

$$\overline{A}\cdot\overline{AB}=\overline{A}(\overline{A}+\overline{B})=\overline{A}\cdot\overline{A}+\overline{A}\cdot\overline{B}=\overline{A}(1+\overline{B})=\overline{A}$$

此式表明,当 $\overline{A}$ 和一个乘积项的非相乘,且 A 为乘积项的因子时,其结果就等于 $\overline{A}$。

由以上证明可知,这些常用公式都是从基本公式中导出的结果。当然,还可以推导出更多的常用公式。

2.3　逻辑代数的基本定理

2.3.1　代入定理

在任何一个包含变量 A 的逻辑等式中,若以另一个逻辑式代入式中所有 A 的位置,则等式仍然成立。这就是所谓的代入定理。

因为变量 A 只有0和1两种可能的状态,所以无论将 $A=0$ 还是 $A=1$ 代入逻辑等式,等式都一定成立。而任何一个逻辑式的取值也不外是0和1两种,所以用它取代式中的 A 时,等式自然也成立。因此,可以将代入定理看作无须证明的公理。

利用代入定理很容易将表2.9中的基本公式和表2.10中的常用公式推广为多变量的形式。

【例2.1】　用代入定理证明德·摩根定律也适用于多变量的情况。

解　已知二变量的德·摩根定律为

$$\overline{A+B}=\overline{A}\cdot\overline{B} \text{ 及 } \overline{AB}=\overline{A}+\overline{B}$$

将 $(B+C)$ 代入等式左边中 B 的位置,同时将 $(B\cdot C)$ 代入等式右边中 B 的位置,于是得到

$$\overline{A+(B+C)}=\overline{A}\cdot\overline{B+C}=\overline{A}\cdot\overline{B}\cdot\overline{C}$$

$$\overline{A\cdot(B\cdot C)}=\overline{A}+\overline{BC}=\overline{A}+\overline{B}+\overline{C}$$

对一个乘积项或逻辑式求反时,应在乘积项或逻辑式外边加括号,然后对括号内的整个内容求反。此外,在对复杂的逻辑式进行运算时,仍需遵守与普通代数一样的运算优先顺序,即先算括号里的内容,其次算乘法,最后算加法。

2.3.2　反演定理

对任意一个逻辑式 Y,若将其中所有的"·"换成"+","+"换成"·",0换成1,1换成0,原变量换成反变量,反变量换成原变量,则得到的结果就是 Y,这个规律称为反演定理。

反演定理为求取已知逻辑式的反逻辑式提供了方便。

在使用反演定理时,还需注意遵循以下两个规则:

①仍需遵守"先括号,然后乘,最后加"的运算优先次序。

②不属于单个变量上的反号应保留不变。

【例2.2】　已知 $Y=A(B+C)+CD$,求 $\overline{Y}$。

解　根据反演定理可写出

$$\overline{Y}=(\overline{A}+\overline{B}\cdot\overline{C})(\overline{C}+\overline{D})=\overline{A}\cdot\overline{C}+\overline{B}\cdot\overline{C}+\overline{A}\cdot\overline{D}+\overline{B}\cdot\overline{C}\cdot\overline{D}=\overline{A}\cdot\overline{C}+\overline{B}\cdot\overline{C}+\overline{A}\cdot\overline{D}$$

如果利用基本公式和常用公式进行运算,也能得到同样的结果。

2.3.3　对偶定理

若两逻辑式相等,则它们的对偶式也相等,这就是对偶定理。

所谓对偶式是这样定义的:对任何一个逻辑式 Y,若将其中的"·"换成"+","+"换成"·",0换成1,1换成0,则得到一个新的逻辑式 $\overline{Y}$,这个 $\overline{Y}$ 称为 Y 的对偶式,或者说,Y 和 $\overline{Y}$ 互为对偶式。

例如,若 $Y=A(B+C)$,则 $\overline{Y}=A+BC$。

为了证明两个逻辑式相等,也可通过证明它们的对偶式相等来完成,因某些情况下证明它们的对偶式相等更容易。

2.4 逻辑函数及表示方法

2.4.1 逻辑函数

从上面讲过的各种逻辑关系中可以看出，如果以逻辑变量作为输入，以运算结果作为输出，那么当输入变量的取值确定后，输出变量的取值便随之而定。因此，输出与输入之间乃是一种函数关系。这种函数关系称为逻辑函数(Logic Function)，可写成：

$$Y=F(A,B,C,\cdots) \tag{2.7}$$

由于变量和输出(函数)的取值只有 0 和 1 两种状态，因此这里所讨论的都是二值逻辑函数。

任何一件具体的因果关系都可以用一个逻辑函数来描述。例如，如图 2.4 所示是一个举重裁判电路，可用一个逻辑函数描述它的逻辑功能。

比赛规则规定，在一名主裁判和两名副裁判中，必须有两人以上(而且必须包括主裁判)认定运动员的动作合格，试举才算成功。比赛时主裁判掌握着开关 A，两名副裁判分别掌握着开关 B 和开关 C。当运动员举起杠铃时，裁判认为动作合格了就合上开关，否则不合开关。显然，指示灯 Y 的状态(亮与暗)是开关 A,B,C 状态(合上与断开)的函数。

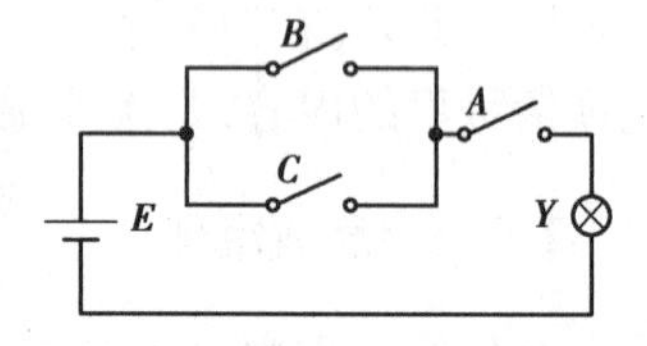

图 2.4 举重裁判电路

若以 1 表示开关闭合，0 表示开关断开；以 1 表示灯亮，以 0 表示灯暗，则指示灯 Y 是开关 A,B,C 的二值逻辑函数，即

$$Y=F(A,B,C) \tag{2.8}$$

2.4.2 逻辑函数的表示方法

常用的逻辑函数表示方法有逻辑真值表、逻辑函数式(简称“逻辑式”)、逻辑图、波形图、卡诺图和硬件描述语言等。本节只介绍前面四种。

1)逻辑真值表

找出输入变量所有的取值下对应的输出值，列成表格，即可得到真值表。

仍以图 2.4 所示的举重裁判电路为例，根据电路的工作原理不难看出，当 $A=1$，同时 B,C 至少有一个为 1 时，Y 才等于 1，于是可列出图 2.4 所示电路的真值表，见表 2.11。

2)逻辑函数式

将输出与输入之间的逻辑关系写成与、或、非等运算的组合式，即逻辑代数式，就可得到所需的逻辑函数式。

在图 2.4 所示的电路中，根据对电路功能的要求和与、或的逻辑定义，“B 和 C 中至少有一个合上”可以表示为$(B+C)$，“同时还要求合上 A”，则应写作 $A\cdot(B+C)$。因此，得到输出的逻辑函数式为：

$$Y=A(B+C) \tag{2.9}$$

表2.11 图2.4所示电路的真值表

输入			输出
A	B	C	Y
0	0	0	0
0	0	1	0
0	1	0	0
0	1	1	0
1	0	0	0
1	0	1	1
1	1	0	1
1	1	1	1

3)逻辑图

将逻辑函数式中各变量之间的与、或、非等逻辑关系用图形符号表示出来,就可以画出表示函数关系的逻辑图。

为了画出表示图2.4电路逻辑功能的逻辑图,只要用逻辑运算的图形符号代替式(2.9)中的代数运算符号便可得到图2.5所示的逻辑图。

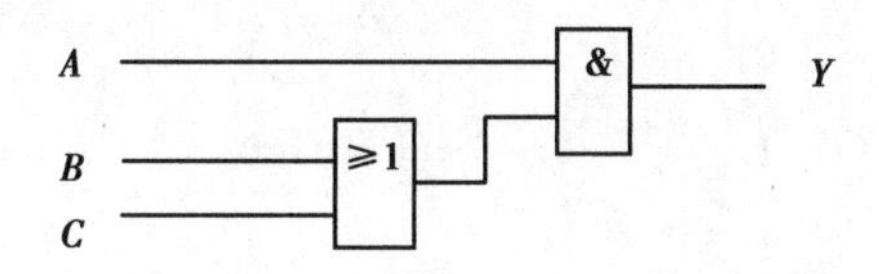

图2.5 表示图2.4电路逻辑功能的逻辑图

4)波形图

如果将逻辑函数输入变量每一种可能出现的取值与对应的输出值按时间顺序依次排列起来,就得到了表示该逻辑函数的波形图。这种波形图也称为时序图。在逻辑分析仪和一些计算机仿真工具中,经常以这种波形图的形式给出分析结果。此外,也可通过实验观察这些波形图,以检验实际逻辑电路的功能是否正确。

如果用波形图描述式(2.9)的逻辑函数,则只需将表2.11给出的输入变量与对应的输出变量取值依时间顺序排列起来,就可得到所要的波形图,如图2.6所示。

5)各种表示方法之间的相互转换

既然同一个逻辑函数可以用多种不同的方法描述,那么这几种方法之间必能相互转换。

(1)真值表与逻辑函数式的相互转换

首先讨论从真值表得到逻辑函数式的方法。为了便于理解转换的原理,先来讨论一个具体的例子。

【例2.3】 已知一个奇偶判别函数的真值表,见表2.12,试写出它的逻辑函数式。

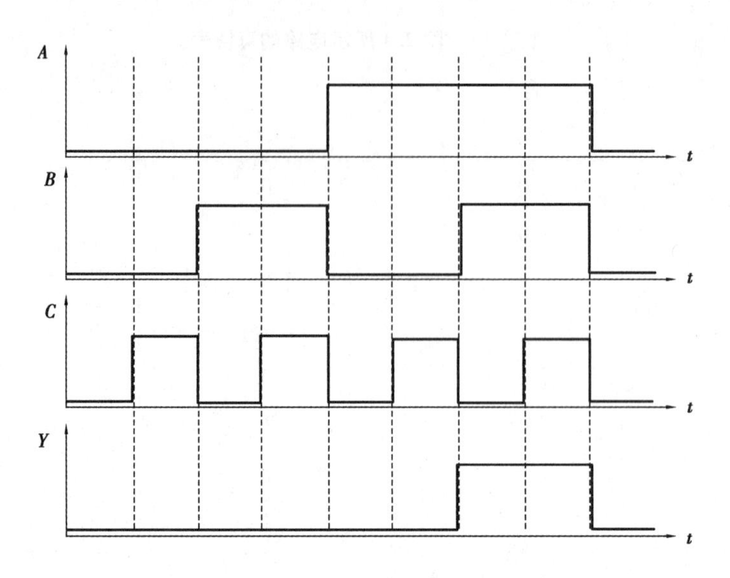

图 2.6　表示图 2.4 电路逻辑功能的波形图

表 2.12　奇偶判别函数的真值表

输入			输出
A	B	C	Y
0	0	0	0
0	0	1	0
0	1	0	0
0	1	1	1
1	0	0	0
1	0	1	1
1	1	0	1
1	1	1	0

解　由真值表可知，只有当 A,B,C 3 个输入变量中两个同时为 1 时，Y 才为 1。因此，在输入变量取值为以下 3 种情况时，Y 将等于 1：

$$A=0、B=1、C=1$$

$$A=1、B=0、C=1$$

$$A=1、B=1、C=0$$

而当 $A=0$、$B=1$、$C=1$ 时，必然使乘积项 $\overline{A}BC=1$；当 $A=1$、$B=0$、$C=1$ 时，必然使乘积项 $A\overline{B}C=1$；当 $A=1$、$B=1$、$C=0$ 时，必然使 $AB\overline{C}=1$，因此 Y 的逻辑应等于这 3 个乘积项之和，即

$$Y=\overline{A}BC+A\overline{B}C+AB\overline{C} \tag{2.10}$$

通过例 2.3 可以总结出由真值表写出逻辑函数式的一般方法，这就是：

①找出真值表中使逻辑函数 $Y=1$ 的那些输入变量取值的组合。

②每组输入变量取值的组合对应一个乘积项，其中，取值为1的写入原变量，取值为0的写入反变量。

③将这些乘积项相加，即得 Y 的逻辑函数式。

由逻辑式列出真值表就更简单了。这时只需将输入变量取值的所有组合态逐一代入逻辑式求出函数值，列成表，即可得到真值表。

(2)逻辑函数式与逻辑图的相互转换

从给定的逻辑函数式转换为相应的逻辑图时，只要用逻辑图形符号代替逻辑函数式中的逻辑运算符号并按运算优先顺序将它们连接起来，就可得到所求的逻辑图。

而在从给定的逻辑图转换为对应的逻辑函数式时，只要从逻辑图的输入端到输出端逐级写出每个图形符号的输出逻辑式，就可在输出端得到所求的逻辑函数式。

【例2.4】 已知逻辑函数 $Y=\overline{C}+\overline{A}\cdot\overline{B}$，画出其对应的逻辑图。

解　将式中所有的与、或、非运算符号用图形符号代替，并依据运算优先顺序将这些图形符号连接起来，即可得到如图2.7所示的逻辑图。

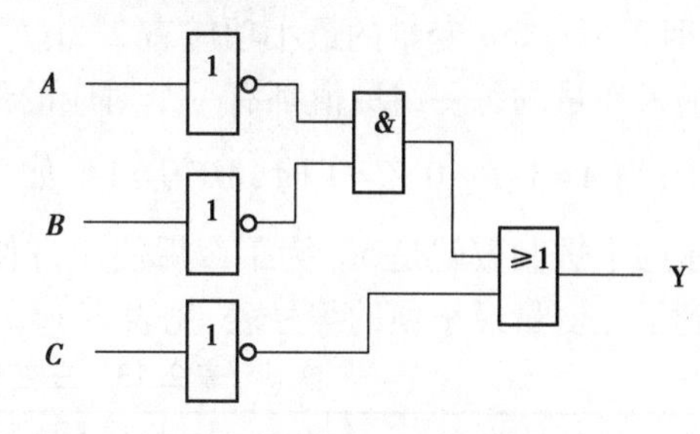

图2.7　例2.4的逻辑图

(3)波形图与真值表的相互转换

在从已知的逻辑函数波形图中求对应的真值表时，首先需要从波形图上找出每个时间段中输入变量与函数输出的取值，然后将这些输入、输出取值对应列表，就得到了所求的真值表。

在将真值表转换为波形图时，只需将真值表中所有的输入变量与对应的输出变量取值依次排列画成以时间为横轴的波形，就可得到所求的波形图，如前面已经做过的一样。

【例2.5】 已知逻辑函数 Y 的波形图如图2.8(a)所示，试求该逻辑函数的真值表。

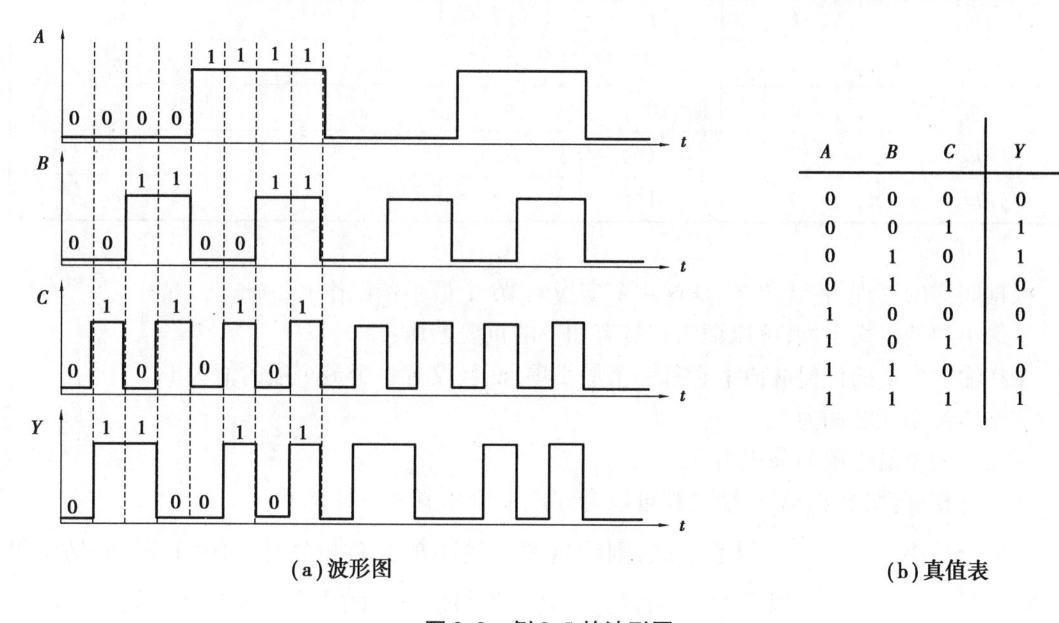

A	B	C	Y
0	0	0	0
0	0	1	1
0	1	0	1
0	1	1	0
1	0	0	0
1	0	1	1
1	1	0	0
1	1	1	1

(a)波形图　　(b)真值表

图2.8　例2.5的波形图

解 由图 2.8 可以分别找到输入 A,B,C 的 8 种取值组合下的输出 Y 的取值,列出表如图 2.8(b)所示。

2.4.3 逻辑函数的两种标准形式

在讲述逻辑函数的标准形式前,先介绍最小项和最大项的概念,再介绍逻辑函数的“最小项之和”和“最大项之积”这两种标准形式。

1)最小项和最大项

(1)最小项

在 n 变量逻辑函数中,若 m 为包含 n 个因子的乘积项,而且这 n 个变量均以原变量或反变量的形式在 m 中出现一次,则称 m 为该组变量的最小项。

例如,A,B,C 3 个变量的最小项有 $\overline{A}\cdot\overline{B}\cdot\overline{C}$,$\overline{A}\cdot\overline{B}C$,$\overline{A}B\overline{C}$,$\overline{A}BC$,$A\overline{B}\cdot\overline{C}$,$A\overline{B}C$,$AB\overline{C}$,$ABC$ 共 8 个(即 2^3 个)。n 变量的最小项应有 2^n 个。

输入变量的每一组取值都有一个对应的最小项的值等于 1。例如,在三变量 A,B,C 的最小项中,当 $A=1$、$B=0$、$C=1$ 时,$AB'C=1$。如果把 $A\overline{B}C$ 的取值 101 看作一个二进制数,那么它所表示的十进制数就是 5。为了今后使用方便,将 $A\overline{B}C$ 这个最小项记作 m_5。按照这一约定,就得到了三变量最小项的编号表,见表 2.13。

表 2.13 三变量最小项的编号表

最小项	使最小项为 1 的变量取值			对应的十进制数	编号
	A	B	C		
$\overline{A}\cdot\overline{B}\cdot\overline{C}$	0	0	0	0	m_0
$\overline{A}\cdot\overline{B}C$	0	0	1	1	m_1
$\overline{A}B\overline{C}$	0	1	0	2	m_2
$\overline{A}BC$	0	1	1	3	m_3
$A\overline{B}\cdot\overline{C}$	1	0	0	4	m_4
$A\overline{B}C$	1	0	1	5	m_5
$AB\overline{C}$	1	1	0	6	m_6
ABC	1	1	1	7	m_7

根据同样的道理,将 A,B,C,D 这 4 个变量的 16 个最小项记作 $m_0 \sim m_{15}$。

从最小项的定义出发,可以证明它具有如下的重要性质:

①在输入变量的任何取值下必有一个最小项,而且仅有一个最小项的值为 1。

②全体最小项之和为 1。

③任意两个最小项的乘积为 0。

④具有相邻性的两个最小项之和可以合并成一项并消去一对因子。

若两个最小项只有一个因子不同,则称这两个最小项具有相邻性。例如,因为 $\overline{A}B\overline{C}$ 和 $AB\overline{C}$ 两个最小项仅第一个因子不同,所以它们具有相邻性。这两个小项相加时定能合并成一项并将一对不同的因子消去。

$$\overline{A}B\overline{C}+AB\overline{C}=(\overline{A}+A)B\overline{C}=B\overline{C}$$

(2)最大项

在 n 变量逻辑函数中,若 M 为 n 个变量之和,而且这 n 个变量均以原变量或反变量的形式在 M 中出现一次,则称 M 为该组变量的最大项。对 n 个变量则有 2^n 个最大项。可见,n 变量的最大项数目和最小项数目是相等的。

输入变量的每一组取值都使一个对应的最大项的值为0。若将最大项为0的 ABC 取值视为一个二进制数,并以其对应的十进制数给最大项编号,则 $(\overline{A}+B+\overline{C})$ 可记作 M_5。由此得到的三变量最大项的编号表,见表2.14。

表2.14　三变量最大项的编号表

最小项	使最小项为1的变量取值			对应的十进制数	编号
	A	B	C		
$A+B+C$	0	0	0	0	M_0
$A+B+\overline{C}$	0	0	1	1	M_1
$A+\overline{B}+C$	0	1	0	2	M_2
$A+\overline{B}+\overline{C}$	0	1	1	3	M_3
$\overline{A}+B+C$	1	0	0	4	M_4
$\overline{A}+B+\overline{C}$	1	0	1	5	M_5
$\overline{A}+\overline{B}+C$	1	1	0	6	M_6
$\overline{A}+\overline{B}+\overline{C}$	1	1	1	7	M_7

根据最大项的定义同样也可以得到它的主要性质,这就是:

①在输入变量的任何取值下必有一个最大项,而且只有一个最大项的值为0。

②全体最大项之积为0。

③任意两个最大项之和为1。

④只有一个变量不同的两个最大项的乘积等于各相同变量之和。

如果将表2.13和表2.14加以对比则可以发现,最大项和最小项之间存在如下关系:

$$M_i=\overline{m_i} \tag{2.11}$$

2)*逻辑函数的最小项之和形式*

首先将给定的逻辑函数式化为若干乘积项之和的形式(也称为"积之和"形式),然后利用基本公式 $A+\overline{A}=1$ 将每个乘积项中缺少的因子补全,这样就可将与或的形式化为最小项之和的标准形式。这种标准形式在逻辑函数的化简以及计算机辅助分析和设计中得到了广泛应用。

例如,给定逻辑函数为:

$$Y=AB\overline{C}+BC$$

则可化为:

$$Y=AB\overline{C}+(A+\overline{A})BC=AB\overline{C}+ABC+\overline{A}BC=m_3+m_6+m_7$$

或写成：

$$Y(A,B,C)=\sum m(3,6,7)$$

【例 2.6】 将逻辑函数 $Y=A\overline{B}\cdot\overline{C}D+\overline{A}CD+AC$ 展开为最小项之和的形式。

解 $Y=A\overline{B}\cdot\overline{C}D+\overline{A}(B+\overline{B})CD+A(B+\overline{B})C$

$=A\overline{B}\cdot\overline{C}D+\overline{A}BCD+\overline{A}\cdot\overline{B}CD+ABC(D+\overline{D})+A\overline{B}C(D+\overline{D})$

$=A\overline{B}\cdot\overline{C}D+\overline{A}BCD+\overline{A}\cdot\overline{B}CD+ABCD+ABC\overline{D}+A\overline{B}CD+A\overline{B}C\overline{D}$

或写成：

$$Y(A,B,C,D)=\sum m(3,7,9,10,11,14,15)$$

3）逻辑函数的最大项之积形式

利用逻辑代数的基本公式和定理，首先一定能把任何一个逻辑函数式化成若干多项式相乘的或与形式（也称为“和之积”形式）。然后再利用基本公式 $A\overline{A}=0$ 将每个多项式中缺少的变量补齐，就可将函数式的或与形式化成最大项之积的形式。

【例 2.7】 将逻辑函数 $Y=\overline{A}B+AC$ 化为最大项之积的形式。

解 $Y=\overline{A}B+AC=(\overline{A}B+A)(\overline{A}B+C)$

$=(A+B)(\overline{A}+C)(B+C)$

$=(A+B+C\overline{C})(\overline{A}+B\overline{B}+C)(A\overline{A}+B+C)$

$=(A+B+C)(A+B+\overline{C})(\overline{A}+B+C)(\overline{A}+\overline{B}+C)$

或写成：

$$Y(A,B,C,D)=\prod M(0,1,4,6)$$

2.4.4 逻辑函数形式的变换

在上一节中已经讲过，可通过运算将给定的逻辑函数与或形式变换为最小项之和的形式或最大项之积的形式。

此外，在用电子器件组成实际的逻辑电路时，由于选用不同逻辑功能的器件，还必须将逻辑函数式变换成相应的形式。

例如，想用门电路实现以下的逻辑函数

$$Y=AC+B\overline{C} \tag{2.12}$$

按照式（2.12）的形式，需要用两个具有与运算功能的与门电路和一个具有或运算功能的或门电路，才能产生函数 Y。

如果受到器件供货的限制，只能全部用与非门实现这个电路，这时就需把式（2.12）的与或形式变换成全部由与非运算组成的与非-与非形式。为此，可用摩根定理将式（2.12）变换成：

$$Y=\overline{\overline{AC+B\overline{C}}}=\overline{\overline{AC}\cdot\overline{B\overline{C}}}$$

如果要求用具有与或非功能的门电路实现式（2.12）的逻辑函数，则需将式（2.12）化为与或非形式的运算式。根据逻辑代数的基本公式 $A+\overline{A}=1$ 和代入定理可知,任何一个逻辑函数 Y 都遵守公式 $Y+\overline{Y}=1$。又因为全部最小项之和恒等于1,所以不包含在 Y 中的那些最小项之和就是 $\overline{Y}$。将这些最小项之和再求反,也可得到 Y,而且是与或非形式的逻辑函数式。

【例2.8】　将逻辑函数 $Y=AC+B\overline{C}$ 化为与或非形式。

解　$Y=AC(B+\overline{B})+B\overline{C}(A+\overline{A})$

$=ABC+A\overline{B}C+AB\overline{C}+\overline{A}B\overline{C}=m_2+m_5+m_6+m_7$

将上式求反,就得到了 Y 的与或非式,即

$$Y=\overline{\overline{Y}}=\overline{m_0+m_1+m_3+m_4}=\overline{\overline{A}\cdot\overline{B}\cdot\overline{C}+\overline{A}\cdot\overline{B}C+\overline{A}BC+A\overline{B}\cdot\overline{C}}$$

$$=\overline{\overline{B}\cdot\overline{C}+\overline{A}C}$$

如果要求全部用或非门电路实现逻辑函数,则应将逻辑函数式化成全部由或非运算组成的形式,即或非-或非形式。这时可先将逻辑函数式化为与或非的形式,然后利用反演定理将其中的每个乘积项化为或非形式,这样就得到了或非-或非式。例如,已经得到了式(2.12)的与或非式,则可按上述方法将它变换为或非-或非形式,即

$$Y=\overline{\overline{B}\cdot\overline{C}+\overline{A}C}=\overline{\overline{B+C}+\overline{A+\overline{C}}}$$

2.5　逻辑函数的化简方法

2.5.1　公式化简法

在进行逻辑运算时常常会看到,同一个逻辑函数可以写成不同的逻辑式,而这些逻辑式的繁简程度又相差甚远。逻辑式越是简单,它所表示的逻辑关系就越明显,同时也有利于用最少的电子器件实现这个逻辑函数。因此,经常需要通过化简的手段找出逻辑函数的最简形式。

例如,有两个逻辑函数:

$$Y=ABC+\overline{B}C+ACD$$

$$Y=AC+\overline{B}C$$

将它们的真值表分别列出后即可看到,它们是同一个逻辑函数。显然,下式比上式简单得多。

在与或逻辑函数式中,若其中包含的乘积项已经最少,而且每个乘积项中的因子也不能再减少时,则称此逻辑函数式为最简形式。对与或逻辑式的最简形式的定义对其他形式的逻辑式同样也适用,即函数式中相加的乘积项不能再减少,而且每项中相乘的因子不能再减少时,则函数式为最简形式。

化简逻辑函数的目的就是要消去多余的乘积项和每个乘积项中多余的因子,以得到逻辑函数式的最简形式。常用的化简方法有公式化简法、卡诺图化简法以及适用于编制计算机辅助分析程序的 Q-M 法等。

公式化简法的原理就是反复使用逻辑代数的基本公式和常用公式消去函数式中多余的乘积项和多余的因子,以求得函数式的最简形式。

公式化简法没有固定的步骤。现将经常使用的方法归纳如下。

1)并项法

利用表 2.10 中的公式 $AB+A\bar{B}=A$ 可将两项合并为一项,并消去 B 和 $\bar{B}$ 这一对因子。而且,根据代入定理可知,A 和 B 均可以是任何复杂的逻辑式。

【例 2.9】 试用并项法化简逻辑函数:$Y=A\bar{B}+ACD+\bar{A}\cdot\bar{B}+\bar{A}CD$。

解 $Y=A\bar{B}+ACD+\bar{A}\cdot\bar{B}+\bar{A}CD$

$=A(\bar{B}+CD)+\bar{A}(\bar{B}+CD)$

$=\bar{B}+CD$

2)吸收法

利用表 2.10 中的公式 $A+AB=A$,可将 AB 项消去。A 和 B 同样也可以是任何一个复杂的逻辑式。

【例 2.10】 试用吸收法化简逻辑函数:$Y=A+\overline{\bar{A}\cdot\overline{BC}}\cdot(\bar{A}+\overline{\bar{B}\cdot\bar{C}+D})+BC$。

解 $Y=A+\overline{\bar{A}\cdot\overline{BC}}\cdot(\bar{A}+\overline{\bar{B}\cdot\bar{C}+D})+BC$

$=(A+BC)+(A+BC)(\bar{A}+\overline{\bar{B}\cdot\bar{C}+D})$

$=A+BC$

3)消项法

利用表 2.10 中的公式 $AB+\bar{A}C+BC=AB+\bar{A}C$ 及 $AB+\bar{A}C+BCD=AB+\bar{A}C$ 将 BC 或 BCD 项消去。其中 A,B,C,D 均可以是任何复杂的逻辑式。

【例 2.11】 用消项法化简逻辑函数:$Y=\bar{A}\cdot\bar{B}C+ABC+\bar{A}B\bar{D}+A\bar{B}\cdot\bar{D}+\bar{A}BC\bar{D}+BC\bar{D}\cdot\bar{E}$。

解 $Y=\bar{A}\cdot\bar{B}C+ABC+\bar{A}B\bar{D}+A\bar{B}\cdot\bar{D}+\bar{A}BC\bar{D}+BC\bar{D}\cdot\bar{E}$

$=(\bar{A}\cdot\bar{B}+AB)C+(\bar{A}B+A\bar{B})\bar{D}+BC\bar{D}(\bar{A}+\bar{E})$

$=\overline{A\oplus B}C+(A\oplus B)\bar{D}+C\bar{D}B(\bar{A}+\bar{E})$

$=\overline{A\oplus B}C+(A\oplus B)\bar{D}$

$=ABC+\bar{A}\bar{B}C+A\bar{B}\cdot\bar{D}+\bar{A}B\bar{D}$

4)消因子法

利用表 2.10 中的公式 $A+\bar{A}B=A+B$ 可将 $\bar{A}B$ 中的 $\bar{A}$ 消去。A,B 均可以是任何复杂的逻辑式。

【例 2.12】 用消因子法化简逻辑函数:$Y=AC+\bar{A}D+\bar{C}D$。

解 $Y=AC+\bar{A}D+\bar{C}D$

$=AC+(\bar{A}+\bar{C})D$

$=AC+\overline{AC}D$

$=AC+D$

5) 配项法

根据基本公式中的 $A+A=A$ 可以在逻辑函数式中重复写入某一项,有时能获得更加简单的化简结果。

【例 2.13】　试化简逻辑函数:$Y=A\overline{B}+\overline{A}B+B\overline{C}+\overline{B}C$。

解　利用配项法可将 Y 写成

$$
\begin{aligned}
Y &= A\overline{B}+\overline{A}B(C+\overline{C})+B\overline{C}+(A+\overline{A})\overline{B}C \\
&= A\overline{B}+\overline{A}BC+\overline{A}B\overline{C}+B\overline{C}+A\overline{B}C+\overline{A}\cdot\overline{B}C \\
&= (A\overline{B}+A\overline{B}C)+(\overline{A}B\overline{C}+B\overline{C})+(\overline{A}BC+\overline{A}\cdot\overline{B}C) \\
&= A\overline{B}+B\overline{C}+\overline{A}C
\end{aligned}
$$

在化简复杂的逻辑函数时,通常需要灵活、交替地综合运用上述方法,才能得到最后的化简结果。

2.5.2　卡诺图化简法

1) 逻辑函数的卡诺图表示法

将 n 变量的全部最小项各用一个小方块表示,并使具有逻辑相邻性的最小项在几何位置上也相邻地排列起来,所得到的图形称为 n 变量最小项的卡诺图。因为这种表示方法是由美国工程师卡诺首先提出的,所以将这种图形称为卡诺图。

图 2.9 中画出了二到五变量最小项的卡诺图。图形两侧标注的 0 和 1 表示使对应小方格内的最小项为 1 的变量取值。同时,这些“0”和“1”组成的二进制数所对应的十进制数的大小也就是对应的最小项的编号。

A \ B	0	1
0	m_0	m_1
1	m_2	m_3

(a) 二变量(A,B)最小项的卡诺图

A \ BC	00	01	11	10
0	m_0	m_1	m_3	m_2
1	m_4	m_5	m_7	m_6

(b) 三变量(A,B,C)最小项的卡诺图

AB \ CD	00	01	11	10
00	m_0	m_1	m_3	m_2
01	m_4	m_5	m_7	m_6
11	m_{12}	m_{13}	m_{15}	m_{14}
10	m_8	m_9	m_{11}	m_{10}

(c) 四变量(A,B,C,D)最小项的卡诺图

图 2.9　n 变量最小项的卡诺图

为了保证图中几何位置相邻的最小项在逻辑上也具有相邻性,这些数码不能按自然二进制数从小到大的顺序排列,而必须按图中的方式排列,以确保相邻的两个最小项只有一个变量

是不同的。

从图 2.9 所示的卡诺图上还可以看出,因为处在任何一行或一列两端的最小项也仅有一个变量不同,所以它们也具有逻辑相邻性。因此,从几何位置上应将卡诺图看作上下、左右闭合的图形。

既然任何一个逻辑函数都能表示为若干最小项之和的形式,那么自然也就可以设法用卡诺图来表示任意一个逻辑函数。具体方法:首先化为最小项之和的形式,然后在卡诺图上与这些最小项对应的位置上填入 1,其余位置填入 0,就得到了表示该逻辑函数的卡诺图。也就是说,任何一个逻辑函数都等于它的卡诺图中填入 1 的那些最小项之和。

【例 2.14】 用卡诺图表示逻辑函数:$Y=\overline{A}\cdot\overline{B}\cdot\overline{C}D+\overline{A}B\overline{D}+ACD+A\overline{B}$。

解 先将 Y 化为最小项之和的形式

$$
\begin{aligned}
Y &= \overline{A}\cdot\overline{B}\cdot\overline{C}D+\overline{A}B(C+\overline{C})\overline{D}+A(B+\overline{B})CD+A\overline{B}(C+\overline{C})(D+\overline{D}) \\
&= \overline{A}\cdot\overline{B}\cdot\overline{C}D+\overline{A}BC\overline{D}+\overline{A}B\overline{C}\cdot\overline{D}+ABCD+A\overline{B}CD+A\overline{B}C\overline{D}+A\overline{B}\cdot\overline{C}D+A\overline{B}\cdot\overline{C}\cdot\overline{D} \\
&= m_1+m_4+m_6+m_8+m_9+m_{10}+m_{11}+m_{15}
\end{aligned}
$$

画出四变量最小项的卡诺图,在对应的函数式中各最小项的位置上填入 1,其余位置上填入 0,就得到如图 2.10 所示的函数 Y 的卡诺图。

AB \ CD	00	01	11	10
00	0	1	0	0
01	1	0	0	1
11	0	0	1	0
10	1	1	1	1

图 2.10 例 2.14 的卡诺图

2)利用卡诺图化简逻辑函数

利用卡诺图化简逻辑函数的方法称为卡诺图化简法或图形化简法,依据的基本原理就是具有相邻性的最小项可以合并,并消去不同的因子。在卡诺图上几何位置相邻与逻辑上的相邻性是一致的,因而从卡诺图上能直观地找出那些具有相邻性的最小项并将其合并化简。

(1)合并最小项的原则

若两个最小项相邻,则可合并成一项并消去一对因子。合并后的结果中只剩下公共因子。

在图 2.11(a)和(b)中画出了两个最小项相邻的几种可能情况。例如,图 2.11(a)中 $\overline{A}BC$ (m_3)和 ABC(m_7)相邻,故可合并为:

$$\overline{A}BC+ABC=(\overline{A}+A)BC=BC$$

合并后将 A 和 $\overline{A}$ 一对因子消去,只剩下公共因子 B 和 C。

若 4 个最小项相邻并排列成一个矩形组,则可合并为一项并消去两对因子。合并后的结果中只包含公共因子。

例如,在图 2.11(d)中,$\overline{A}B\overline{C}D$($m_5$)、$\overline{A}BCD$($m_7$)、$AB\overline{C}D$($m_{13}$) 和 $ABCD$(m_{15})相邻,故可合并。合并后得到:

$$
\begin{aligned}
&\bar{A}B\bar{C}D+\bar{A}BCD+AB\bar{C}D+ABCD \\
&=\bar{A}BD(C+\bar{C})+ABD(C+\bar{C}) \\
&=BD(A+\bar{A}) \\
&=BD
\end{aligned}
$$

可见,合并后消去了 $A,\bar{A}$ 和 $C,\bar{C}$ 两对因子,只剩下 4 个最小项的公共因子 B 和 D。

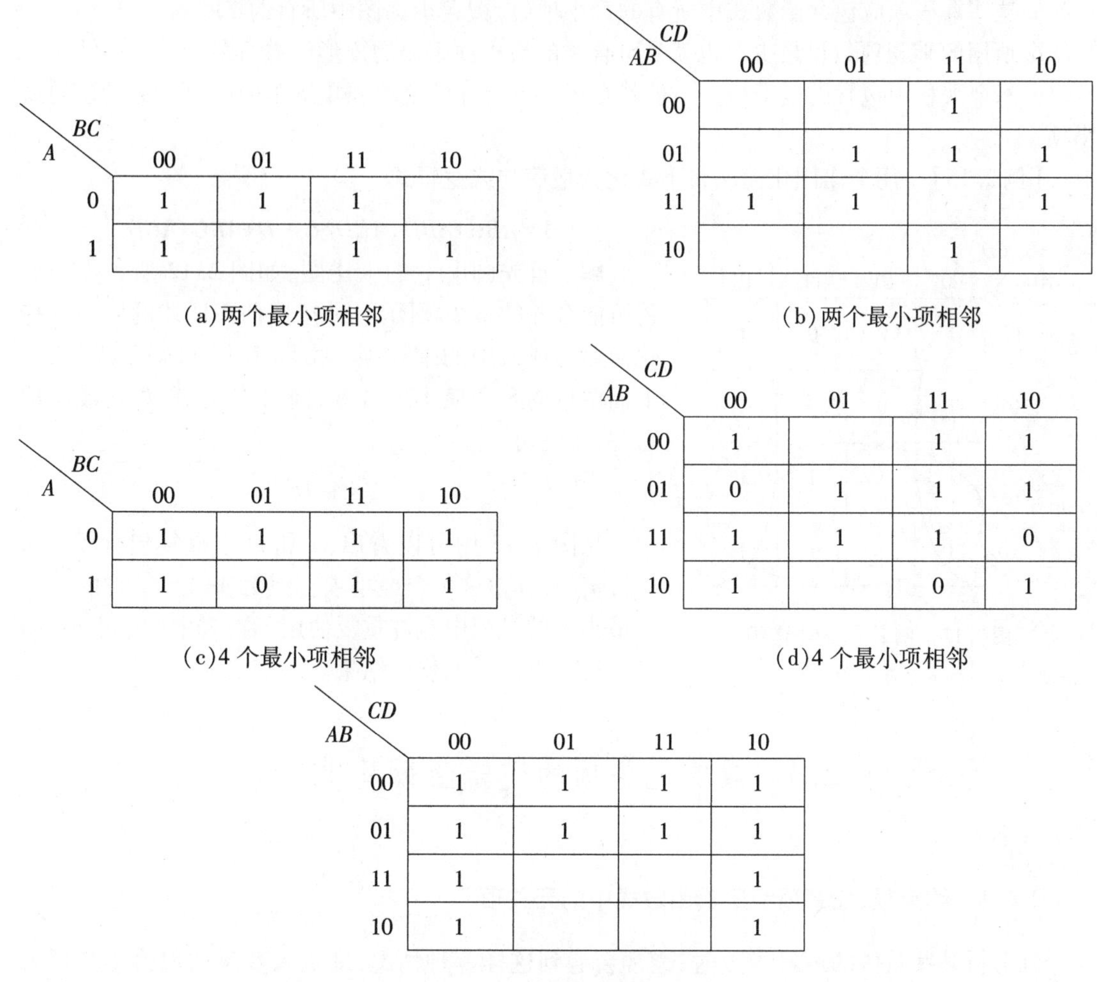

A \ BC	00	01	11	10
0	1	1	1	
1	1		1	1

(a)两个最小项相邻

AB \ CD	00	01	11	10
00			1	
01		1	1	1
11	1	1		1
10			1	

(b)两个最小项相邻

A \ BC	00	01	11	10
0	1	1	1	1
1	1	0	1	1

(c)4 个最小项相邻

AB \ CD	00	01	11	10
00	1		1	1
01	0	1	1	1
11	1	1	1	0
10	1		0	1

(d)4 个最小项相邻

AB \ CD	00	01	11	10
00	1	1	1	1
01	1	1	1	1
11	1			1
10	1			1

(e)8 个最小项相邻

图 2.11　最小项相邻的几种情况

若 8 个最小项相邻并且排列成一个矩形组,则可合并成一项并消去 3 对因子。合并后的结果中只包含公共因子。

例如,在图 2.11(e)中,上边两行的 8 个最小项是相邻的,可将它们合并成一项 $\bar{A}$。其他的因子都被消去了。

至此,可以归纳出合并最小项的一般规则,即如果有 2^n 个最小项相邻($n=1,2,\cdots$) 并排列成一个矩形组,那么它们可以合并成一项,并消去 n 对因子。合并后的结果中仅包含这些最小项的公共因子。

(2)卡诺图化简法的步骤

用卡诺图化简逻辑函数时可按以下步骤进行：

①将函数化为最小项之和的形式。

②画出表示该逻辑函数的卡诺图。

③找出可以合并的最小项。

④选取化简后的乘积项，选取的原则是：

a. 这些乘积项应包含函数式中所有的最小项(应覆盖卡诺图中所有的 1)。

b. 所用的乘积项数目最少。也就是可合并的最小项组成的矩形组数目最少。

c. 每个乘积项包含的因子最少。也就是每个可合并的最小项矩形组中应包含尽量多的最小项。

【例 2.15】 用卡诺图化简法将下式化为最简与或逻辑式

$$Y=ABC+ABD+A\overline{C}D+\overline{C}\cdot\overline{D}+A\overline{B}C+\overline{A}C\overline{D}$$

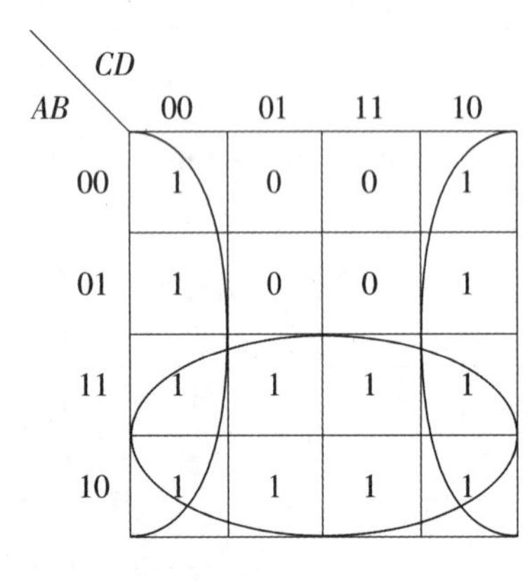

图 2.12 例 2.15 的卡诺图

解 首先画出 Y 的卡诺图，如图 2.12 所示。然后将可能合并的最小项圈出，并按照前面所述的原则选择化简后与或式中的乘积项。由图 2.12 可知，应将图中下面两行的 8 个最小项合并，同时将左、右两列最小项合并，于是得

$$Y=A+\overline{D}$$

从图 2.12 中可以看出，A 和 $\overline{D}$ 中重复包含了 m_8，m_{10}，m_{12} 和 m_{14} 这 4 个最小项。但由 $A+A=A$ 可知，在合并最小项的过程中允许重复使用函数式中的最小项，以利于得到更简单的化简结果。

2.6 具有无关项的逻辑函数及化简

2.6.1 约束项、任意项和逻辑函数式中的无关项

在分析某些具体的逻辑函数时，经常会遇到这样一种情况，即输入变量的取值不是任意的。对输入变量的取值所加的限制称为约束。同时，将这一组变量称为具有约束的一组变量。

例如，有 3 个逻辑变量 A,B,C，它们分别表示一台电动机的正转、反转和停止的命令，$A=1$ 表示正转，$B=1$ 表示反转，$C=1$ 表示停止。正转的逻辑函数式为：$Y_1=A\overline{B}\cdot\overline{C}$，反转的逻辑函数式为：$Y_2=\overline{A}B\overline{C}$，停止工作状态的逻辑函数式为：$Y_3=\overline{A}\cdot\overline{B}C$。

因为电动机任何时候只能执行其中的一个命令，所以不允许两个以上的变量同时为“1”。ABC 的取值只可能是 001，010，100 中的某一种，而不能是 000，011，101，110，111 中的任何一种。因此，A,B,C 是一组具有约束的变量。

通常用约束条件来描述约束的具体内容。显然，用上面一段文字叙述约束条件是非常不方便的，最好能用简单、明了的逻辑语言表述约束条件。

由于每一组输入变量的取值都使一个且仅有一个最小项的值为“1”，因此，当限制某些输入变量的取值不能出现时，可以用它们对应的最小项恒等于“0”表示。这样，上面例子中的约束条件可以表示为

$$\begin{cases}\overline{A}\cdot\overline{B}\cdot\overline{C}=0\\ \overline{A}BC=0\\ A\overline{B}C=0\\ AB\overline{C}=0\\ ABC=0\end{cases}$$

或写成

$$\overline{A}\cdot\overline{B}\cdot\overline{C}+\overline{A}BC+A\overline{B}C+AB\overline{C}+ABC=0$$

同时，将这些恒等于“0”的最小项称为函数 Y_1，Y_2 和 Y_3 的约束项。

在存在约束项的情况下，由于约束项的值始终等于0，因此既可以将约束项写进逻辑函数式中，也可以将约束项从函数式中删除，不会影响函数值。

有时还会遇到另一种情况，就是在输入变量的某些取值下函数值是“1”还是“0”，这并不影响电路的功能。在这些变量取值下，其值等于“1”的那些最小项称为任意项。

我们以上面的电动机正转、反转和停止控制为例。如果将电路设计成 A，B，C 3个控制变量出现两个以上同时为“1”或者全部为“0”时，电路能自动切断供电电源，那么这时 Y_1，Y_2 和 Y_3 等于“1”还是等于“0”已无关紧要。例如，当出现 $A=B=C=1$ 时，对应的最小项 $ABC(m_7)=1$；如果把最小项 ABC 写入 Y_1 式中，则当 $A=B=C=1$ 时 $Y_1=1$；如果没有把这一项写入 Y_1 式中，则当 $A=B=C=1$ 时 $Y_1=0$。因为这时 $Y_1=1$ 还是 $Y_1=0$ 都是允许的，所以既可以把 ABC 这个最小项写入 Y_1 式中，也可以不写入。因此，把 ABC 称为逻辑函数 Y_1 的任意项。同理，在这个例子中 $\overline{A}\cdot\overline{B}\cdot\overline{C}$，$\overline{A}BC$，$A\overline{B}C$，$AB\overline{C}$ 也是 Y_1，Y_2 和 Y_3 的任意项。

因为使约束项的取值等于“1”的输入变量取值是不允许出现的，所以约束项的值始终为“0”。而任意项则不同，在函数的运行过程中，有可能出现使任意项取值为“1”的输入变量取值。

我们将约束项和任意项统称为逻辑函数式中的无关项。这里所说的“无关”是指是否把这些最小项写入逻辑函数式无关紧要，可以写入也可以删除。

在用卡诺图表示逻辑函数时，首先将函数化为最小项之和的形式，然后在卡诺图中这些最小项对应的位置上填入“1”，其他位置上填入“0”。既然可以认为无关项包含在函数式中，也可以认为不包含在函数式中，那么在卡诺图中对应的位置上就可以填入“1”，也可以填入“0”。因此，在卡诺图中用“×”(或∅)表示无关项。在化简逻辑函数时既可以认为它是“1”，也可以认为它是“0”。

2.6.2　无关项在化简逻辑函数中的应用

化简具有无关项的逻辑函数时，如果能合理利用这些无关项，一般都可得到更加简单的化简结果。

为达到此目的，加入的无关项应与函数式中尽可能多的最小项(包括原有的最小项和已

写入的无关项)具有逻辑相邻性。

合并最小项时,究竟把卡诺图中的“×”作为“1”(即认为函数式中包含这个最小项)还是作为“0”(即认为函数式中不包含这个最小项)对待,应以得到的相邻最小项矩形组合最大且矩形组合数目最少为原则。

【例 2.16】 化简具有约束的逻辑函数

$$Y=\bar{A}\cdot\bar{B}\cdot\bar{C}D+\bar{A}BCD+A\bar{B}\cdot\bar{C}\cdot\bar{D}$$

给定约束条件为:

$$\bar{A}\cdot\bar{B}CD+\bar{A}B\bar{C}D+AB\bar{C}\bar{D}+A\bar{B}\cdot\bar{C}D+ABCD+ABC\bar{D}+A\bar{B}C\bar{D}=0$$

在用最小项之和形式表示上述具有逻辑约束的逻辑函数时,也可写成以下形式:

$$Y(A,B,C,D)=\sum m(1,7,8)+d(3,5,9,10,12,14,15)$$

式中,以 d 表示无关项,d 后面括号内的数字是无关项的最小项编号。

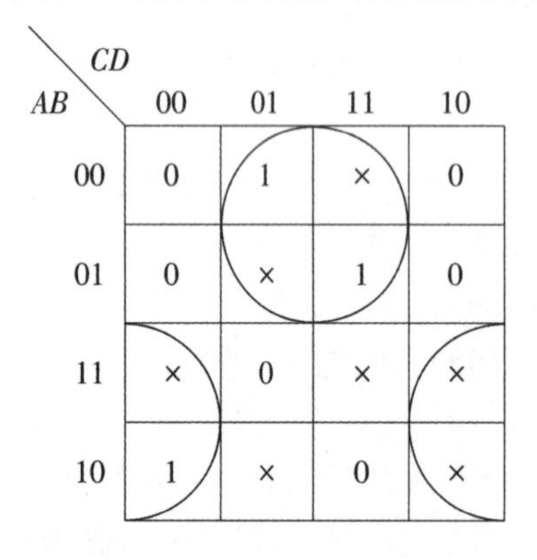

图 2.13 例 2.16 的卡诺图

解 如果不利用约束项,则 Y 已无可化简。但适当地加进一些约束项后,可得

$$Y=(\bar{A}\cdot\bar{B}\cdot\bar{C}D+\bar{A}\cdot\bar{B}CD)+(\bar{A}BCD+\bar{A}B\bar{C}D)+(A\bar{B}\cdot\bar{C}\cdot\bar{D}+AB\bar{C}\cdot\bar{D})+(ABC\bar{D}+A\bar{B}C\bar{D})$$

$$=(\bar{A}\cdot\bar{B}D+\bar{A}BD)+(A\bar{C}\cdot\bar{D}+AC\bar{D})$$

$$=\bar{A}D+A\bar{D}$$

可见,利用了约束项后,使逻辑函数得以进一步化简。但是,在确定该写入哪些约束项时尚不够直观。

如果改用卡诺图化简法,则只需将表示 Y 的卡诺图画出,就能从图上直观地判断对这些约束项应如何取舍。

图 2.13 是例 2.16 的逻辑函数的卡诺图。从图中不难看出,为了得到最大的相邻最小项的矩形组合,应取约束项 m_3 和 m_5 为 1,与 m_1,m_7 组成一个矩形组。同时取约束项 m_{10},m_{12},m_{14} 为 1,与 m_8 组成一个矩形组。将两组相邻的最小项合并后得到的化简结果与上面推演的结果相同。卡诺图中没有被圈进去的约束项(m_9 和 m_{15})是当作 0 对待的。

本章小结

本章主要讲述了逻辑代数的基本公式和定理、逻辑函数的表示方法和逻辑函数的化简方法这 3 部分内容。

①逻辑代数有 3 种基本的逻辑运算——与、或、非,由这 3 种基本逻辑运算可以组合成几种组合逻辑运算——与非、或非、与或非、异或和同或等。

②逻辑函数的描述方法一般有真值表、逻辑函数式、逻辑图和卡诺图 4 种。它们都能表示输出函数和输入变量之间的对应关系,但各有特点,而且可以相互转换,其转换方法是分析和设计数字电路的重要工具,在实际应用中可根据需要选用。

③逻辑函数的化简是分析、设计数字电路的重要步骤。对同样的功能,电路越简单,成本就越低,工作就越可靠。化简逻辑函数一般有两种方法:公式法和卡诺图法。公式法的优点是不受任何条件限制,但在化简一些复杂的逻辑函数时,要熟练应用公式,并需要有一定的运算技巧和经验;卡诺图法的优点是简单、直观,并且有一定的化简步骤,容易掌握。

④在实际逻辑电路中,输入变量中常存在一些不可能出现的取值,称为无关项,在逻辑函数的化简中,充分利用无关项可使逻辑表达式更加简化。

习　题

1. 试用列真值表的方法证明下列异或运算公式。

(1)$A\oplus 0=A$

(2)$A\oplus A=0$

(3)$A\oplus(B+C)=AB\oplus AC$

(4)$A\oplus\overline{B}=\overline{A\oplus B}=A\oplus B\oplus 1$

2. 证明下列逻辑恒等式(方法不限)。

(1)$A\overline{B}+B+\overline{A}B=A+B$

(2)$\overline{A}\cdot\overline{B}\cdot\overline{C}+A(B+C)+BC=\overline{A\overline{B}\cdot\overline{C}+\overline{A}\cdot\overline{B}C+A\overline{B}\,\overline{C}}$

3. 已知逻辑函数 Y 的真值表,见表2.15,试写出 Y 的逻辑函数式。

表2.15　逻辑函数 Y 的直值表

A	B	C	Y
0	0	0	1
0	0	1	1
0	1	0	0
0	1	1	0
1	0	0	1
1	0	1	1
1	1	0	0
1	1	1	1

4. 列出逻辑函数 $Y=\overline{A}\cdot\overline{B}C\overline{D}+\overline{B\oplus C}\cdot D+AD$ 的真值表。

5. 写出图2.14(a)、(b)所示电路的输出逻辑函数式。

6. 将下列各函数式化为最小项之和的形式。

(1)$Y=\overline{A}BC+AC+\overline{B}C$

(2)$Y=A+B+CD$

(3)$Y=\overline{\overline{A\oplus B}\cdot\overline{C\oplus D}}$

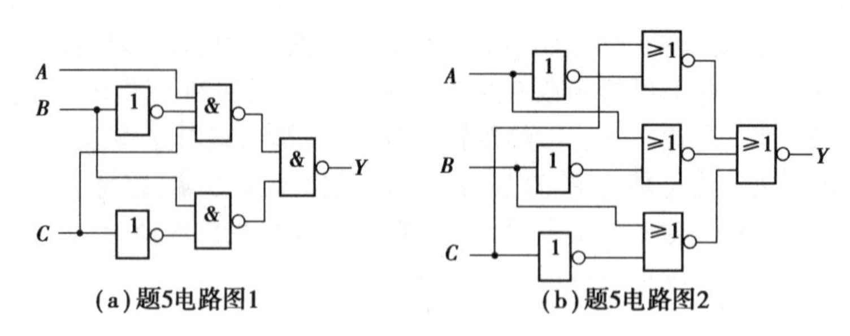

(a)题5电路图1　(b)题5电路图2

图 2.14　题 5 电路图

7. 将下列各函数式化为最大项之积的形式。

(1) $Y=A\overline{B}+C$

(2) $Y=BC\overline{D}+C+\overline{A}D$

(3) $Y(A,B,C,D)=\sum m(0,1,2,4,5,6,8,10,11,12,14,15)$

8. 将下列逻辑函数式化为与非-与非形式，并画出全部由与非逻辑单元组成的逻辑电路图。

(1) $Y=AB+BC+AC$

(2) $Y=A\overline{BC}+\overline{\overline{A\overline{B}}+\overline{A}\cdot\overline{B}+BC}$

9. 将下列逻辑函数式化为或非-或非形式，并画出全部由或非逻辑单元组成的逻辑电路图。

(1) $Y=A\overline{B}C+B\overline{C}$

(2) $Y=\overline{\overline{C\overline{D}}\cdot\overline{BC}\cdot\overline{ABC}\cdot\overline{D}}$

10. 利用逻辑代数的基本公式和常用公式化简下列各式。

(1) $AC\overline{D}+\overline{D}$

(2) $AC+B\overline{C}+\overline{A}B$

11. 用逻辑代数的基本公式和常用公式将下列逻辑函数化为最简与或形式。

(1) $Y=A\overline{B}C+\overline{A}+B+\overline{C}$

(2) $Y=A\overline{B}CD+ABD+A\overline{C}D$

(3) $Y=A\overline{C}+ABC+AC\overline{D}+CD$

(4) $Y=A+\overline{B+\overline{C}}\cdot(A+\overline{B}+C)(A+B+C)$

12. 写出图 2.15 中各卡诺图所表示的逻辑函数式。

A \ BC	00	01	11	10
0	0	0	1	0
1	1	1	0	1

图 2.15　题 12 卡诺图

13. 用卡诺图化简法化简以下逻辑函数式。

(1) $Y_1 = C + ABC$

(2) $Y_2 = \sum m(1,2,3,7)$

14. 用卡诺图化简法将下列函数化为最简与或形式。

(1) $Y = A\overline{B} + \overline{A}C + BC + \overline{C}D$

(2) $Y = \overline{A} \cdot \overline{B} + AC + \overline{B}C$

(3) $Y(A,B,C) = \sum m(0,1,2,5,6,7)$

(4) $Y(A,B,C) = \sum m(0,1,2,5,8,9,10,12,14)$

15. 化简下列逻辑函数(方法不限)。

(1) $Y = A\overline{B} + \overline{A}C + \overline{C} \cdot \overline{D} + D$

(2) $Y = \overline{A\overline{B} \cdot \overline{C}D + A\overline{C}DE + \overline{B}D\overline{E} + A\overline{C} \cdot \overline{D}E}$

16. 写出图2.16中各逻辑图的逻辑函数式,并化简为最简与或式。

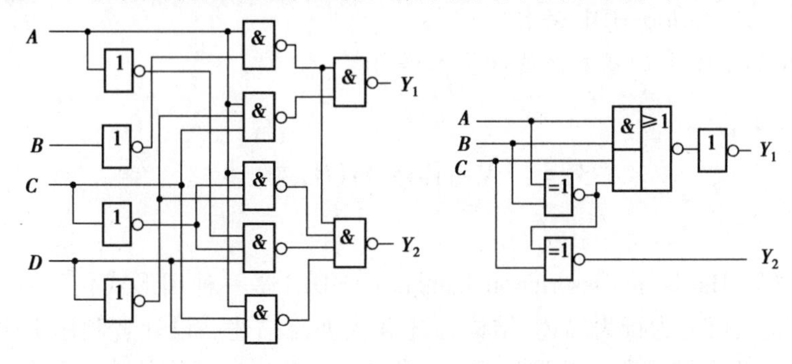

(a)题16电路图1　　(b)题16电路图2

图2.16　题16电路图

17. 将下列具有约束项的逻辑函数化为最简与或形式。

$Y = (A\overline{B} + B)\overline{C}\overline{D} + \overline{(A+B)(\overline{B}+C)}$ 给定约束条件为 $ABC + ABD + ACD + BCD = 0$。

18. 将下列具有无关项的逻辑函数化为最简与或逻辑式。

$$Y = \sum m(2,3,7,8,11,14) + d(0,5,10,15)$$

19. 利用卡诺图之间的运算将下列逻辑函数化为最简与或式。

(1) $Y = (AB + \overline{A}C + \overline{B}D)(A\overline{B} \cdot \overline{C}D + \overline{A}CD + BCD + \overline{B}C)$

(2) $Y = (\overline{A} \cdot \overline{C} \cdot \overline{D} + \overline{B} \cdot \overline{D} + BD) \oplus (\overline{A}B\overline{D} + \overline{B}D + BC\overline{D})$

第 3 章 Verilog HDL 语言基础

【本章目标】

(1)了解什么是 Verilog HDL 语言。

(2)掌握 Verilog HDL 的基本语法和基本语句。

3.1 Verilog HDL 概述

硬件描述语言(Hardware Description Language,HDL)是一种用形式化的方法来描述数字电路与系统的语言,可分为行为描述、结构描述和数据流描述。设计者利用 HDL 可自顶而下(从抽象到具体)、逐层描述自己的设计思想,用一系列分层次的模块来表示极为复杂的数字系统。然后利用 EDA 工具,逐层仿真验证,将其中需要变为实际电路的模块,经自动综合工具转换成门级的电路网表,用自动布局布线工具适配在专用集成电路 ASIC 或现场可编程门阵列 FPGA 芯片中,实现具体电路布线结构。硬件描述语言的发展至今已经有近 40 年的历史。目前主要的语言有 VHDL(Very High Speed Integrated Hardware Description Language)和 Verilog HDL(Verilog Hardware Description Language)。

Verilog HDL 语言最初是于 1983 年由 Gateway Design Automation 公司为其模拟器产品开发的硬件建模语言。在 1995 年和 2001 年分别发布了 IEEE STD1364—1995 版和 IEEE STD1364—2001 版。Verilog HDL 是一种用于数字系统建模的硬件描述语言,可用于算法级、门级和开关级的多种抽象设计层次的数字系统建模。建模对象的复杂性可以是一个简单的门电路,也可以是一个完整的复杂电子数字系统。Verilog HDL 可以分层次描述数字系统,并可在该描述中显式地进行时序建模。

Verilog HDL 语言具有下述描述能力:电路的行为特性、电路的数据流特性、电路的结构组成以及包含响应监控和电路验证方面的时延和波形产生机制。所有这些都使用同一种建模语言。此外,Verilog HDL 语言提供了编程语言接口,通过该接口可以在仿真、验证期间从设计外部访问设计,包括模拟的具体控制和运行。

Verilog HDL 语言不仅定义了语法,而且对每个语法结构都定义了清晰的模拟、仿真语义。因此,用这种语言编写的模型能够使用 Verilog 仿真器进行验证。语言从 C 语言中继承了多种操作符和结构。Verilog HDL 提供了扩展的建模能力,其中许多扩展最初很难理解。但是,Verilog HDL 语言的核心子集非常易于学习和使用,这对于大多数建模应用来说已经足矣。当然,完整的硬件描述语言足以满足从最复杂的芯片到完整的电子系统进行的描述。

3.2 Verilog HDL 语言入门

Verilog HDL 是一种硬件描述语言,它以文本形式描述数字系统硬件的结构和行为语言。它可以描述设计的行为特性、设计的数据特性、设计的结构组成,也可描述设计响应监控与验证方面的时延和波形产生的机制,所有这些都使用同一种语言建模。此外,它还提供了编程语言接口,通过该接口可以在仿真、验证期间从设计外部访问设计,包括仿真控制和运行。

典型的 Verilog 程序如下,包括宏定义、模块定义、端口定义、过程定义、块定义、功能描述性语句,以及各注释语句。

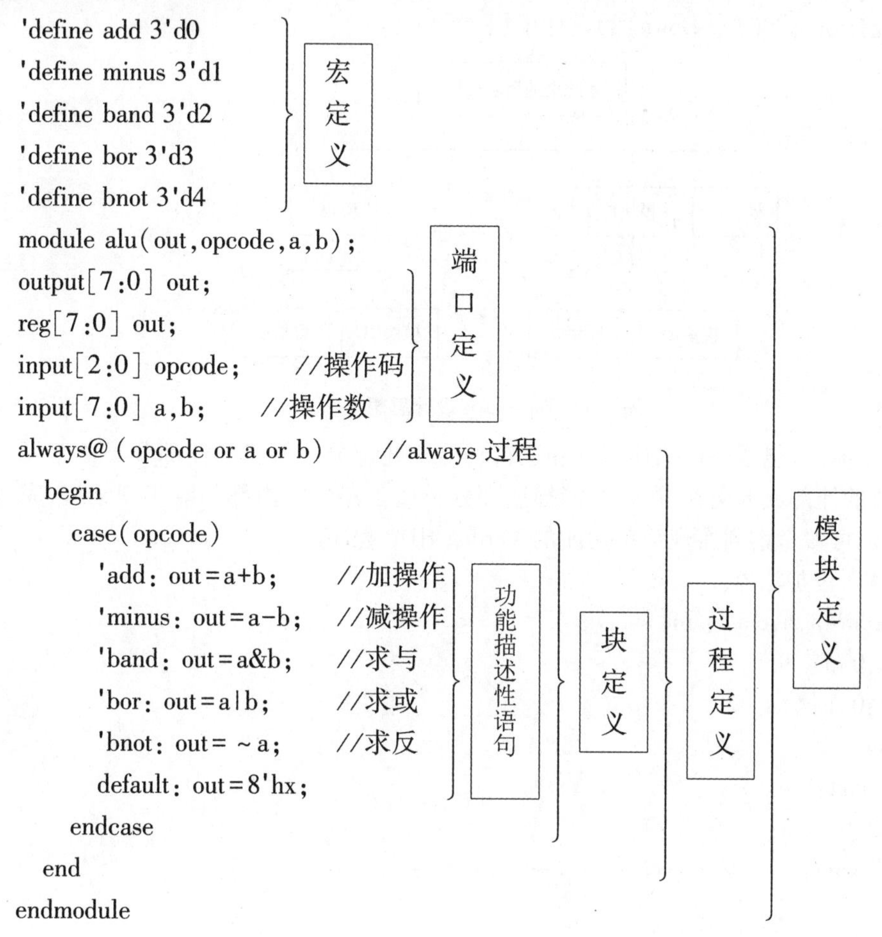

```
'define add 3'd0
'define minus 3'd1
'define band 3'd2
'define bor 3'd3
'define bnot 3'd4
module alu(out,opcode,a,b);
output[7:0] out;
reg[7:0] out;
input[2:0] opcode;      //操作码
input[7:0] a,b;      //操作数
always@(opcode or a or b)      //always 过程
  begin
    case(opcode)
      'add: out=a+b;      //加操作
      'minus: out=a-b;      //减操作
      'band: out=a&b;      //求与
      'bor: out=a|b;      //求或
      'bnot: out= ~a;      //求反
      default: out=8'hx;
    endcase
  end
endmodule
```

3.2.1 模块

模块(module)是 Verilog 的基本描述单位,用于描述某个设计的功能或结构,以及与其他模块通信的外部端口。模块在概念上可等同一个器件,如通用器件(与门、三态门等)、通用宏单元(计数器、ALU、CPU)等,因此,一个模块可在另一个模块中调用。

一个系统设计可由多个模块组合而成,因此,一个模块只是一个系统级工程中某个层次的设计,模块设计可采用多种建模方式。

3.2.2 模块的结构

一个电路系统设计是由多个模块(module)构成的,而一个模块的具体设计如图 3.1 所示。模块的描述由"module"语句指示开始,由"endmodule"语句指示结束,两条语句中间则填充其他描述语句。每个模块实现特定的功能,模块之间可进行嵌套调用,因此,可以将大型的数字电路设计分割成大小不一的小模块实现特定的功能,最后通过顶层模块调用子模块实现整体功能,也就是说自顶向下(Top-Down)的设计思想。

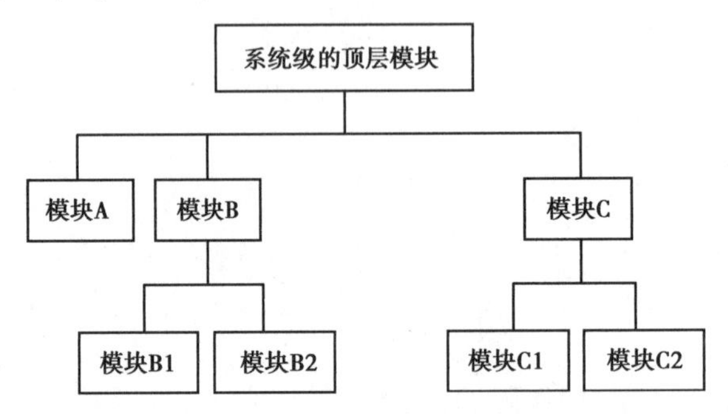

图 3.1 Top-Down 设计思想

模块类比于器件,包括接口描述部分和逻辑功能描述部分。接口描述部分类比于元件的管脚,实现模块的外部数据交互;逻辑功能描述部分类比于器件的内部功能实现结构,完成模块的功能实现。可参考下列实现简单功能的 Verilog HDL 程序。

【例 3.1】 3 位加法器。

```
module  addr(a,b,cin,count,sum);
   input[2:0]a;
   input[2:0]b;
   input cin;
   output count;
   output[2:0]sum;
   assign {count,sum} =a+b+cin;
endmodule
```

说明:整个模块是以 module 开始,endmodule 结束。

【例 3.2】 比较器。

```
Module compare (equal,a,b);
   input[1:0]a,b;      //declare the input signal;
```

```
    output equare;      //declare the output signal;
    /*if a=b,output 1,otherwise 0;*/
    assign equare=(a==b)? 1:0;
endmodule
```

说明:/*……. */和//…表示注释部分,注释只是为了便于读懂代码,并不改变编译结果。

1)模块端口定义

如 module addr(a,b,cin,count,sum),其中,module 是模块的保留字;addr 是模块的名字,相当于器件名;小括号内是该模块的端口声明,定义了该设计模块的管脚名,是该模块与其他模块通信的外部接口,相当于器件的管脚。

2)模块内容设计

模块内容包括 I/O 说明、内部信号、调用模块等声明语句和功能描述语句。I/O 说明语句如 input[2:0]a;　input[2:0]b;　input cin;output count;其中 input,output,inout 是保留字,定义了管脚信号的流向;[n:0]表示该信号的位宽(总线或单根信号线)。

功能描述语句用来产生各种逻辑(主要包括组合逻辑和时序逻辑),还可用来实例化一个器件,该器件可以是厂家的器件库中的模块,也可以是设计者用 HDL 设计的模块。在逻辑功能描述中,主要用到 assign 和 always 两个语句,例如:

```
assign   d_out=d_en ? din: 'bz;
mytri u_mytri(din,d_en,d_out);
```

在模块内容设计中,首先对每个模块进行端口定义,说明各端口是输入还是输出,定义各个端口的信号流向;然后再对模块的功能进行逻辑描述。对仿真测试模块,可以没有输入输出口。

Verilog HDL 的书写格式自由,一行可以写几个语句,也可以一个语句分几行写。具体由代码书写规范约束。除 endmodule 语句外,每个语句后面需有分号表示该语句结束。

3.2.3　模块语法

1)模块基本语法

一个模块的基本语法如下:

```
Module module_name(port1,port2,…);
  //Declarations:
  Input,output,inout,reg,wire,parameter,function,task,…
  //Statements:
    Initial statement
    Always statement
    Module instantiation
    Gate instantiation
    Continuous assignment
endmodule
```

模块的结构需按上述顺序进行,声明区用来对信号方向、信号数据类型、函数、任务、参数等进行描述。语句区用来对功能进行描述，如初始语句、always 语句、器件调用(Module Instantiation)等。

2)书写语法建议

一个模块用一个文件，模块名与文件名要同名；一个语句占用一行。信号方向按输入、输出、双向顺序描述。设计模块时可尽量考虑将变量提前在模块头部申明，以提高设计调用的灵活性。

3)时延

信号在电路中传输会有传播延时等，如线延时、器件延时。时延就是对信号延时特性的 HDL 描述。如图 3.2 所示的信号 A 和 B 的时延描述为：

```
assign #2  B=A;
```

表示 B 信号在 2 个时间单位后得到 A 信号的值。

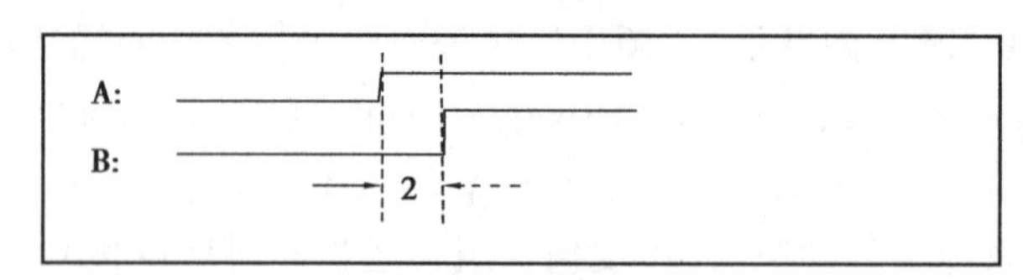

图 3.2 时延

在 Verilog HDL 中，所有时延都必须根据时间单位进行定义，定义方式为在文件头添加如下语句：

```
'timescale ' 1ns/100ps
```

其中 'timescale ' 是 Verilog HDL 提供的预编译处理命令，1ns 表示时间单位是 1ns，100ps 表示时间精度是 100ps。根据该命令，编译工具才可将#2 作为 2ns 处理。

在 Verilog HDL 的 IEEE 标准中没有规定时间单位的缺省值，由各仿真工具确定。因此，在写代码时必须确定时间单位。

3.3 Verilog HDL 基本语法

3.3.1 标识符、关键字及其他文字规则

1)标识符

定义：标识符(identifier)是程序代码中给对象(如模块、端口、变量等)取名所用的字符串。

组成：由字母、数字字符、下画线“_”和美元符“$”组成，区分大小写，其第一个字符必须是英文字母或下画线。

注意：关键字不能作为标识符使用；一般用简洁而有含义的通用单词或者缩写来命名，用下画线区分词，便于程序的可读性，如 Sum，CPU_addr 等。也可采用一些有意义的前缀或后缀，如时钟采用 Clk 前缀 Clk_50，Clk_CPU；低电平采用_n 后缀 Enable_n；通用缩写如全局复位信号 Rst。同一信号在不同层次保持一致性，例如，同一时钟信号的命名必须使各模块保持一致；参数(parameter)采用大写，如 SIZE。

2)关键字

Verilog HDL 定义了一系列保留字,称为关键词。常用的关键词见表3.1。

表3.1 Verilog HDL 常用的关键词

关键词	含义
module	模块开始定义
input	输入端口定义
output	输出端口定义
inout	双向端口定义
parameter	信号的参数定义
wire	wire 信号定义
reg	reg 信号定义
always	产生 reg 信号语句的关键字
assign	产生 wire 信号语句的关键字
begin	语句的起始标志
end	语句的结束标志
posedge/negedge	时序电路的标志
case	Case 语句起始标记
default	Case 语句的默认分支标志
endcase	Case 语句结束标记
if	if/else 语句标记
else	if/else 语句标记
for	for 语句标记
endmodule	模块结束定义

3)注释符号

在 Verilog HDL 中有"/ * * /"和"//"两种注释。第一种形式可以扩展至多行;第二种形式则在本行结束。

4)格式

Verilog HDL 区分大小写。也就是说,大小写不同的标识符是不同的。此外,Verilog HDL 是自由格式,即结构可以跨越多行编写,也可以在一行内编写。白空(新行、制表符和空格)没有特殊意义。

3.3.2 Verilog HDL 逻辑状态

Verilog HDL 中规定了4种基本的数值类型,即"1""0""z"和"x"。它们的含义有多个方面,"0"代表逻辑0或"假","1"表示逻辑1或"真","x"为未知值,"z"表示高阻。需要注意的是,这4种值的解释都内置在语言中,例如,一个为"z"的值总是意味着高阻抗;一个为"0"

的值通常是指逻辑 0;在门的输入或一个表达式中的“z”的值,通常解释成“x”;此外,x 值和 z 值都不分大小写,也就是说,值 0x1z 与值 0X1Z 相同。

3.3.3 常量

Verilog HDL 中有整数、实数、字符串 3 种常量。

1)整数

整数的一般表达式为:

<±><size> ' <base format><number>,

其中, size(可省略)表示二进制位宽,缺省值为 32 位;base format 表示数基,可为 2(b)、8(o)、10(d)、16(h)进制,缺省值为 10 进制;number 是所选数基内任意有效数字,包括 X(随机)、Z(高阻)两种状态。

当数值 number 溢出时,编译时自动截去高位,例如,2 ' b1101 表示的是 2 位二进制数据,但有效值“1101”超过了指定数据范围,则被自动修改为 2 ' b01。一个数字可以被定义为负数,只需在位宽表达式前加一个负号,注意必须在数字定义表达式的最前面。下画线符号“_”可以在整数或实数中使用,就数值本身而言,它没有任何意义,但能够提高可读性;唯一的限制是下画线符号不能用来作为常数的首字符。以下为常数的表示方法:

```
a=8 'b0001_0000     //位宽为 8 的二进制数;
-14                 //十进制数-14;
16 'd255            //位宽为 16 的十进制数 255;
8 'h9a              //位宽为 8 的十六进制数 9a;
'o21                //位宽为 32 的八进制数 21;
'hAF                //位宽为 32 的十六进制数 AF;
-4 'd10             //位宽为 4 的十进制数-10;
```

位宽不能为表达式,下列的表达是错误的:

```
(3+2) 'b11001       //非法表示
```

2)实数

(1)十进制格式

由数字和小数点组成(必须有小数点),且小数点两侧必须有数字,如 0.1, 3.1415, 2.0 等为正确数据表示;3. 因为小数点右边没有数字,则为错误数据表示。

(2)指数格式

由数字和字符 e(E)组成,e(E)的前面必须有数字,且后面必须为整数,例如:

```
13_5.1e2      //其值为 13510.0;
8.5E2         //850.0 (e 与 E 相同);
4E-4          //0.0004
```

3)字符串

由双引号括起来的字符序列,字符串必须在一行内写完,如"hello world!"是一个合法字符串。每个字符串(包括空格)被看作 8 位 ASCII 值序列。存储字符串“hello world!”,就需要定义一个 8×12 位的变量,如:

```
reg[8 * 12:1] stringvar;
```

```
initial
begin
  stringvar = "hello world";
end
```

除上述的文字字符串外，还有数位字符串，也称为位矢量。它代表的是二进制、八进制或者十六进制的数组。

3.3.4 Parameter

在 Verilog HDL 中为了提高程序的可读性和可维护性，可以使用 parameter（参数），参数是一种特殊的常量。参数经常用于定义时延和变量的宽度，参数只被赋值一次，其定义形式如下：

parameter 参数名 1=表达式，参数名 2=表达式，…，参数名 n=表达式；

parameter 是参数型数据的定义语句，其后跟一个用逗号分隔开的赋值语句表。参数是局部的，只在其被定义的模块内有效，用来声明运行时的常数。在程序中可用参数名来代替具体的数值，如：

```
module md1(out,in1,in2);
  …
  parameter cycle=20, p1=8,  x_word=16'bx, file = "/user1/jmdong/design/mem_file.dat";
  wire [p1:0] w1;      //用参数来说明 wire 的位宽
  …
  initial  begin  $sopen(file);…     //用参数来说明文件路径
    #20000  display("%s",file);  $stop
  end
endmodule
```

参数也常用于定义延迟时间和变量宽度。在模块或实例引用时，可通过参数传递的方式改变在被引用模块或实例中已定义的参数，如：

```
module Decode(A,F);
    parameter Width = 1,Polarity = 1;
    …
endmodule
module Top;
    wire[3:0] A4;
    wire[4:0] A5;
    wire[15:0] F16;
    wire[31:0] F32;
    Decode #(4,0) D1(A4,F16);//可通过参数的传递来改变定义时已规定的参数值
    Decode #(5) D2(A5,F32);
    defparam  D2.Width = 5;     //在一个模块中改变另一个模块的参数时
```

endmodule

在一个模块中改变另一个模块的参数时,需要使用 defparam 命令。在做布线后仿真时,可通过布线工具生成延迟参数文件,利用参数传递方法可将布线延迟反标注(Back-annotate)到门级 Verilog 网表上。

3.3.5 数据类型

Verilog 中的数据类型主要可分为线网型(net)和寄存器型(register)两大类。其中,线网型又分为若干个子类型,它们分别是:

①wire:标准连线(默认为该类型);

②tri:具备高阻状态的标准连线;

③wor:线或类型驱动;

④trior:三态线或特性的连线;

⑤wand:线与类型驱动;

⑥triand:三态线与特性的连线;

⑦trireg:具有电荷保持特性的连线;

⑧tri1:上拉电阻(pullup);

⑨tri0:下拉电阻(pulldown);

⑩supply0:地线,逻辑 0;

⑪supply1:电源线,逻辑 1。

而寄存器型也分为若干子类型,它们分别是:

①reg:常用的寄存器型变量,用于行为描述中对寄存器类的说明,由过程赋值语句赋值;

②integer:32 位带符号整型变量;

③time:64 位无符号时间变量;

④real:64 位浮点、双精度、带符号实型变量;

⑤realtime:其特征和 real 型一致;

⑥reg 的扩展类型为 memory 类型。

下面介绍各大类数据类型的使用:

1)Net 线网类型

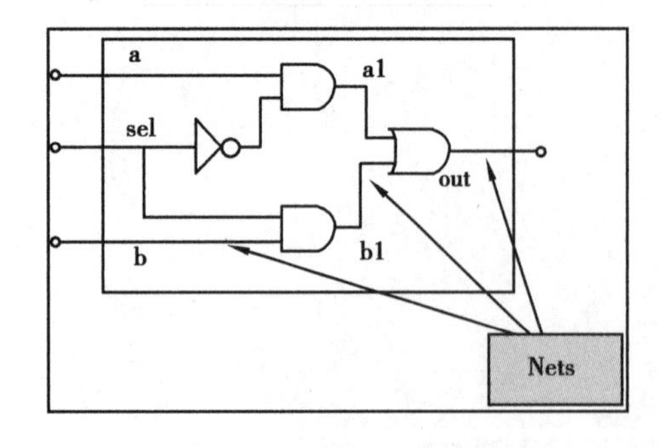

图 3.3 Net 线网变量驱动

Net 线网类型表示结构实体(如逻辑门)之间的物理连接线,线网类型的变量不能储存值,而且它必须有驱动器(如逻辑门或连续赋值语句,assign)的驱动。如果没有驱动器连接到线网类型的变量上,则该变量的值被默认为高阻状态(z)。Net 线网变量需要被持续驱动,驱动它的可以是逻辑门和模块,如图 3.3 所示。

当 Net 驱动器的值发生变化时,将新值同步传送到 Net 上。例如,在图 3.13 中,线网 out 由 or 门驱动,当 or 门的输入信号变化时,其输出结果将同时传送到线网 out 上。

线网类型包含不同的线网子类型,主要有 wire,tri,wor,trior,wand, triand,trireg, tri1 , tri0, supply0, supply1 数种类型。其中,常用的线网类型有 wire 和 tri 两种,这两种类型都是用于连接器件单元的,它们具有相同的语法格式和功能,wire 是用来表示单个门驱动或连续赋值语句驱动的线网型数据;tri 则用来表示多驱动器驱动的线网型数据。

2)wire 子类型

wire[n-1:0]变量名 1,变量名 2,…,变量名 n;

wire[n:1]变量名 1,变量名 2,…,变量名 n;

```
wire   a;              //定义了一个 1 位的 wire 型数据
wire[7:0]b;            //定义了一个 8 位的 wire 型向量
wire[4:1]c,d;          //定义了两个 4 位的 wire 型向量
```

wire 型信号可以用作任何方式的输入,也可以用作“assign”语句或实例元件的输出,不可以在 initial 和 always 模块中被赋值。

Verilog 程序模块中,被声明为 input 或者 inout 型的端口,只能被定义为线网型变量,被声明为 output 型的端口可以被定义为线网型或者寄存器型变量,输入输出信号类型缺省时自动定义为 wire 型。

3)寄存器类型(reg)

reg 寄存器是数据储存单元的抽象,通过赋值语句可以改变寄存器的值,其作用与改变触发器储存的值相当。Verilog HDL 提供了功能强大的过程控制语句来控制赋值语句的执行,这些过程控制语句用来描述硬件触发条件,例如,时钟的上升沿和多路器的选通信号。reg 型变量的声明格式如下:

reg[msb:lsb]变量名 1, 变量名 2,…,变量名 n;

例如:

```
reg   clock;
reg [3:0]   regb;
reg [4:1]   regc, regd;
```

reg 可以映射为实际电路中的寄存器,具有记忆性,是数据储存单元的抽象,在输入信号消失后它可以保持原有的数值不变。

reg 与 net 型变量的根本区别在于:register 型变量需要明确赋值,并且在被重新赋值前一直保持原值;此数据类型只能在 initial 或 always 过程中赋值,其默认值是 x。注意:在 always 和 initial 块内被赋值的每一个信号都必须定义成 reg 型。

4)存储器类型

对存储器(如 RAM、ROM)进行建模,可通过扩展 reg 型数据的地址范围来实现。定义格式如下:

reg[msb:lsb]存储器名 1[upper1:lower1],存储器名 2 [upper2:lower2],…;

例如:reg[7:0]mem[1023:0];　　//定义 1K×8 存储器 mem;

在 Verilog 中可以说明一个寄存器数组。

```
integer NUMS[7: 0];            //包含 8 个整数数组变量;
time   t_vals [3: 0];          // 4 个时间数组变量;
reg[15: 0]   MEM[0:1023];      //1K×16 存储器 MEM;
```

描述存储器时可以使用参数或任何合法表达式:

```
parameter wordsize=16;
parameter memsize=1024;
reg[wordsize-1:0]  MEM3[memsize-1:0];
```

5)存储器寻址(Memory Addressing)

存储器元素可通过存储器索引(index)寻址,也就是给出元素在存储器的位置来寻址。mem_name [addr_expr],Verilog 不支持多维数组。也就是说,只能对存储器中的整个字进行寻址,而无法对存储器中一个字的某一位进行寻址。

```
reg[8: 1] mema [0: 255];        // declare memory called mema
reg [8: 1] mem_word;            // temp register called mem_ word
...
initial
    begin
        $displayb(mema[5]);           //显示存储器中第6个字节的内容
        mem_word = mema[5];           //将这个字节赋值给 men_word
        $displayb(mem_word[8]);       //显示第6个字节的最高有效位
    end
endmodule
```

尽管 memory 型数据和 reg 型数据的定义格式很相似,但要注意其不同之处,如一个由 n 个 1 位寄存器构成的存储器组是不同于一个 n 位的寄存器的,例如:

```
reg[n-1:0] rega;        //一个n位的寄存器
reg  mema[n-1:0];       //一个由n个1位寄存器构成的寄存器数组
rega=0;                 //合法赋值语句
mema=0;                 //非法赋值语句
mema[3]=0;              //合法赋值语句
```

3.3.6 端口数据类型

一个端口可看作由相互连接的两个部分组成:一部分位于模块的内部;另一部分位于模块的外部。当在一个模块中调用(引用)另一个模块时,端口之间的连接必须遵守一些规则,见表 3.2。

表 3.2 端口 I/O 与数据类型

端口 I/O	端口的数据类型	
	module 内部	module 外部
input	net	net 或 reg
output	net 或 reg	net
inout	net	net

1)输入端口

从模块内部来看,输入端口必须为线网数据类型;从模块外部来看,输入端口可以连接到线网或者 reg 数据类型的变量。

2)输出端口

从模块内部来看,输出端口可以是线网或者 reg 数据类型;从模块外部来看,输出端口必须连接到线网类型的变量,而不能连接到 reg 类型的变量。

3)输入/输出端口

从模块内部来看,输入/输出端口必须为线网数据类型;从模块外部来看,输入/输出端口也必须连接到线网类型的变量。

4)位宽匹配

在对模块进行调用时,Verilog 允许端口的内、外两个部分具有不同的位宽。一般情况下,Verilog 仿真器会对此警告。

5)未连接端口

Verilog 允许模块实例的端口保持未连接的状态。例如,如果模块的某些输出端口只用于调试,那么这些端口可以不与外部信号连接。

6)端口与外部信号的连接

在调用模块时,可以使用两种方法将模块定义的端口与外部环境中的信号连接起来,即按顺序连接和按名字连接。但两种方法不能混在一起使用。按端口名字连接时,调用端口名与被引用模块的端口相对应,而不必严格按照端口的顺序对应,其方法如下:

模块名(.端口1名(信号1名),.端口2名(信号2名),…);

按端口顺序连接时,不用表明原模块定义时规定的端口名称,其方法如下:

模块名(连接端口1信号名,连接端口2信号名,连接端口3信号名,…);

按端口顺序连接,需要连接到模块实例的信号必须与模块声明时目标端口在端口列表中的位置保持一致,如图3.4所示。

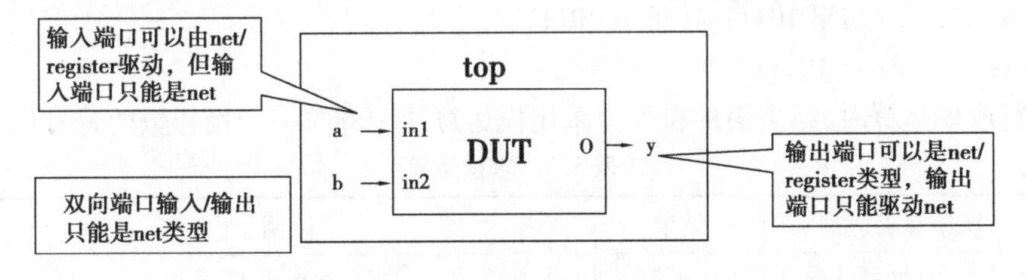

图3.4　端口类型定义举例

输入端口 in1,in2 可以由 net/register(A,B)驱动,但输入端口 in1,in2 只能是 net 类型;输出端口 out 可以是 net/register 类型,输出端口只能驱动 net(Y)。若输出端口 out 在过程块中赋值则为 register 类型;若在过程块外赋值(包括实例化语句),则为 net 类型。外部信号 A,B 类型判断方法与输出端口相同。

```
//定义 DUT
module DUT (O, in1, in2);
output O;
input in1, in2;
wire O, in1, in2;      //只能为线型
and  u1(O, in1, in2) ;
```

```
endmodule
//定义 top
module top;
wire y;
reg a, b;      //可以用 reg 给 a,b 驱动
DUT   u1 (y, a, b);      //顺序连接
initial
begin
a=0;b=0;
#5 a=1;      //过程块中只能给 reg 类型赋值
end
endmodule
```

3.3.7 运算符与表达式

1)算术运算符

在进行算术运算("+"加、"-"减、"*"乘、"/"除、"%"求模)时,Verilog 根据表达式中变量的长度对表达式的值自动进行调整。Verilog 自动截断或扩展赋值语句中右边的值以适应左边变量的长度。将负数赋值给 reg 或其他无符号变量时,Verilog 自动完成二进制补码计算。

```
reg[3:0] a,b;
reg[15:0] c;
a=-1;        //a 为无符号数,其值为 1111
b=8;c=8;     //b=c=1000
b=b+a;       //结果 10111 截断,b=0111
c=c+a;       //c=10111
```

而进行取模运算时,结果值的符号位采用模运算式中的第一个操作数的符号位见表 3.3。

表 3.3　求模运算

模运算表达式	结果	说明
10%3	1	余数为 1
11%3	2	余数为 2
12%3	0	余数为 0,即无余数
-10%3	-1	结果取第一个操作数的符号位,所以余数为-1
11%-3	2	结果取第一个操作数的符号位,所以余数为 2

在进行算术运算时,如果操作数的某一位为 x 或 z,则整个表达式运算结果为不确定,如 1+z=unknown。两个整数进行除法运算时,结果为整数,小数部分被截去,如 6/4=1。在进行加法运算时,如果结果和操作数的位宽相同,则进位被截去。

2) 位运算符(除了 ~,其余的都是双目运算符)

将两个操作数按对应位分别进行逻辑运算。如果两个操作数的位宽不一样,则仿真软件会自动将短操作数向左扩展到两操作数使位宽一致。

如果操作数的某一位为 x 时不一定产生 x 结果,见表 3.4。

表 3.4　位运算符

操作符号	操作功能	实例:ain=4' b1010,bin=4' b1100,cin=4' b001x
~	按位取反	~ ain=4' b0101
&	按位与	ain & bin=4' b1000,bin & cin=4' b0000
|	按位或	ain | bin=4' b1110
^	按位异或	ain ^bin=4' b0110
^~ 或 ~^	按位同或	ain ^~ bin=4' b1001

3) 缩位运算符(单目运算符)

缩位运算符(Reduction Operators)又称为缩减运算符,只对一个操作数进行运算,按照从右到左的顺序依次对所有位进行运算,并产生一位逻辑值,见表 3.5。

表 3.5　缩位运算符

操作符号	操作功能	实例:ain=5' b10101,bin=4' b0011, cin=3' bz00,din=3' bx011
&	按位取与	&ain=1' b0,&din=1' b0
~&	按位与非	~&ain=1' b1
|	按位或	|ain=1' b1,|cin=1' bx
~|	按位或非	~|ain=1' b0
^	按位异或	^ain=1' b1
~^或^~	按位同或	~^ain=1' b0

缩减运算是对单个操作数进行或、与、非递推运算。最后的运算结果是 1 位二进制数。

```
reg[3:0]B;
reg C;
assign C=&B;
```

等价于:C=((B[0]&B[1])&B[2])&B[3]

4) 关系运算符

在进行关系运算时,如果声明的关系是假,则返回值是 0;如果声明的关系是真,则返回值是 1;如果操作数的某一位为 x 或 z,则结果为不确定值,见表 3.6。

表 3.6　缩位运算符

操作符号	操作功能	实例:ain=3' b011,bin=3' b100,cin=3' b110, din=3' b01z,ein=3' b00x
>	大于	ain>bin 结果为假(1' b0)
<	小于	ain<bin 结果为真(1' b1)
>=	大于或等于	ain>=din 结果为不确定(1' bx)
<=	小于或等于	ain<=ein 结果为不确定(1' bx)

5)等式运算符

等式运算主要有逻辑相等= =、逻辑不等! =、全等= = =、非全等! = =几种。对相等运算符,当参与比较的两个操作数逐位相等时,其结果为 1,如果某些位是不定态或高阻值,其相等比较得到的结果是不定值;全等运算是对这些不定态或高阻值的位也进行比较,两个操作数必须完全一致,其结果为 1,否则结果为 0。

例如,对 A=2' b1x 和 B=2' b1x,则 A= =B 结果为 x,A= = =B 结果为 1。

全等与相等运算的真值,见表 3.7。

表 3.7　全等与相等运算符

= = =	0	1	x	z	= =	0	1	x	z
0	1	0	0	0	0	1	0	x	x
1	0	1	0	0	1	0	1	x	x
x	0	0	1	0	x	x	x	x	x
z	0	0	0	1	z	x	x	x	x

6)逻辑运算符

逻辑运算符中,“&&”和“||”是双目运算符,它要求有两个操作数。“!”是单目运算符,只要求一个操作数,见表 3.8。

表 3.8　逻辑运算符

<table>
<tr><th>操作符号</th><th>操作功能</th><th>实例:ain=3' b101,bin=3' b000</th></tr>
<tr><td>!</td><td>逻辑非</td><td>! ain　结果为假(1' b0)</td></tr>
<tr><td>&&</td><td>逻辑与</td><td>ain && bin 结果为假(1' b0)</td></tr>
<tr><td>||</td><td>逻辑或</td><td>ain || bin 结果为真(1' b1)</td></tr>
</table>

7)移位运算符

Verilog HDL 的移位运算符只有左移和右移两个。其用法为:A>>n 或 A<<n,表示把操作数 A 右移或左移 n 位,同时用 0 填补移出的位。

例如:

```
reg[3:0] start;
```

```
start=1;
start=(start<<2);        //start=0100;
```

8) 位拼接运算符

在 Verilog 语言中有一个特殊的运算符——位拼接运算符{}。位拼接运算符{}可以把两个或多个信号的某些位拼接起来,表示一个整体信号进行运算操作。其使用方法如下:

{信号 1 的某几位,信号 2 的某几位,……,信号 n 的某几位}

对一些信号的重复连接,可以使用简化的表示方式{n{A}}。这里 A 是被连接的对象,n 是重复的次数。

例如:ain=3'b010;bin=4'b1100;

{ain,bin}=7'b0101100;

{3 {2'b10}}=6'b101010;

位拼接还可以用嵌套方式表达。

{a,3'b101, {3{a,b}}}

在位拼接表达式中不允许存在没有指明位数的信号。这是因为在计算机拼接信号的位宽大小时必须知道其中每个信号的位宽。

9) 条件运算符

三目运算符,对 3 个操作数进行运算,实现方式如下:

信号=条件? 表达式 1:表达式2

说明:当条件成立时,信号取表达式 1 的值;反之,取表达式 2 的值。

例如:

assign out=(sel= =0)? a:b;

例如:条件运算符描述的三态缓冲器,如图 3.5 所示。

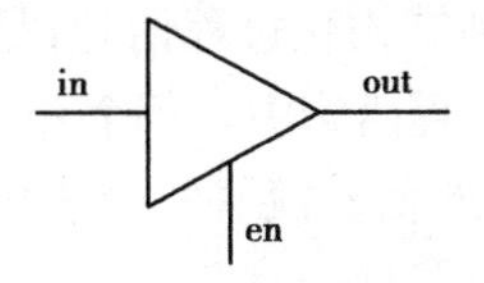

图 3.5　三态缓冲器

```
module likebufif (in, en, out);
input in;
input en;
output out;
   assign out = (en == 1) ? in: 'bz;
endmodule
```

10) 优先级别

运算符优先级别见表 3.9。

表 3.9　运算符优先级别

<table>
<tr><th colspan="2">优先级别</th></tr>
<tr><td>!　~</td><td rowspan="12">高优先级别
↓
低优先级别</td></tr>
<tr><td>*　/　%</td></tr>
<tr><td>+　-</td></tr>
<tr><td><<　>></td></tr>
<tr><td><　<=　>　>=</td></tr>
<tr><td>==　!=　===　!==</td></tr>
<tr><td>&</td></tr>
<tr><td>~^　^~</td></tr>
<tr><td>|</td></tr>
<tr><td>&&</td></tr>
<tr><td>||</td></tr>
<tr><td>?:</td></tr>
</table>

3.4　Verilog HDL 基本语句

Verilog HDL 基本语句主要包括过程语句、块语句和赋值语句。

3.4.1　过程语句

Verilog 中有 initial 和 always 两种结构化过程语句，是行为建模的基本语句。行为描述类的语句只能出现在这两种结构化的过程语句中。每个 initial 语句和 always 语句代表一个独立的执行过程，每条语句包含一个单独的信号流。一个模块中可以包含多条 initial 语句和多条 always 语句。

1) initial 语句

initial 语句指定的内容只执行一次，initial 语句主要用于仿真测试，不能进行逻辑综合。initial 语句的格式如下：

```
initial
  begin
    语句 1;
    ……
    语句 n;
  end
```

例：在 initial 过程中完成对存储器的初始化。

```
initial
  begin
    for( index=0;index < size;index=index+1)
```

```
        memory[index]=0;
    end
```

在这个例子中,用 initial 语句在仿真开始时对各变量进行初始化,注意这个初始化过程不占用任何仿真时间,即在仿真之前就已完成对存储器的初始化工作。

一个模块中若有多个 initial 块,则它们同时并行执行。块内若有多条语句,需要用 begin-end 块语句将它们组合,若只有一条语句,则不需要使用 begin-end 块。

```
module stimulus;
    reg  x, y, a, b, m;
    initial
        m=1'b0;       //一条语句,无须 begin-end
    initial
        begin      //多条语句,需 begin-end
            #5 a=1'b1;
            #25 b=1'b0;
        end
    initial
        begin
        #10 x=1'b0;
        #25 y=1'b1;
    end
endmodule
```

initial 过程常用于测试文件和虚拟模块的编写,用来产生仿真测试信号和设置信号记录等仿真环境。

2) always 语句

always 过程内的语句是不断被重复执行的,在仿真和逻辑综合中均可使用。其声明格式如下:

always <时序控制> <语句>

always 语句由于其不断活动的特性,只有和一定的时序控制结合在一起才有用。例如:

```
alwaysclk= ~clk;
```

上面的语句构造了一个死循环,但如果加上时序控制,always 语句将变成一条非常有用的描述语句,例如:

```
always #half_periodclk= ~clk;
```

则生成了一个周期为 2 * half_period 的无限延续的信号波形。当经过 half_period 时间单位时,时钟信号取反;再经过 half_period 时间单位时,就再取反为一个周期。

always 过程是否执行,要看它的触发条件是否满足,如满足则运行过程块一次;如果没有添加触发条件,则 always 过程一直被重复执行。触发条件可以使用事件表达式或敏感信号列表,即当表达式中变量的值改变时,就会执行过程内的语句,其形式为:

```
always@(敏感信号表达式)
begin
```

```
//过程赋值
//if-else,case,casex,casez 选择语句
//task,function 调用
end
```

敏感信号表达式中应列出影响块内取值的所有信号。敏感信号可以是沿触发,也可以是由电平触发的;可以是单个信号,也可以是多个信号,信号间用操作符“or”连接。沿触发的 always 块一般描述时序行为;电平触发的 always 块通常用来描述组合逻辑的行为。

例如:包含多个敏感信号的 always 过程,只要 a,b,c 中任何一个发生变化(从高到低或从低到高的变化),都会被触发一次。

```
always@ (a or b or c)
begin
……
end
```

例如:有两个沿触发的 always 过程。只要任意一个信号沿出现,就执行一次过程块。

```
always@ (posedge clock or negedge reset)     //posedge 代表上升沿,negedge 代表下降沿
begin
……
end
```

always 过程中使用的所有赋值源变量都必须在 always @(敏感电平列表)中列出,例如:

```
always @ (a or b or c)
e=a & b & c;
```

如果使用了敏感信号列表中没有列出的变量作为赋值源,则在综合时,将会为没有列出的信号隐含地产生一个透明锁存器。例如:

```
input a,b,c;
output e,d;
reg e,d;
always@ (a or b or c)
begin
e=a & b & d;
end
```

因为 d 不在敏感信号列表中,所以 d 的变化不会使 e 立即变化,直到 a,b,c 中的任意一个变化,触发过程后,e 才会发生变化。always 中存在 if 语句时,if 语句的条件表达式中所使用的变量则必须在敏感电平列表中列出。

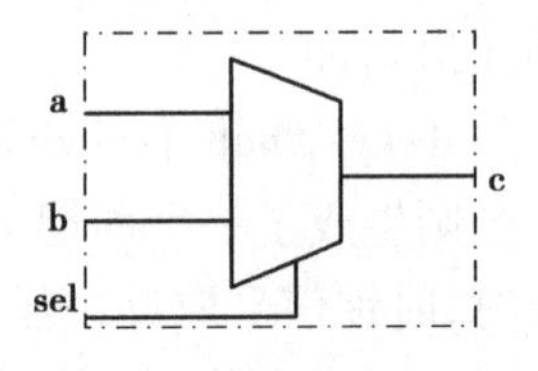

图 3.6 多路选择器

例如:构建如图 3.6 所示的多路选择器。

```
always @ (a or b orsel)
    begin
      if (sel)
          c=a;
```

```
        else
            c=b;
    end
```

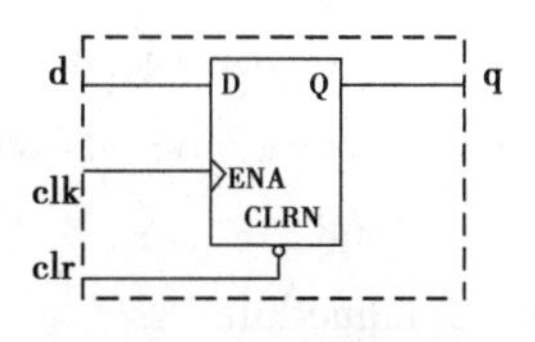

图3.7　D触发器

用always块设计时序电路时,敏感列表中包括时钟信号和控制信号。一个always过程最好只由一种类型的敏感信号触发,而不需将边沿敏感型和电平敏感型信号列在一起。

例如:设计图3.7所示的D触发器,使用两个信号沿进行触发,而不用电平触发。

```
always @ (posedge clk or negedge clr)
```

如果组合逻辑块语句的输入变量很多,编写敏感列表会很烦琐且容易出错。针对这种情况,Verilog HDL提供@ *和@(*)两种表达符号,表示过程中所有输入变量都是敏感变量。

例如:下面两种方法的描述是等同的。

```
always@ (a or b or c or d or e or f or g or h or p or m)
begin
out1 =a? b+c: d+e;
out2 =f? g+h:p+m;
End

always@ ( * )
begin
out1 =   a ? b+c: d+e;
out2 =   f   ? g+h:p+m;
end
```

在同步时序逻辑电路中,触发器状态的变化发生在时钟脉冲的上升沿或下降沿,Verilog HDL提供了posedge与negedge两个表达式,分别表示上升沿和下降沿。

例如:同步清零的D触发器,使用时钟上升沿触发。

```
always@ (posedge clk)
begin
  if( ! reset)
    q=0;
  else
    q<=d;
end
```

例如:同步置位/清零的计数器,使用时钟上升沿触发。

```
module sync(out,d,load,clr,clk)
  input d,load,clk,clr;
  input[7:0] d;
  output[7:0] out;
  reg[7:0] out;
```

```
  always @ (posedge clk)          //clk 上升沿触发
    begin
      if(! clr)   out <=8 'h00;   //同步清 0,低电平有效
      else if (load) out <=d;     //同步置数
      else   out <=out+1          //计数
    end
  endmodule
```

例如:异步清零的 D 触发器,使用时钟上升沿和 clr 信号的下降沿触发。

```
module async(d,clk,clr,q);
    inputd,clk,clr;
    output q:
    reg q;
    always @(posedge clk or posedge clr)
      begin
        if(clr)
        q<=1 'b0;
        else
        q<=d;
      end
endmodule
```

Verilog HDL 也允许使用另一种形式表示的电平敏感控制,即用 wait 语句表示等待敏感信号的高电平触发。例如:

```
always
wait(count_enable)   #20 count=count+1;
```

3)多 always 语句块

一个模块中可有多个 always 语句,它们之间是并行运行的关系。每个 always 过程只要有相应的触发事件产生,就会被触发执行,与各个 always 语句书写的前后顺序无关。例如:

```
module many_always(clk1,clk2,a,b,out1,out2,out3);
input clk1,clk2;
input a,b;
output out1,out2,out3;
wire clk1,clk2;
wire a,b;
reg out1,out2,out3;
always@(posedge clk1)      //当 clk1 的上升沿来时,令 out1 等于 a 和 b 的逻辑与
out1 <=a&b;
always@(posedge clk1 or negedge clk2)     //当 clk1 的上升沿或者 clk2 的下降沿来时,
                                           令 out2 等于 a 和 b 的逻辑或
out2 <=a|b;
```

```
always@ (a or b)        //当 a 或 b 的值变化时,令 out3 等于 a 和 b 的算术和
out3 = a+b;
endmodule
```

在每一个模块(module)中,可以有多个 initial 和 always 的过程,但过程之间不能相互嵌套,它们都是从 0 时刻并行执行的。例如:

```
module clk_gen(clk);
output clk;
parameter period=50,duty_cycle=50;
initial
clk=1'b0;
always
#(period*duty_cycle/100)clk=~clk;
initial
#100 $finish;
endmodule
```

运行时间与结果为:

```
时刻  |  执行时间
0       clk=1'b0
25      clk=1'b1;
50      clk=1'b0;
75      clk=1'b1;
100     $ finish
```

initial 语句在模块中只执行一次,always 语句则可被重复触发。

3.4.2　块语句

当需要多条语句才能描述逻辑功能时,可以用块语句将多条语句组合在一起。块语句有 begin-end 串行块和 fork-join 并行块两种。

1) begin-end 串行块

begin……end 之间可以添加多条语句,并且语句是顺序执行的。其格式主要有两种:

格式 1:

```
begin
  语句 1;
  语句 2;
  ……
  语句 n;
end
```

格式 2:

```
begin:块名
  块内声明语句
```

```
语句 1;
语句 2;
……
语句 n;
end
```

可以在 begin 后声明该块的名字,是一个标识符。块内声明语句可以是参数声明语句、reg 型变量声明语句、integer 型变量声明语句和 real 变量声明语句。

串行块的特点主要包括:

①块内的语句是按顺序执行的,即只有上面一条语句执行完后下面的语句才能执行。

②每条语句的延时起始点是前一条语句的结束时间点。

③直到最后一条语句执行完,才跳出该语句块。

2)fork-join 并行块

fork-join 之间可以添加多条语句,并且语句的关系是并行的。

如果语句前面有延时符号"#",那么延时的起始点是相对于 fork-join 块起始时间而言的。即块内每条语句的延迟时间的起始点都是块内的仿真时间的起始点。当按时间时序排序在最后的语句执行完后或一个 disable 语句执行时,跳出该并行块,其格式有两种:

格式 1:

```
fork
    语句 1;
    语句 2;
    ……
    语句 n;
    join
```

格式 2:

```
fork:块名
    块内声明语句
    语句 1;
    语句 2;
    ……
    语句 n;
join
```

块名即标识该块的一个名字,相当于一个标识符。块内说明语句可以是参数说明语句、reg 型变量声明语句、integer 型变量声明语句、real 型变量声明语句、time 型变量声明语句和事件(event)说明语句。

串行块和并行块可以相互转化。

例如:下两种块语句是等效的。

串行块表述:

```
reg[7:0]   r;
begin
```

```
    #50  r='h35;
    #50  r='hE2;
    #50  r='h00;
    #50  r='hF7;
    #50  ->end_wave;
  end
```

并行块表述：

```
reg[7:0]  r;
  fork
    #50  r='h35;
    #100  r='hE2;
    #150  r='h00;
    #200  r='hF7;
    #250  ->end_wave;
join
```

在并行块和顺序块中都有一个起始时间和结束时间的概念。顺序块起始时间就是第一条语句开始被执行的时间，结束时间就是最后一条语句执行完的时间。而对于并行块来说，起始时间对于块内所有的语句是相同的，即程序流程控制进入该块的时间，其结束时间是按时间排序在最后的语句执行结束的时间。例如：

```
initial
fork
    #10  a=1;
    #15  b=1;
    begin
      #20  c=1
      #10  d=1;
    end
    #25  e=1;
join
```

该程序运行的时间与结果为

```
时刻    |    执行的语句
 10    |     a=1;
 15    |     b=1;
 20    |     c=1;
 25    |     e=1;
 30    |     d=1;
```

3.4.3　赋值语句

Verilog HDL 主要有连续赋值(Continuous Assignment)和过程赋值(Procedural Assignment)

两种赋值方法,其中过程赋值包括阻塞赋值(Blocking Assignment)和非阻塞赋值(Nonblocking Assignment)。

1)连续赋值

连续赋值以 assign 为关键字,常用于描述数据流行位,位于过程块之外,是一种并行赋值语句。它只能为线网型变量赋值,并且线网型变量也必须用连续赋值的方法赋值。而且只有当变量声明为线网型变量后,才能使用连续赋值语句进行赋值。连续赋值的格式为:

assign 赋值目标线网变量=表达式;

主要有以下 3 种方式:

第一种:

```
wire adder_out;
assig nadder_out=mult_out+out;
```

第二种:

```
wire adder_out=mult_out+out;        //隐含了连续赋值语句
```

第三种:带函数调用的连续赋值语句

```
assign c=max(a,b);                  //调用函数 max,将函数返回值赋给 c
```

连续赋值语句中"="号的左边必须是线网型变量,右边可以是线网型、寄存器型变量或者是函数调用语句。连续赋值属即刻赋值,即赋值号右边的运算值一旦变化,被赋值变量立刻随之变化。assign 可以使用条件运算符进行条件判断后赋值。

2)过程赋值

过程赋值多用于对 reg 型变量进行赋值,这类型变量在被赋值后,其值保持不变,直到赋值进程又被触发,变量才被赋予新值。过程赋值位于过程块 always 和 initial 之内,分为阻塞赋值和非阻塞赋值两种,它们在功能和特点上有很大的不同。

(1)非阻塞(Non_Blocking)赋值

操作符为:"<=",其基本语法格式如下:

寄存器变量(reg)<=表达式/变量;

如 b<=a;

非阻塞赋值在整个过程块结束后才完成赋值操作。即在语句块中上面语句所赋的变量值不能立即就为下面的语句所用;在语句块中所有的非阻塞赋值操作是同时完成的,即在同一个串行过程块中,非阻塞赋值语句的书写顺序,不影响赋值的先后顺序。连续的非阻塞赋值实例如下,其结果如图 3.8 所示。

```
module non_blocking(reg_c,reg_d,data,clk);
    output reg_c,reg_d;
    input clk,data;
    reg reg_c, reg_d;
  always @ (posedge clk)
  begin
      reg_c <= data;
      reg_d <= reg_c;
      end
```

```
endmodule
```

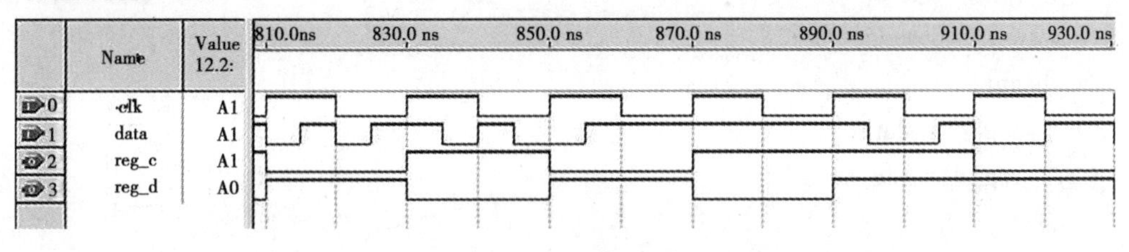

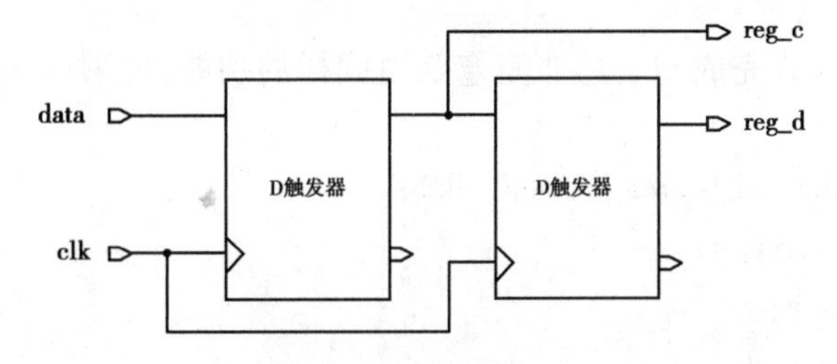

图 3.8　非阻塞赋值

如图 3.8 所示，在当前 clk 的上升沿，将 data 的值赋给 reg_c，同时将 reg_c 在前一时刻的值(不是 data)赋值给 reg_d。即对 reg_c 所赋的值不能立即生效，要等到过程块结束时，对 reg_c 和 reg_d 的赋值才会同时开启。

(2)阻塞(Blocking)赋值方式

操作符为："　=　"，基本语法格式如下：

寄存器变量(reg) = 表达式/变量；

如 b=a；

阻塞赋值在该语句结束时就立即完成赋值操作，即 b 的值在此条语句结束后立刻改变。如果在一个块语句中有多条阻塞赋值语句，那么写在前面的赋值语句没有完成之前，后面的语句就不能被执行，仿佛被阻塞了(blocking)一样，因而被称为阻塞赋值。阻塞赋值操作是按书写顺序完成的。连续的阻塞赋值实例如下，其结果如图 3.9 所示。

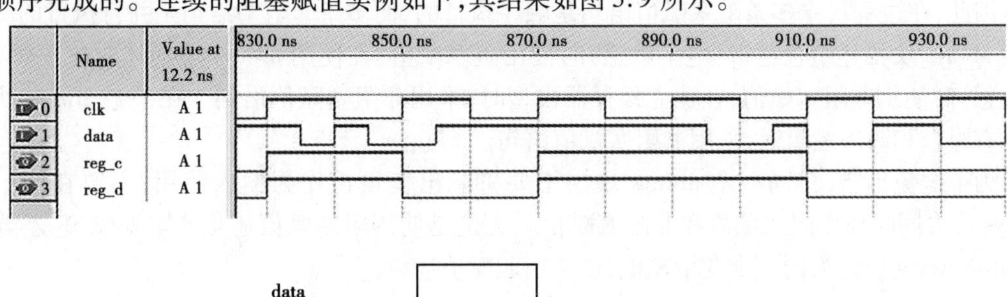

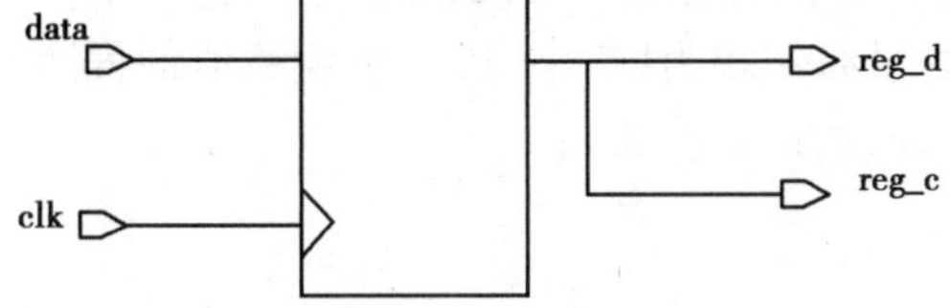

图 3.9　阻塞赋值

```
module blocking(reg_c,reg_d,data,clk);
    output reg_c,reg_d;
  input clk,data;
```

```
    regreg_c, reg_d;
    always @ (posedge clk)
      begin
        reg_c = data;
        reg_d = reg_c;
    end
  endmodule
```

为了用阻塞赋值方式完成与上述非阻塞赋值同样的功能,可采用两个 always 块来实现,如下所示。

```
  module non_blocking(reg_c,reg_d,data,clk);
        output reg_c,reg_d;
        input clk,data;
        reg reg_c, reg_d;
        always@ (posedge clk)
        begin
          reg_c=data;
        end

    always@ (posedge clk)
        begin
          reg_d=reg_c;
        end
  endmodule
```

可以看出,在上例中,两个 always 过程块是并行执行的。

因此,在过程块中多条阻塞赋值语句是顺序执行的,而多条非阻塞语句是并行执行的。在使用 always 块描述组合逻辑(电平敏感)时使用阻塞赋值;在使用 always 块描述时序逻辑(边沿敏感)时使用非阻塞赋值;在建立锁存器模型时,采用非阻塞赋值语句。在一个 always 块中同时有组合和时序逻辑时,采用非阻塞赋值语句。

为了避免出错,在同一个 always 块内不要将输出变量再作为输入使用;不要在同一个 always 块内同时使用阻塞赋值和非阻塞赋值。无论是使用阻塞赋值还是非阻塞赋值,不要在不同的 always 块内为同一个变量赋值,这会引起赋值冲突。

例如:有如下在不同的 always 块为同一个进行变量赋值的程序:

```
  module wrong_assign(out,a,b,sel,clk);
    input a,b,sel,clk;
    output out;
    wire a,b,sel,clk;
    reg  out;
  always @ (posedge clk)
      if (sel == 1) out<=a;
```

```
always @ (posedge clk)
    if (sel == 0) out<=b;
endmodule
```

在上述例子中,两个 always 块中所列条件不同,赋值语句似乎不会被同时执行。但由于两个 always 块同时执行,两个条件同时被判断,满足条件的赋值语句会更新 out 变量的数值,而另一个不满足条件的块中隐含的操作是维持 out 的值不变,因而引起赋值冲突。

上例正确的写法应该把对 out 的赋值放到同一个 always 块中:

```
module correct_assign(out,a,b,sel,clk);
input a,b,sel,clk;
output out;
wire a,b,sel,clk;
reg  out;
//在同一个 always 块中为同一个变量赋值
always @ (posedge clk)
  begin
    if(sel== 1)
      out<=a;
    else
      out<=b;
    end
endmodule
```

阻塞语句在没有标明延迟时间时,是按语句输入的先后顺序执行的,即先运行前面的语句,再运行后面的语句,阻塞语句的书写顺序与逻辑行为有很大的关系。而非阻塞语句是并行执行的,赋值时不分先后顺序,都是在 begin-end 块结束时同时被赋值。因而,此两类赋值语句在硬件实现时所对应的电路行为完全不同。

3.4.4　Verilog HDL 条件语句

1) if-else 语句

if-else 条件语句必须在过程块中使用。其格式有以下 3 种:

(1)形式 1:只有 if 的形式,格式为:

```
if(表达式)  语句1;
```

或是:

```
if(表达式)
begin
    语句1;
    语句2;
    ……
end
```

(2)形式 2:if-else 形式,格式为:

```
if(表达式)
语句或语句块 1;
else
语句或语句块 2;
```

(3)形式 3:if-else 嵌套形式,格式为:

```
if (表达式 1)       语句 1;
else if (表达式 2)   语句 2;
else if (表达式 3)   语句 3;
……
else if (表达式 m)   语句 m;
else      语句 n;
```

例如:

```
if(a > b)          out = int1;
else if(a == b) out1 = int2;
else   out1 = int3;
```

条件表达式一般为逻辑表达式或关系表达式,也可能是一位变量。系统自动对表达式的值进行判断,若为 0,x,z,按“假”处理;若为 1,按“真”处理,执行指定语句。执行语句可以是单条语句,也可以是多条语句。使用多条语句时用 begin-end 语句括起来,例如:

```
always@ (a,b,int1,int2)
  begin
   if(a>b)
    begin
       out1 =int1;
       out2 =int2;
    end
   else
    begin
       out1 =int2;
       out2 =int1;
    end
end
```

当 if 语句嵌套使用时,为明确内外层 if 和 else 的匹配状况,建议用 begin-end 语句将内层的 if 语句括起来。

条件语句允许一定形式的表达式简写方式,如 if(条件表达式)等同于 if(条件表达式= =1),if(! 条件表达式) 等同于 if(条件表达式! =1)。

if 语句的嵌套,即在 if 语句中又包含一个或多个 if 语句称为 if 语句的嵌套。应当注意 if 与 else 的配对关系,else 总是与它上面最近的 if 配对。if-else 嵌套形式隐含优先级关系,如下实例和其结果如图 3.10 所示。

```
always@(sela or selb or a or b or c)
  begin
    if(sela)   q=a;
    else if(selb) q=b;
      else q=c;
end
```

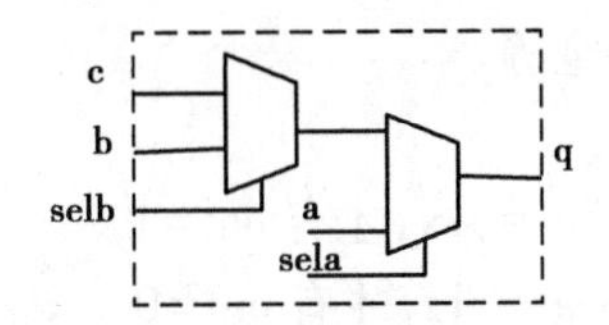

图3.10　嵌套 if-else 语句结果

2)case 语句

case 只能在过程块中使用,其作用是处理多分支选择,通常用于描述译码器、数据选择器、状态机及微处理器的指令译码等,其格式为:

```
case(表达式)
  分支表达式1:语句1;
  分支表达式2:语句2;
  …
  分支表达式n:语句n;
  default:语句n+1;       //如果前面列出了表达式所有可能取值,default 语句可以省略
endcase
```

case 括弧内的表达式称为控制表达式,case 分支项中的表达式称为分支表达式。由于分支表达式其实是控制表达式的具体取值,因此分支表达式又可称为常量表达式。当控制表达式的当前取值与某个分支表达式的值相等时,就执行该分支表达式后面的语句;如果所有的分支表达式的值都没有与控制表达式的值相匹配,就执行 default 后面的语句。分支表达式后面的语句也可以是由 begin-end 括起来的语句块。default 项在表达式的所有可能性全部列出时可以省略,一个 case 语句中只准有一个 default 项。

【例3.3】　用 case 语句实现3-8译码器。

```
  wire[2:0] sel;
  reg[7:0]  res;
  always @ (sel or res)
  begin
//case 语句;
  case (sel)
  3'b000: res=8'b00000001;
  3'b001: res=8'b00000010;
  3'b010: res=8'b00000100;
  3'b011: res=8'b00001000;
  3'b100: res=8'b00010000;
```

```
    3 'b101: res=8 'b00100000;
    3 'b110: res=8 'b01000000;
    default:  res=8 'b10000000;
  endcase
  end
```

在 case 语句中,控制表达式与分支表达式 1 到分支表达式 n 之间的比较是一种全等比较(= = =),必须保证两者的对应位全等。

```
case(a)
  2 'b1x:out = 1;     //只有 a = 1x,才有 out=1
  2 'b1z:out = 0;     //只有 a = 1z,才有 out=0
  …
endcase
```

所以,case 语句中的所有表达式的位宽必须相等,这样控制表达式和分支表达式才能进行逐位比较。不允许用“ 'bx”和“ 'bz”来替代“n 'bx”和“n 'bz”,因为 x,z 两种取值的默认宽度是机器的字节宽度,通常是 32 位。

执行完 case 某条分支中的语句,则跳出该 case 语句结构,终止 case 语句的执行。如果控制表达式的值和分支表达式的值同时为不定值高阻态时,则认为是相等的,其比较结果见表 3.10。

表 3.10 控制表达式与分支表达式全等比较关系

case	0	1	x	z
0	1	0	0	0
1	0	1	0	0
x	0	0	1	0
z	0	0	0	1

3.4.5 循环语句

Verilog HDL 的循环语句主要包括 forever 语句、repeat 语句、while 语句和 for 语句。

1)forever 语句

forever 表示永久循环,无条件地无限次执行其后的语句,相当于 while(1),直到遇到系统任务 $ finish 或 $ stop,如果需要从循环中退出,可以使用 disable 语句。forever 语句的格式如下:

格式 1:

```
forever   语句;
```

格式 2:

```
forever
  begin
  语句1;
```

```
    语句 2;
    ……
    end
```

forever 循环语句多用于生成时钟等周期性波形,它不能独立写在程序中,而必须写在 initial 块中。例如:

```
initial
begin
    clk=0;
    forever #25 clk= ~clk;
end
```

forever 应该是过程块中最后一条语句。其后的语句将永远不会执行。forever 语句不可综合,通常用于仿真激励文件中的 testbench 描述。例如:

```
…
reg clk;
initial
  begin
  clk=0;
  forever
      begin
        #10 clk=1;
        #10 clk=0;
        end
  end
```

这种行为描述方式可以非常灵活地描述时钟,可以控制时钟的开始时间及周期占空比。仿真效率也高。

2) repeat 语句

repeat 语句用于循环次数已知的情况。repeat 语句的表达式为:

```
repeat(循环次数)
begin
  操作 1;
  操作 2;
  ……
end
```

例如:用 repeat 语句实现连续 8 次循环左移的操作。

```
if (rotate = = 1)
  repeat(8)
  begin
  temp=data[15];
  data={data << 1,temp};       //data 循环左移 8 次
```

```
end
```

3) while 语句

while 语句通过根据某个变量的取值来控制循环。一般表达形式为

```
while(条件)
begin
    操作 1;
    操作 2;
    ……
end
```

在使用 while 语句时,一般在循环体内更新条件的取值,以保证在适当时退出循环。

4) for 语句

for 语句可以实现所有的循环结构。其表达式如下:

```
for(循环变量赋初值;条件表达式;更新循环变量)
  begin
    操作 1:
    操作 2;
    ……
end
```

例如:

```
for(i=0; i<4; i=i+1)
begin
  a=a+1;
end
```

for 语句的执行过程如下:

①先对循环变量赋初值。

②计算条件表达式,若其值为真(非 0),则执行 for 语句中指定的内嵌语句,然后执行下面的第③步;若为假(0),则结束循环,转到第 5 步。

③若条件表达式为真,在执行指定的语句后,执行更新循环变量。

④转回上面的第②步骤继续执行。

⑤执行 for 语句下面的语句。

5) disable 语句

在某些特殊情况下,需要使用 disable 强制退出循环。使用 disable 语句强制退出循环,首先要给循环部分起个名字,方法是在 begin 后添加“:名字”。即 disable 语句可以中止有名字的 begin…end 块和 fork…join 块。语句块可以有自己的名字,这称为命名块。

命名块中可以声明局部变量,声明的变量可以通过层次名引用进行访问;命名块可以被禁用,如停止其执行。

例如:为块结构命名。

```
module top;
initial
```

```
  begin: block1
  integer i;
  ……
  end
initial
  fork:block2
  reg i;
  ……
  ……
join
```

disable 语句终止循环的方式分为 break 和 continue 两种，以此可以根据条件来控制某些代码段是否被执行。

例如：break 和 continue 的区别。

程序1：直接退出循环；a 做3次加1操作，b 只做2次加1操作。

```
begin:continue
  a=0;b=0;
  for(i=0;i<4;i = i+1)
  begin
    a=a+1;
    if(i= =2) disable break;
    b=b+1;
  end
end
```

程序2：中止当前循环，重新开始下一次循环；a 做4次加1操作，b 只做3次加1操作。

```
a=0;b=0;
for(i=0; i<4; i=i+1)
begin: continue
  a=a+1;
  if(i= =2)disable continue;
  b=b+1;
end
```

本章小结

(1)硬件描述语言是一种用形式化的方法来描述数字电路与系统的语言，可分为行为描述、结构描述和数据流描述。主要语言有 VHDL 和 Verilog HDL 两种。

(2)Verilog HDL 是以文本形式来描述数字系统硬件的结构和行为的语言。它可以描述设计的行为特性、数据特性和结构组成，也可以描述设计响应监控与验证方面的时延和波形产生的机制。

(3)Verilog 程序通常包括宏定义、模块定义、端口定义、过程定义、块定义、功能描述性语句,以及各注释语句。

(4)Verilog HDL 的基本要素包括文字规则、数据对象、数据类型、运算规则(即运算符号的意义和运算优先级)等。掌握信号、变量和常数 3 种数据对象的意义、使用场合范围;要注意在各种表达方式、赋值语句中的数据类型要一致;要熟悉各种运算符号的意义、运算结果和优先级,尤其是逻辑运算符,不要和逻辑代数中的运算优先级等同起来。

(5)Verilog HDL 基本语句主要包括过程语句、块语句和赋值语句。过程语句有 initial 和 always 两种;块语句有 begin-end 串行块和 fork-join 并行块两种;赋值语句主要有连续赋值和过程赋值两种。

习　题

1. Verilog 语言中有哪些字符形式? 它们之间的区别是什么?

2. 总结 Verilog 程序中哪些地方需要使用标识符? 标识符的规范有哪些?

3. net 类数据类型与 reg 类数据类型的区别是什么? 它们可以分别对应哪些硬件结构?

4. Verilog 语言中有哪些分支控制语句? 它们是如何执行的? 它们的条件表达式有何区别?

5. Verilog 语言中有哪些循环语句? 哪些可以被综合? 控制循环的方法有哪些? 如何跳出循环?

第 4 章
基本的集成逻辑门电路

【本章目标】

(1)掌握 TTL 与 CMOS 集成逻辑门电路的结构、工作原理与性能。

(2)掌握特殊逻辑门电路:OC 门、OD 门、三态门、传输门的特点及使用方法。

(3)掌握 TTL 和 CMOS 电路之间的接口问题。

(4)了解门电路的 HDL 描述和仿真方法。

4.1 集成逻辑门电路的一般特性

在第 2 章中介绍的各种逻辑关系,都是由集成逻辑门电路来实现的。为了保证各种逻辑功能的实现和可靠性要求,集成逻辑门电路应具有一系列的技术指标。本章将着重介绍采用双极型晶体管组成的 TTL 门电路以及采用 NMOS 和 PMOS 场效应管组成的互补型 CMOS 集成门电路的基本特性。

1)电压传输特性

在数字逻辑电路中,半导体器件在绝大多数情况下,都要求工作在开关状态,因此门电路的输入应为脉冲信号(二进制信息),而输出应该是高电平或低电平,从而构成二值的二进制信息。也就是说,门电路也要求工作在“开关”状态,以非门为例,当门电路关门(输入为逻辑 0)时,输出为高电平(逻辑 1);门电路开门(输入为逻辑 1)时,输出为低电平(逻辑 0)。因此,非门的输出电压和输入电压之间应具有如图 4.1 所示的电压传输特性曲线 $v_O = f(v_I)$。其中,图 4.1(a)是 TTL 非门电压传输特性,图 4.1(b)是 CMOS 非门电压传输特性。

2)输入和输出逻辑电平

由图 4.1 可知,当输入电压 v_I 小于某个电压值(通常定义为 $V_{IL(max)}$)时,门电路的输出为高电平 1,定义为 V_{OH};当输入电压大于某个电压值(通常定义为 $V_{IH(min)}$)时,门电路的输出为低电平,定义为 V_{OL}。在数字电路中,通常由多级门电路连接而成。为了保证各级逻辑门电路都能正常工作,对门电路的输入电平和输出电平都有一定的要求。例如,在两级门电路连接时,前一级门电路的输出电平就是后一级门电路的输入电平(通常前级门电路称为驱动门,后级门电路称为负载门)。

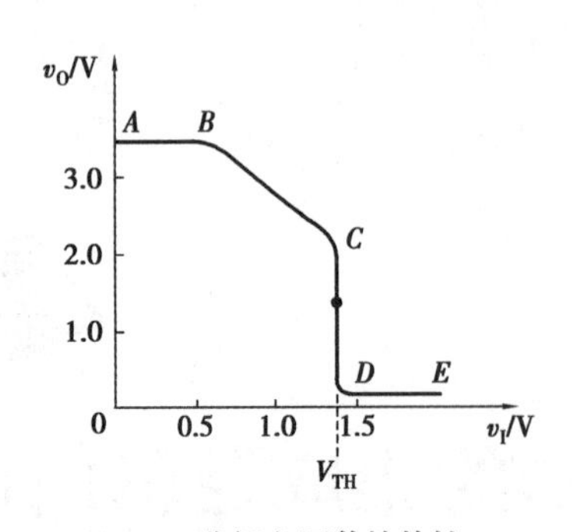

(a) TTL非门电压传输特性

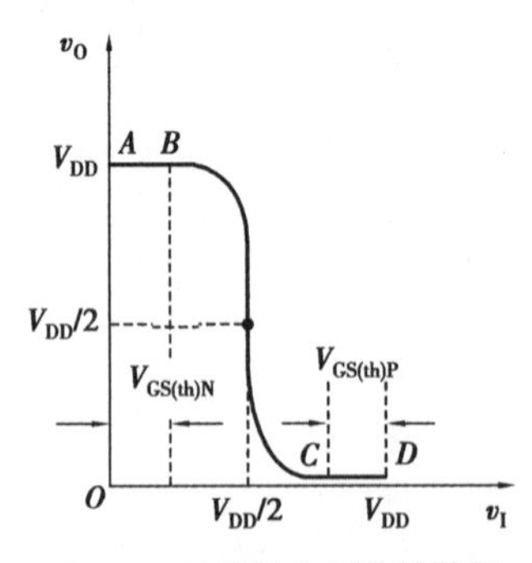

(b) CMOS非门电压传输特性

图 4.1　TTL 和 CMOS 非门电压传输特性

集成逻辑门电路的种类主要有 TTL 门电路和 CMOS 门电路。TTL 集成门电路的产品有 74 系列、74LS 系列、74AS 系列等。CMOS 集成门电路的产品有 4000 系列、HC/HCT 系列、AHC/AHCT 系列等，不同系列的电气性能参数是不同的。以 TTL 的 74LS00 和 CMOS 的 74HC00 为例，列出门电路的输入电平和输出电平，见表 4.1。

表 4.1　门电路的输入和输出电平

电平		种类	
		TTL 门电路 74LS00 （+5 V 电源）	CMOS 门电路 74HC00 （+4.5 V 电源）
输出电平	输出高电平最小值 $V_{OH(min)}$/V	2.7	4.4
	输出低电平最大值 $V_{OL(max)}$/V	0.5	0.1
输入电平	输入高电平最小值 $V_{IH(min)}$/V	2.0	3.15
	输入低电平最大值 $V_{IL(max)}$/V	0.8	1.35

3）输入信号噪声容限

从图 4.1 所示的电压传输特性上看，当输入信号在一定范围内偏离正常的低电平（0 V）而升高时，输出的高电平并不立刻改变。同样，当输入信号在一定范围内偏离正常的高电平（3.4 V）而降低时，输出的低电平也不会马上改变。因此，允许输入的高、低电平信号各有一个波动范围。称在保证输出高、低电平基本不变的条件下，输入电平的允许波动范围为输入端噪声容限。

规定输出高电平的下限为 $V_{OH(min)}$，输出低电平的上限为 $V_{OL(max)}$，如图 4.2 所示。同时可以确定，当输出为 $V_{OH(min)}$ 时的输入最大低电平为 $V_{IL(max)}$，输出为 $V_{OL(max)}$ 时的输入最小高电平为 $V_{IH(min)}$。

当进行多个门电路级联时，前一级门电路的输出就是后一级门电路的输入。对后一级来说，输入低电平信号可能出现的最大值即 $V_{IL(max)}$。由此可得输入为低电平时的噪声容限为：

$$V_{NL}=V_{IL(max)}-V_{OL(max)}$$

同理，输入为高电平时的噪声容限为：

$$V_{NH}=V_{OH(min)}-V_{IH(min)}$$

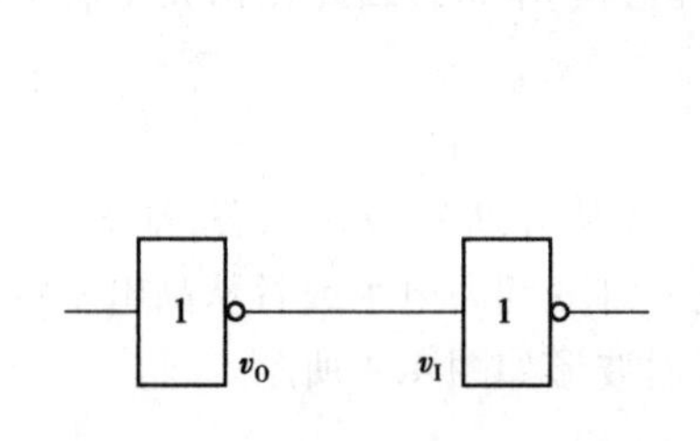

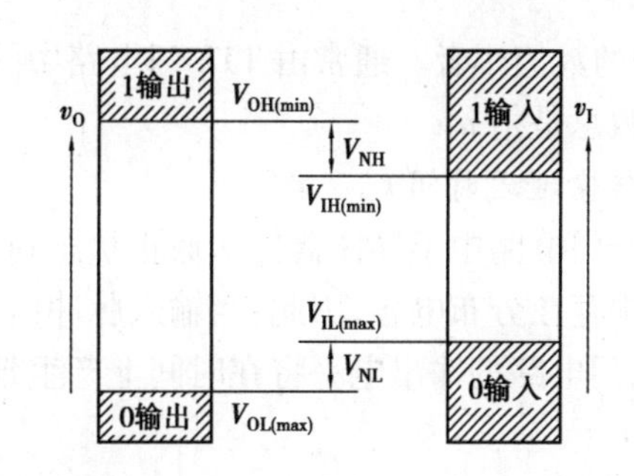

图4.2　输入端噪声容限

74系列TTL门电路的标准参数值为 $V_{OH(min)}=2.4\ V$, $V_{OL(max)}=0.4\ V$, $V_{IH(min)}=2.0\ V$, $V_{IL(max)}=0.8\ V$,故可得 $V_{NH}=0.4\ V$, $V_{NL}=0.4\ V$。

4)*灌电流和拉电流负载*

一个逻辑门电路应该能驱动一定数量的负载门,能驱动的负载门的最大数目体现了一个门电路的扇出能力,它是衡量门电路带负载能力的一个重要指标。图4.3给出某TTL门电路的负载特性图。

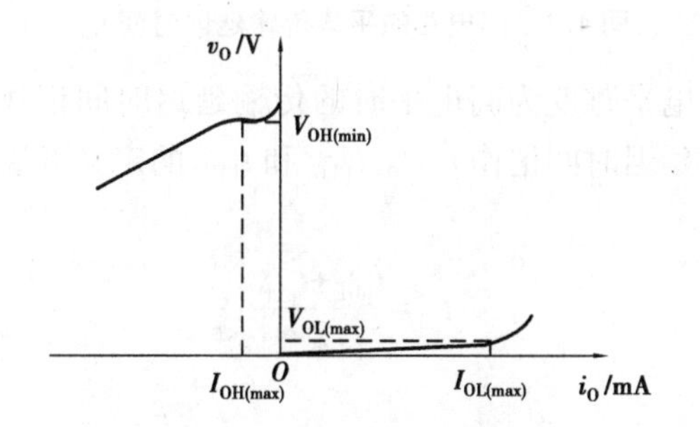

图4.3　TTL门电路的负载特性

当驱动门输出高电平时,负载门的输入电流将从驱动门流出,这种负载性质称为拉电流负载,如图4.3中的第二象限所示。当负载门增加,负载电流增加时,驱动门的输出高电平将下降(详细原理在后续的具体门电路内部结构分析中介绍)。手册规定当输出高电平下降至高电平下限值所对应的负载电流,即为该门电路能拉出的最大负载电流 $I_{OH(max)}$,如果已知每个负载门的输入电流 I_{IH}(高电平输入电流),就可以计算出高电平输出时的带负载门的个数,即有:

$$n_H=\frac{I_{OH(max)}}{I_{IH}}\text{(取整数)}$$

图4.3中第一象限内的曲线为驱动门输出低电平时的负载特性,此时负载门的输入电流将流入驱动门,这种负载性质称为灌电流负载。当负载门增加时,驱动门的输出低电平会升高(详细原理在后续的具体门电路内部结构分析中介绍),当输出低电平升高至低电平上限时的相应负载电流就是能灌入的最大电流 $I_{OL(max)}$。如果已知每个负载门的低电平输入电流 I_{IL},就可以计算出低电平输出时的带负载门的个数,即有:

$$n_L=\frac{I_{OL(max)}}{I_{IL}}\text{(取整数)}$$

所谓扇出系数,就是指一个门电路能驱动同类门的最多数目。它取决于以上分析中的 n_H

和 n_L 中的数值小者。通常由 TTL 门电路中的参数特性可得 $n_L<n_H$，因此在相关手册中给出的扇出系数总是指 n_L。

5）传输延迟时间 t_{pd}

由于门电路中半导体器件从截止状态到完全导通，或从导通到截止状态，都需要时间，同时电路中存在分布电容，因此，当输入脉冲信号从低电平跳变到高电平或者从高电平跳变到低电平时，门电路的输出电平将在时间上产生延迟，其延迟波形如图 4.4 所示。

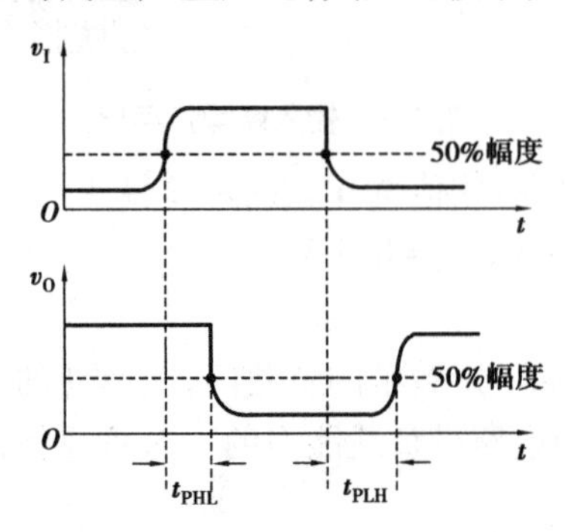

图 4.4　门电路的平均传输延迟时间 t_{pd}

通常将输出电压由低电平跳变为高电平时的传输延迟时间记作 t_{PLH}；把输出电压由高电平跳变为低电平时的传输延迟时间记作 t_{PHL}。t_{PLH} 和 t_{PHL} 的定义方法，如图 4.4 所示。门电路的平均延迟时间为：

$$t_{pd}=\frac{t_{pHL}+t_{pLH}}{2}$$

4.2　TTL 集成门电路

TTL(Transistor Transistor Logic)电路是晶体管-晶体管逻辑电路的简称，是集成门电路中的一大系列电路，在 20 世纪 80—90 年代普遍使用。

4.2.1　TTL 集成非门电路

TTL 非门的电路结构如图 4.5 所示。它由 4 只半导体晶体管和 1 只二极管等组成。

TTL 非门电路由 3 部分组成：第一部分是输入级，由晶体管 VT_1 和电阻 R_1 组成；第二部分是中间级，由晶体管 VT_2，电阻 R_2 和 R_3 组成；第三部分是输出级，由晶体管 VT_4 和 VT_5，电阻 R_4 及二极管 VD_2 组成。为了保护电路的输入端，常在输入端和地之间反向接一个二极管 VD_1，它既可以抑制输入端可能出现的负极性干扰脉冲，也可以防止输入电压为负时 VT_1 的发射极电流过大，对电路的基本功能无影响。

设电源电压 $V_{CC}=5$ V，输入信号高、低电平分别为 $V_{IH}=3.4$ V，$V_{IL}=0$ V，PN 结的开启电压 $V_{ON}=0.7$ V。下面简要介绍其工作原理：

①当 $v_I=V_{IL}$ 时，VT_1 的发射结必然导通，此后基极电位被钳位在 $V_{B1}=V_{IL}+V_{ON}=0.7$ V，所以 VT_2 的发射结不会导通。由于 VT_1 的集电极回路电阻为 R_2 和 VT_2 的集电结反向电阻之

和，阻值很大，因此 VT_1 工作在深度饱和状态，$V_{CE}\approx 0$。此时 VT_1 的集电极电流极小，可忽略不计。VT_2 截止后，发射极电流为 0，V_{E2} 为低电平，因此 VT_5 截止，集电极电流为 0，V_{CC} 经过 R_2 接 VT_4 基极，VT_4 导通后处于放大状态，基极电流非常小，R_2 上压降很小，若忽略其压降，则输出电压 $v_O=(5-0.7-0.7)\ V=3.6\ V=V_{OH}$。

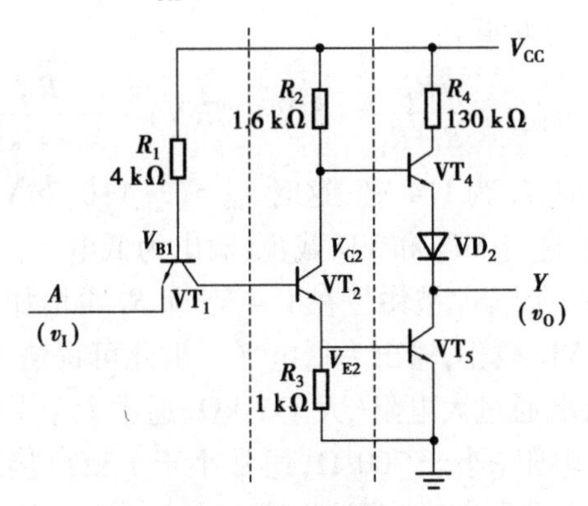

图 4.5　TTL 非门电路

②当 $v_I=V_{IH}$ 时，若先不考虑 VT_2 的存在，则应有 $V_{B1}=V_{IH}+V_{ON}=4.1\ V$。这一电压可以使 3 个 PN 结导通，故 VT_2、VT_5 发射结必然导通，之后 V_{B1} 便被钳位在 2.1 V，所以 V_{B1} 实际上不可能等于 4.1 V，只能是 2.1 V 左右。VT_1 的发射结处于反向偏置，集电结处于正向偏置，VT_1 管的这种状态称为“倒置”状态，相当于 C，E 端互换。VT_2 导通使 V_{C2} 降低而 V_{E2} 升高，导致 VT_4 截止、VT_5 导通，输出电压 $v_O=V_{CE5}\approx 0\ V=V_{OL}$。

综上所述，$v_I=V_{IL}$ 时，$v_O=V_{OH}$；$v_I=V_{IH}$ 时，$v_O=V_{OL}$，输入输出是相反关系，即 $Y=\overline{A}$。

由于 VT_2 的集电极输出的电压信号和发射极输出的电压信号的变化方向相反，因此又把这一级称为反相级。输出级的工作特点是在稳定状态下，VT_4 和 VT_5 总是一个导通而另一个截止，通常把这种形式的电路称为推拉式电路或图腾柱输出电路。推拉式电路可以有效降低输出级的静态功耗并提高驱动负载的能力。VT_4 发射极下面的二极管 VD_2 可以保证 VT_5 饱和导通时，VT_4 可靠截止。

【例 4.1】　分析如图 4.6 所示 TTL 非门输入端的负载特性。即非门输入端接电阻 R_I，当 R_I 变化时，输入端电压 v_I 如何变化？

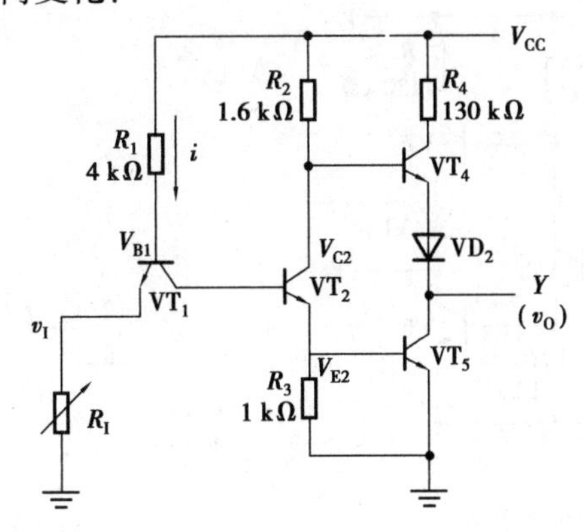

图 4.6　输入端接电阻的 TTL 非门

解 当 R_I 较小时，VT_1 发射结导通，电流 i 通过电阻 R_1、发射结、电阻 R_I 到地，输入端 v_I 较小，相当于输入接低电平，此时 VT_1 深度饱和，VT_2 和 VT_5 截止，VT_4 和二极管 VD 导通，输出为高电平。

随着 R_I 的增加，输入端 v_I 也增加，当 v_I 增加到 1.4 V 时，各管子工作状态发生变化。由下式可推算出 R_I 多大时 v_I 为 1.4 V：

$$v_I = (5\ \text{V} - v_{BE}) \cdot \frac{R_I}{R_I + R_1} = (5\ \text{V} - 0.7\ \text{V}) \cdot \frac{R_I}{R_I + 4\ \text{k}\Omega} = 1.4\ \text{V}$$

由上式可得 $R_I \approx 2\ \text{k}\Omega$ 时，v_I 为 1.4 V。这时 $v_{B1} = (1.4+0.7)\text{V} = 2.1\ \text{V}$，使得 VT_1 集电结正偏，VT_2，VT_3 深度饱和导通，这时 VT_4 和 VD 截止，输出为低电平。随着 R_I 继续增加，因为 VT_1 的基极电位被钳位在 2.1 V，所以 v_I 被钳位在 1.4 V，即 R_I 再增加，v_I 不再增加，这时同样保证 VT_2，VT_3 进入饱和，VT_4 和 VD 截止，输出为低电平。由此可得输入端的负载特性如图 4.7 所示。对 TTL 门电路，当输入端通过大电阻(大于 2 kΩ，通常大于 10 kΩ)接地时，相当于输入端接高电平；当输入端通过小电阻(小于 700 Ω，通常小于 1 kΩ)接地时，相当于输入端接低电平。所以，TTL 门电路的输入端悬空时，等效为接入一个无穷大的电阻($R_I = \infty$)，其输入端相当于高电平输入。

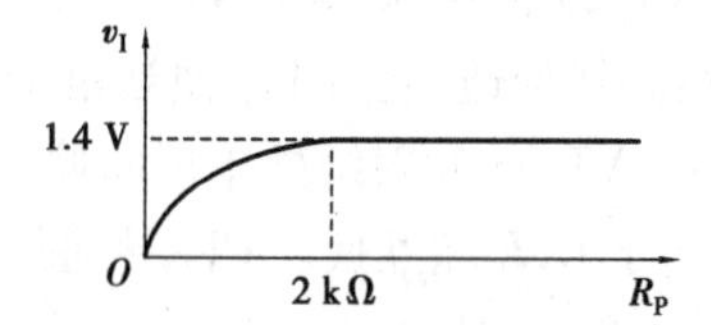

图 4.7　TTL 门电路输入端负载特性

4.2.2　TTL 与非门

如图 4.8(a)所示为 74 系列与非门的典型电路。它与如图 4.5 所示的非门电路的区别在于输入端改成了多发射极三极管。

多发射极三极管的结构如图 4.8(b)所示。它的基区和集电区是共用的，而在 P 型的基区上制作了两个(或多个)高掺杂的 N 型区，形成两个互相独立的发射极。我们可以把多发射极三极管看作两个发射极独立而基极和集电极分别并联在一起的三极管，如图 4.8(b)所示。

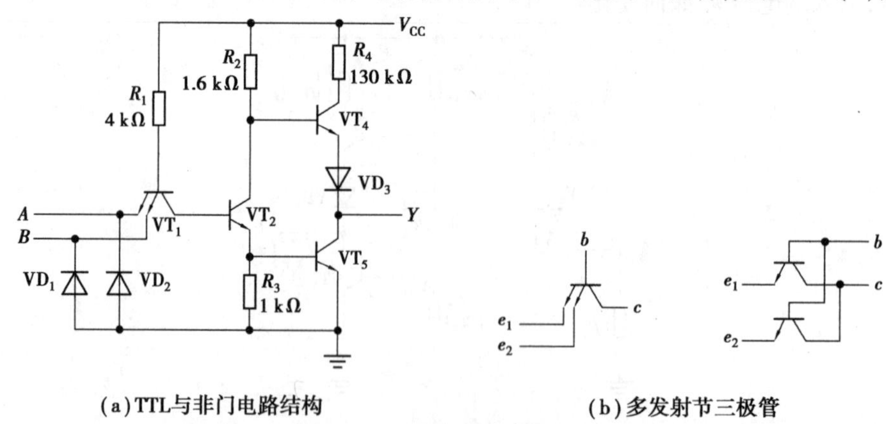

(a) TTL与非门电路结构　　(b) 多发射节三极管

图 4.8　TTL 与非门电路

在如图 4.8 所示的与非门电路中，只要 A,B 中有一个接低电平，则 VT_1 必有一个发射结导通，并将 VT_1 的基极电位钳在 0.9 V（假定 $V_{IL}=0.2$ V，$V_{BE}=0.7$ V）。这时 VT_2 和 VT_5 都不导通，输出为高电平 V_{OH}。只有当 A,B 同时为高电平时，VT_2 和 VT_5 才同时导通，并使输出为低电平 V_{OL}。因此，Y 和 A,B 之间为与非关系，即 $Y=\overline{A \cdot B}$。

可见，TTL 电路中的与逻辑关系是利用 VT_1 的多发射极结构实现的。

与非门输出电路的结构与电路参数和非门相同，但在计算与非门每个输入端的输入电流时，应根据输入端的不同工作状态区别对待。在把两个输入端并联使用时，由图 4.8 可以看出，低电平输入电流和非门相同，即

$$I_{IL}=-\frac{V_{CC}-V_{BE1}-V_{IL}}{R_1}$$

而输入接高电平时，因为 e_1 和 e_2 分别为两个倒置三极管的等效集电极，所以总的输入电流为单个输入端的高电平输入电流的两倍。

如果 A,B 一个接高电平而另一个接低电平，则低电平输入电流与反相器基本相同，而高电平输入电流比反相器略大一些。

4.2.3　TTL 集电极开路门和三态门

1）集电极开路门

在实际应用中，希望电路结构简单，常常将多个逻辑门的输出端直接连在一起，实现逻辑与，这种直接将门电路的输出端连在一起的方法称为线与。但普通 TTL 逻辑门电路的输出级是推拉结构，如果将这种结构的 TTL 门电路输出端直接连接实现线与，其电路如图 4.9 所示，当一个门的输出为高电平而另一个门的输出为低电平时，在电源和地之间会形成一个低阻通路，产生一个很大的电流 I_{HL}，会使导通门输出低电平升高，破坏了电路原有的逻辑关系，另外，还会因功耗过大损坏截止门中的导通管 VT_4 造成逻辑门损坏。因此，推拉式结构的 TTL 门电路输出端不允许直接连在一起实现线与。另外，推拉式结构的门电路，输出高电平由电源电压 V_{CC} 决定，一旦 V_{CC} 确定了，输出高电平的电压就不能更改。但在实际应用中，经常遇到供电电压不同的电路之间的接口问题，为此，需要根据情况调整逻辑门的输出电平。综上所述，为了克服推拉式电路的上述局限，在推拉结构门电路的基础上，提出了输出级集电极开路的逻辑门，简称 OC 门，它是数字系统中的一种常用特殊门。

（1）电路结构

OC 门与推拉式 TTL 门的主要区别在于去掉了普通 TTL 门中输出级的晶体管 VT_4 和电阻 R_4，其逻辑电路图和逻辑符号如图 4.10 所示。

在该电路中，输出晶体管 VT_5 集电极开路，在使用时必须在外接电源 V_{CC} 和输出端之间外接一个上拉负载电阻 R_L。只要 R_L 选择适当，电路即可正常工作，如图 4.11（a）所示，如果多个集电极开路门线与输出时，可共用一个负载电阻和电源，如图 4.11（b）所示。

在外加电源电压确定后，还需选定负载电阻的大小，选择的原则为：保证 OC 门的输出高电平不低于 $V_{OH(min)}$，低电平输出不高于 $V_{OL(max)}$，还要保证门电路不被烧坏。

在如图 4.12 所示的电路中，假定将 n 个 OC 门的输出端并联使用，负载是 TTL 与非门，所有负载门的输入端数为 m。

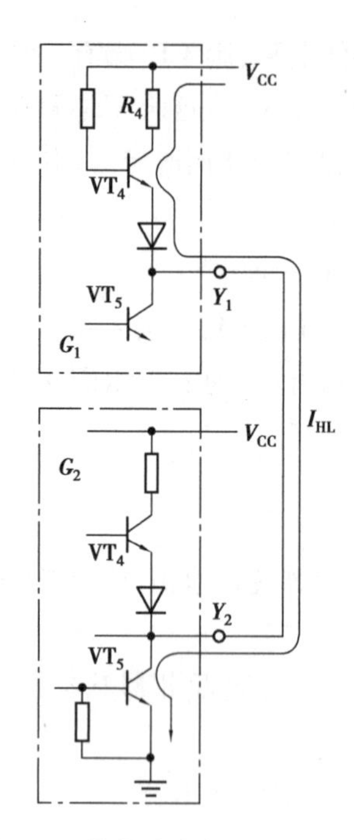

图 4.9　推拉式输出级并联的情况

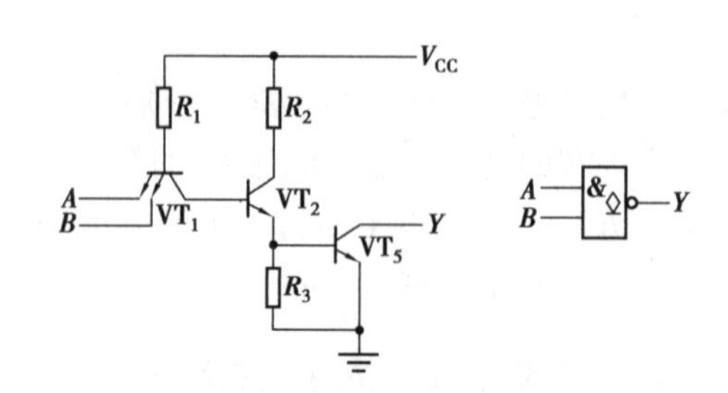

图 4.10　集电极开路与非门的电路和图形符号

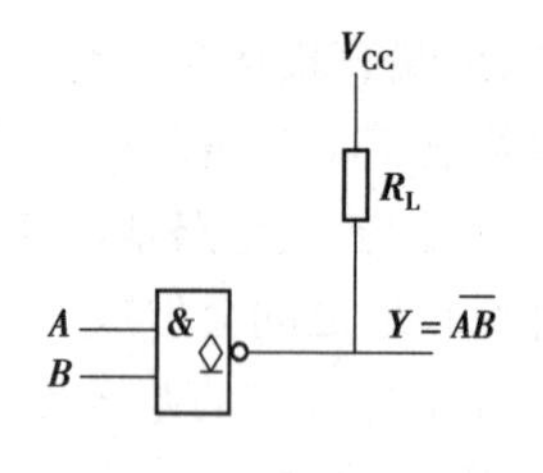

(a)一个OC门

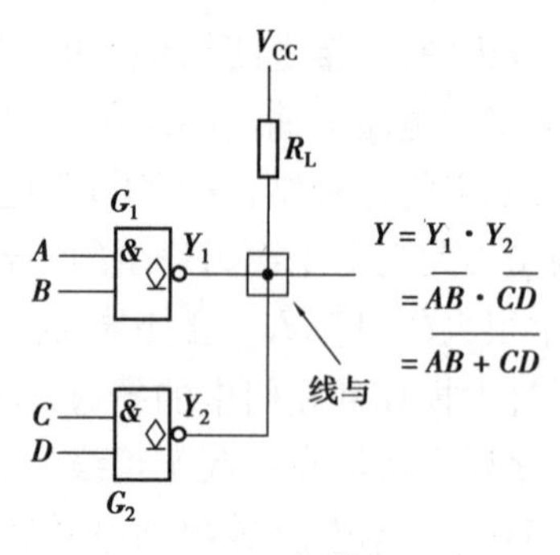

(b)OC门线与

图 4.11　集电极开路门的应用电路

当所有 OC 门同时截止时,输出为高电平。为保证高电平不低于规定的值 $V_{OH(min)}$,显然 R_L 不能选得过大。据此便可列出计算 R_L 最大值的公式为:

$$R_{L(max)}=\frac{V'_{CC}-V_{OH(min)}}{nI_{OH}+mI_{IH}}$$

式中,V'_{CC} 是外接电源电压;I_{OH} 是每个 OC 门输出三极管截止时的漏电流;I_{IH} 是负载门每个输入端的高电平输入电流。图 4.12(a)中标出了此时各个电流的实际流向。

当 OC 门中只有一个导通时,电流的实际流向如图 4.15(b)所示。因为这时负载电流全部流入导通的那个 OC 门,所以 R_L 值不可太小,以确保流入导通 OC 门的电流不超过最大允许的负载电流 $I_{OL(max)}$。由此得到计算 R_L 最小值的公式为:

$$R_{L(min)}=\frac{V'_{CC}-V_{OL(max)}}{I_{OL(max)}-m'I_{IL}}$$

其中，V_{OL} 是规定的输出低电平；m' 是负载门的数目，如果负载门为或非门，m' 则应为输入端数；I_{IL} 是每个负载门的低电平输入电流。

最后选定的 R_L 值在 $R_{L(max)}$ 和 $R_{L(min)}$ 之间。除与非门和反相器外，与门、或门、或非门等都可以做成集电极开路的输出结构，而且外接负载电阻的计算方法也相同。

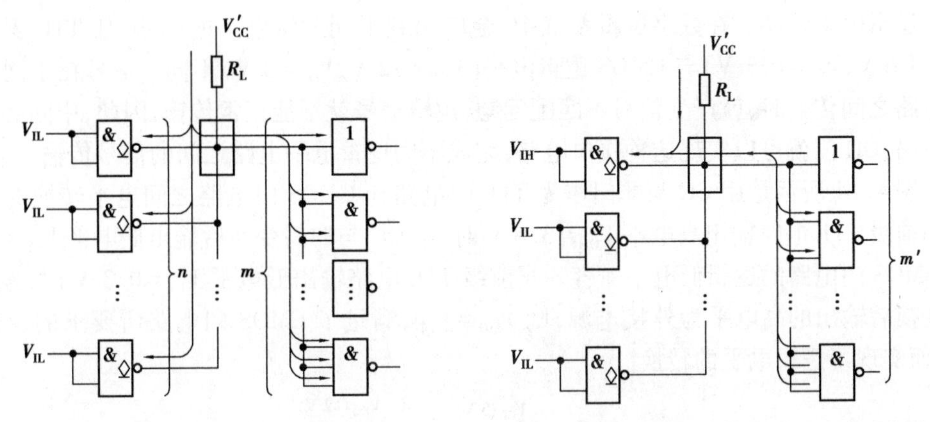

图4.12　计算OC门负载电阻最大值和最小值的工作状态

【例4.2】　现需用4个2输入端的OC门作线与连接来驱动3个与非门，电路如图4.13所示，试选择负载电阻 R_L。

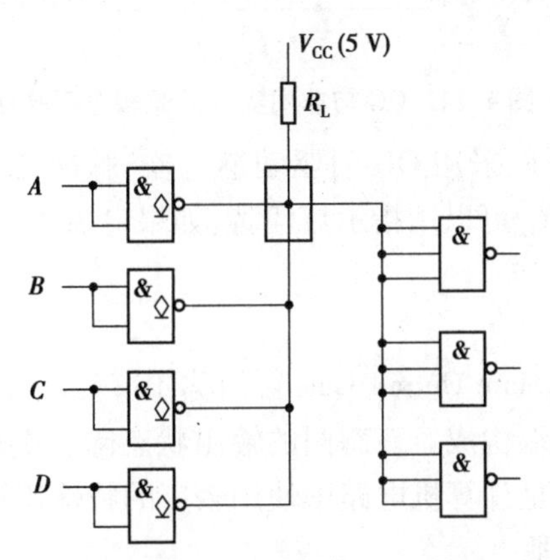

图4.13　集电极开路门驱动3个门的应用电路

解　由图可知，$n=4$，$m=9$，$m'=3$，通过查技术手册。74LS03 OC门和74LS10三输入与非门的相关参数为：$I_{OH}=100\ \mu A$，$I_{OL(max)}=8\ mA$，$I_{IH}=5\ \mu A$，$I_{IL}=0.2\ mA$，要保证高低电平值满足要求，取 $V_{OH(min)}=2.4\ V$，$V_{OL(max)}=0.3\ V$，外接电源电压为5 V，则

$$R_{L(min)}=\frac{V'_{CC}-V_{OL(max)}}{I_{OL(max)}-m'I_{IL}}=\frac{5-0.3}{8-3\times0.2}k\Omega=\frac{4.7}{7.4}k\Omega=635\ \Omega$$

$$R_{L(max)}=\frac{V'_{CC}-V_{OH(min)}}{nI_{OH}+mI_{IH}}=\frac{5-2.4}{4\times100+9\times5}M\Omega=\frac{2.6}{445}M\Omega=5.84\ k\Omega$$

故 R_L 的取值范围为：$635\ \Omega\leqslant R_L\leqslant5.84\ k\Omega$，取值标准为1.5 kΩ。

(2)OC 门的应用

OC 门在计算机中应用很广泛,可实现线与逻辑,逻辑电平的转换和驱动大电流负载等。

①实现线与逻辑。其电路如图 4.11(b)所示,将两个或 3 个以上 OC 门输出连在一起,总的输出为各个 OC 门输出的逻辑与,这种用导线连接而实现的逻辑与称为线与。

②逻辑电平转换。在数字逻辑系统中,会应用到不同逻辑电平的电路,如 TTL 逻辑电平(V_{OH}=3.6 V,V_{OL}=0.3 V)与 CMOS 逻辑电平(V_{OH}=12 V,V_{OL}=0 V)不同。信号在不同逻辑电平的电路之间传输时,就产生信号不匹配问题,逻辑信号就不能正常传输,因此,中间必须加上接口电路,OC 门就可以实现这种接口电路,完成不同逻辑电平电路之间的信号传输。

如图 4.14 所示是用 OC 与非门作为 TTL 门电路和 CMOS 门电路之间电平转换的接口电路。当前级 TTL 电路输出高电平 V_{OH}=3.6 V 时,经 OC 与非门变换后输出低电平 V_{OL}=0.3 V,这与 CMOS 门电路的逻辑低电平兼容。当前级 TTL 电路输出低电平 V_{OL}=0.3 V 时,经 OC 与非门变换后输出的高电平为外接电源,则 $V_{OH}=V_{DD}$,满足了 CMOS 门电路所要求的逻辑高电平,因而实现了逻辑电平的转换。

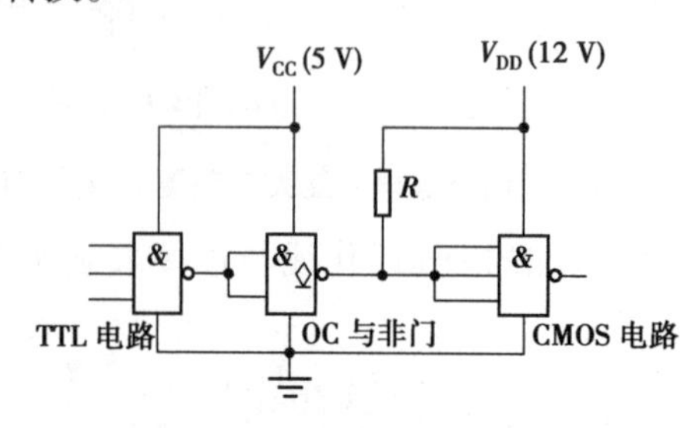

图 4.14　OC 与非门实现的逻辑电平转换

③驱动大电流负载。可以采用 OC 门驱动继电器、脉冲变压器和指示灯等大电流负载。当驱动指示灯时,负载电阻 R_L 可以用指示灯代替,如果电流太大,可适当串入一个限流电阻,以免 OC 门被烧毁。

2)三态逻辑输出门

三态逻辑输出门(Three-State Output Gate),简称 TS 门或三态门。它是由在一般门电路的基础上增加控制电路和控制端构成。三态门的输出状态除了高电平和低电平为工作状态,还有高阻抗输出状态。三态门是计算机电路中使用较广的特殊逻辑门。

(1)电路结构和工作原理

电路和逻辑符号如图 4.15 所示。在电路中,若控制使能端$\overline{EN}=0$ 时,非门和二极管 VD 构成的电路对 TTL 非门没有影响,输出 $Y=\overline{AB}$,门电路处于工作状态;当控制使能端$\overline{EN}=1$ 时,P 点为低电平,相当于在与非门的一个输入端加上低电平,因此 VT_2,VT_5 管截止。同时,二极管 VD 导通,使 VT_2 集电极电位 V_{C2} 钳位在 1 V,使 VT_4 管无法导通,此时,输出端 Y 处于高阻悬浮状态,即三态门处于禁止状态。

三态门控制端有高电平或低电平有效的两种使能控制方式,若使能控制端 $EN=0$ 时,门电路处于工作状态,则称控制端 EN 为低电平有效。当控制端 $EN=1$ 时,门电路处于工作状态,则称控制端 EN 为高电平有效,逻辑符号如图 4.16 所示。

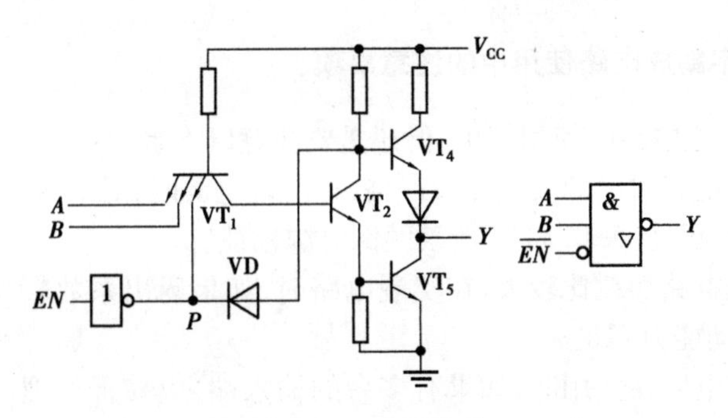

图4.15 三态门电路

(a)控制端低电平有效 (b)控制端高电平有效

图4.16 三态门逻辑符号

(2)三态门的应用

三态门主要应用于总线传送,可进行单向或双向数据传送。

①构成单向数据总线。如图4.17(a)所示是用三态门构成的单向数据总线。在任何时刻,n 个三态门中只允许其中一个控制输入端 EN_i 为高电平有效,该门处于工作状态,相应的 A_i,B_i 与非的结果就被输送到总线上,而其他门的使能控制端均为0,处于高阻状态。若某一时刻同时有两个或两个以上的三态门控制输入端 EN_i 为高电平,就有两个或两个以上的三态门处于工作状态,那么总线传送信息就会出错,还会损坏三态逻辑门。

②构成双向数据总线。如图4.17(b)所示是用三态门构成的双向数据总线。当控制使能端 EN 为高电平时,G_1 三态门处于工作状态,G_2 三态门处于高阻状态,数据 D_0 通过 G_1 三态门传输到总线上;当控制使能 EN 为低电平时,G_1 三态门处于高阻状态,G_2 三态门处于工作状态,总线上的数据 D_1 通过 G_2 三态门接收。这样,通过改变控制信号 EN 的状态,实现了数据的分时双向传送。

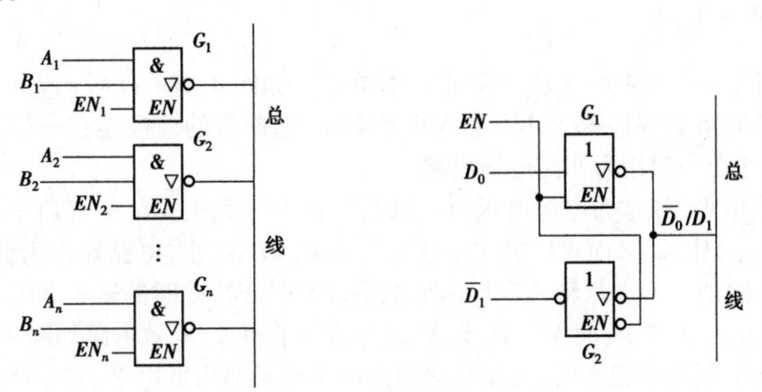

(a)用三态门构成的单向数据总线 (b)用三态门构成的双向数据总线

图4.17 三态输出门的应用

4.2.4 TTL 数字集成电路使用中的注意事项

虽然 TTL 数字集成电路的使用简单,但还是要注意以下事项:

①TTL 数字集成电路对电源要求比较严格,在配置电源时,对 74 系列集成电路不超过(5±0.25)V,对 54 系列不超过(5±0.5)V,严禁颠倒电源极性。

②TTL 数字集成电路功耗比较大,在实现电路时,如果扇出系数较大,就需注意负载能力和总的功耗,以防驱动能力不足。

③TTL 数字集成电路在使用时,如果有多余的输入端,应妥善处理,以防影响其逻辑功能的实现。

A. 与门和与非门多余输入端的处理方法:

a. 悬空,相当于逻辑高电平,为防止干扰的影响,实际应用中通常要接高电平;

b. 接标准高电平;

c. 与其他输入端并联使用;

d. 通过上拉电阻接电源正端。

B. 或门和或非门多余输入端的处理方法:

a. 接地;

b. 与其他输入端并联使用。

4.3 CMOS 集成门电路

数字集成电路除 TTL 逻辑门外,常用的还有单极型逻辑门电路。单极型 MOS(Metal Oxide Seminconductor)集成电路分为 PMOS,NMOS 和 CMOS 3 种。其中,NMOS 电气性能较好,工艺较简单,适合制作高性能的存储器、微处理器等大规模集成电路。NMOS 和 PMOS 构成的互补型 CMOS 电路以其性能好、功耗低等显著特点得到广泛应用。下面主要介绍 CMOS 电路。

4.3.1 CMOS 非门

CMOS 非门是构成 CMOS 集成电路的基本单元。如图 4.18(a)所示为 CMOS 非门,它由互补的增强型 NMOS 管 VT_1 和 PMOS 管 VT_2 串联组成,两管的栅极连在一起作为非门的输入端,两管的漏极连在一起作为非门的输出端。

当输入为高电平(通常为电源电压$+V_{DD}$)时,因该电压大于 VT_2 的开启电压,VT_2 导通,沟道等效电阻为 r_{DSN},比较小,而 VT_1 的 V_{GS} 电压为 0 V,VT_1 截止,电路输出为低电平 0 V,等效电路如图 4.18(b)所示。如果输入电压为低电平,即 0 V 时,此时的输入电压满足 VT_1 导通要求,沟道电阻为 r_{DSP},比较小,而 VT_2 截止,输出为高电平$+V_{DD}$,等效电路如图 4.18(c)所示。

由于 CMOS 非门处于稳态时,无论是输出高电平还是输出低电平,其互补两管中总有一个 MOS 管导通,另一个 MOS 管截止,因为电源向非门提供的仅为纳安级的漏电流,所以 CMOS 非门的静态功耗非常小。

4.3.2 CMOS 传输门

CMOS 传输门又称为 TG(Transmission Gate)门,是一种没有逻辑功能的 MOS 管电路,它是一个受电压控制的开关，可以传输数字信号或模拟信号。利用传输门和MOS逻辑门可以构成各种数字逻辑电路，因此，传输门的应用非常广泛。

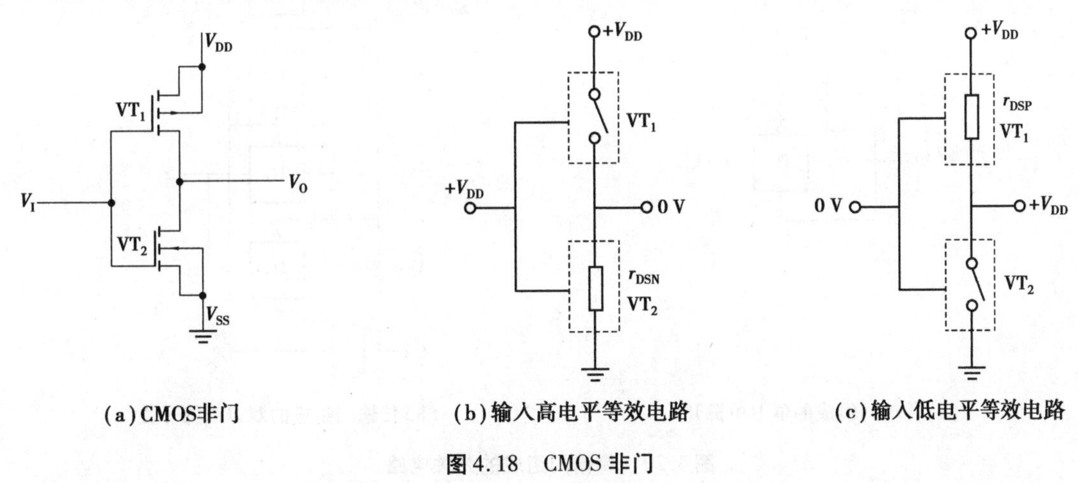

(a) CMOS非门　　(b) 输入高电平等效电路　　(c) 输入低电平等效电路

图4.18　CMOS非门

如图4.29(a)所示，CMOS传输门是由P沟道MOS管和N沟道MOS管的互补性组成的。在该电路中，VT_1为N沟道增强型MOS管，VT_2为P沟道增强型MOS管，与前面的应用方式不同，这里的VT_1和VT_2的衬底没有直接与源极相连，而是分别接到电路的最低电位“地”和最高电位V_{DD}上。这样处理衬底的MOS管，其漏极和源极的位置是不固定的，会随着管子两边的电压变化。假设传输门左边的电位高于右边，则VT_1的左边为漏极，右边为源极；VT_2的左边为源极，右边为漏极，若右边的电位高于左边，则情况正好相反，因此，漏源极可以相互对换，如同一个开关的两端，其逻辑符号如图4.19(b)所示。

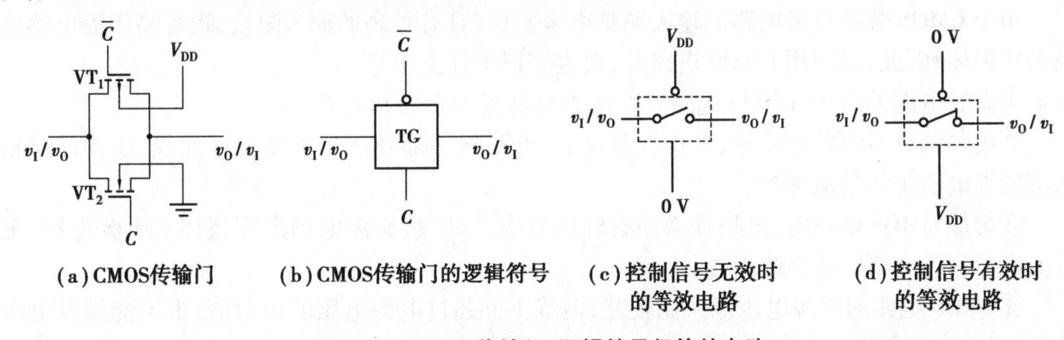

(a) CMOS传输门　　(b) CMOS传输门的逻辑符号　　(c) 控制信号无效时的等效电路　　(d) 控制信号有效时的等效电路

图4.19　CMOS传输门、逻辑符号级等效电路

设栅极控制信号C和$\overline{C}$的高、低电平分别为V_{DD}和0 V，当$C=0$，$\overline{C}=1$时，只要输入信号v_I的变化不超过0～V_{DD}的范围，则VT_1，VT_2都没有导电沟道形成，输出与输入之间呈高阻状态，传输门截止，相当于开关断开，如图4.19(c)所示。当$C=1$，$\overline{C}=0$时，VT_1，VT_2栅极和源极之间形成导电沟道，处于导通状态。这时，若输入信号v_I在0～V_{DD}范围内变化，则两个MOS管并联的结果却使得输入端和输出端之间的导通电阻基本上是一个与输入、输出无关的恒定值，相当于开关导通，如图4.19(d)所示。

CMOS传输门的这种功能特点就是一个理想开关，传输门又称为模拟开关或电子开关，图4.20是传输门组成的单刀单掷和双刀双掷开关电路。

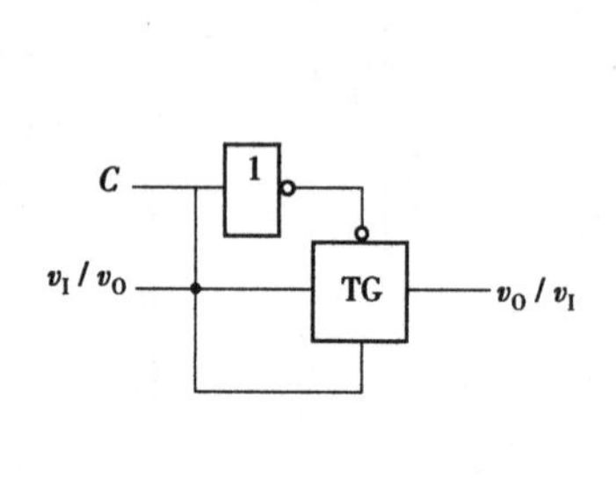

(a)传输门组成的单刀单掷开关

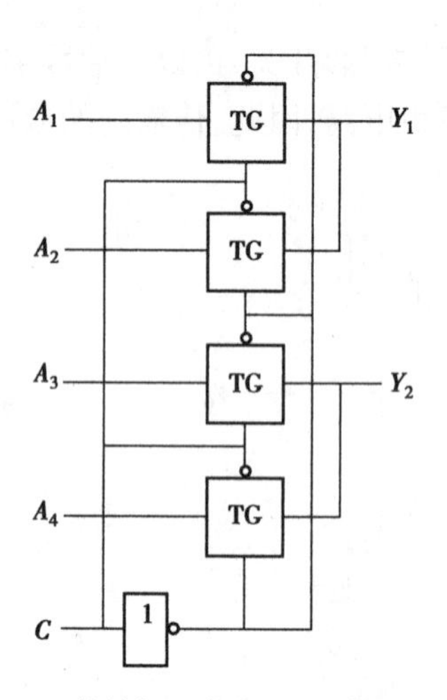

(b)传输门组成的双刀双掷开关

图 4.20　传输门组成的开关电路

4.3.3　漏极开路门和 CMOS 三态门

CMOS 电路中也有类似于 TTL 电路中的 OC 门及三态门电路,分别是 OD 门和 CMOS 三态门,它们的逻辑符号分别与 TTL 电路中 OC 门和三态门相同,两者仅是工艺结构不同。其功能和作用基本一样,这里不再赘述。

4.3.4　CMOS 逻辑门使用中的注意事项

由于 CMOS 数字集成电路的输入端是绝缘栅极,具有很高的输入阻抗,很容易因静电感应被击穿损坏,因此,在使用 CMOS 电路时,要遵守以下注意事项:

①做好电路的防护,CMOS 电路要在防静电材料中存储和运输。

②组装调试 CMOS 电路时,使用仪器仪表、电路板等都必须有可靠的接地线,还要注意输入端的静电防护和过流保护。

③焊接 CMOS 电路时,电烙铁必须有外接地线,以屏蔽交流电场击穿损坏 CMOS 电路,最好断电后利用电烙铁的余热焊接。

④CMOS 电路的电源电压范围比较宽,但绝不能超过电源电压的极限值,更不能接反电源极性,以免烧坏器件。

⑤为防止晶闸管效应的产生而损坏电路,多余的输入端绝不能悬空,一定要进行相应的处理,其方法以不影响逻辑功能为原则进行相应处理。

a. 与门和与非门的多余输入端接高电平。

b. 或门和或非门的多余输入端接低电平。

在工作速度不快时,多余输入端可与有用的输入端并联使用。

4.4　不同门电路之间的接口问题

如果一个数字系统选用多种类型的门电路时,应考虑两种逻辑门电路之间驱动能力的配合。它们包括灌电流和拉电流的负载能力配合、高低电平的驱动能力配合。如有必要,应该在两种门电路之间增加接口电路。如图4.21所示是驱动门与负载门之间的连接电路,它们必须满足表4.2所示的关系。

表4.2 驱动门与负载门之间的电压电流关系

驱动门	关系	负载门
输出高电平下限 $V_{OH(min)}$	≥	输入高电平下限 $V_{IH(min)}$
输出低电平上限 $V_{OL(max)}$	≤	输入低电平上限 $V_{IL(max)}$
最大拉电流 $I_{OH(max)}$	≥	$N_H I_{IH(max)}$ 负载门高电平输入电流之和
最大灌电流 $I_{OL(max)}$	≥	$N_L I_{IL(max)}$ 负载门低电平输入电流之和

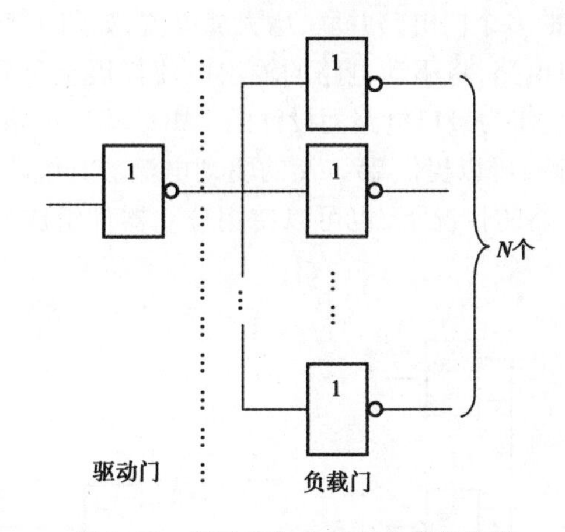

图4.21 驱动门与负载门之间的连接

4.4.1 TTL电路驱动CMOS电路

用TTL电路驱动CMOS电路时,由于CMOS电路是电压驱动器件,所需电流小,因此电流驱动能力不会有问题,主要是电压驱动能力问题,TTL电路输出高电平的最小值为2.4 V,而CMOS电路输入高电平一般高于3.5 V,这就使得二者的逻辑电平不能兼容。下面分两种情况讨论TTL电路如何驱动CMOS电路。

(1)CMOS电路的电源电压与TTL电路相同

当CMOS电路的电源电压与TTL电路相同时,其间的电平匹配容易实现。只需在TTL电路输出端接一个上拉电阻至电源,便可抬高输出电压,以满足后级CMOS电路高电平输入的需要,这时的CMOS电路就相当于一个同类的TTL负载,电路如图4.22所示。

(2)CMOS电路的电源电压与TTL电路不同

当CMOS电路的电源电压与TTL电路不同时,可使用转换电路实现相应的电平转换,通常采用TTL的OC门,如图4.23所示。上拉电阻上端接CMOS电路的电源,可将TTL电路输出的高电平调整到CMOS电路电源的水平,以满足CMOS电路的需要。

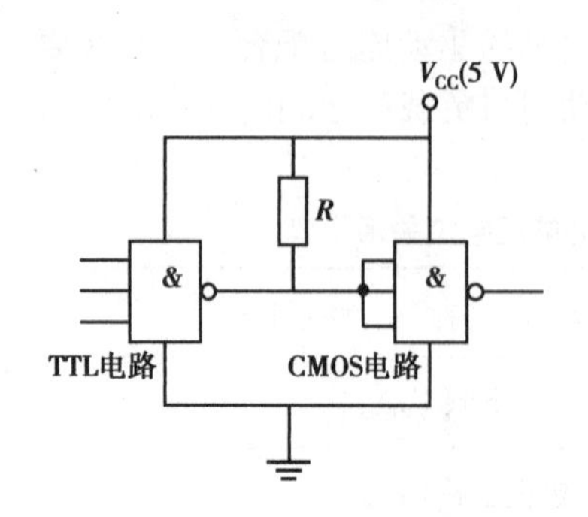

图 4.22　TTL 电路通过上拉电阻驱动 CMOS 电路

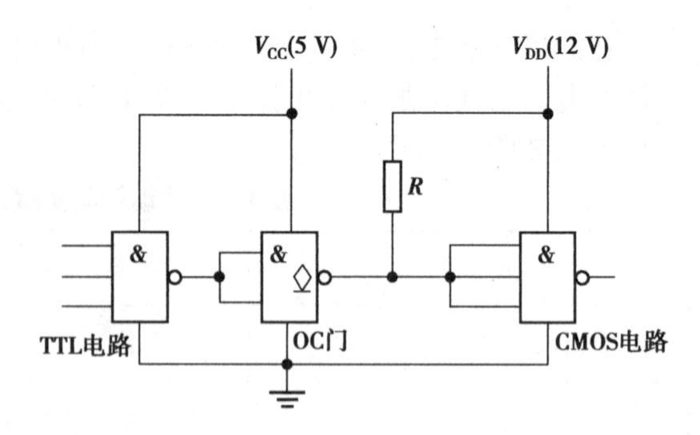

图 4.23　TTL 电路通过 OC 门驱动 CMOS 电路

4.4.2　CMOS 电路驱动 TTL 电路

由于 TTL 电路的低电平输入电流较大,CMOS 电路驱动 TTL 电路时,主要考虑电流驱动问题,一般可将同一个芯片上的多个门电路并联,增大灌电流,如图 4.24 所示。或者在 CMOS 和 TTL 两级之间加入一个接口电路,将驱动电路的输出电流扩展至负载电路要求的数值,例如,缓冲/驱动器 74HCT125 就是作为接口电路而设计的 CMOS 集成电路,它包含 4 个具有三态控制的同相输出/缓冲驱动电路,可以提供 25 mA 的驱动电流。其电路如图 4.25 所示。在没有合适的缓冲/驱动器集成电路的情况下,也可以使用分立器件组成的电流放大器实现电流扩展,如图 4.26 所示。

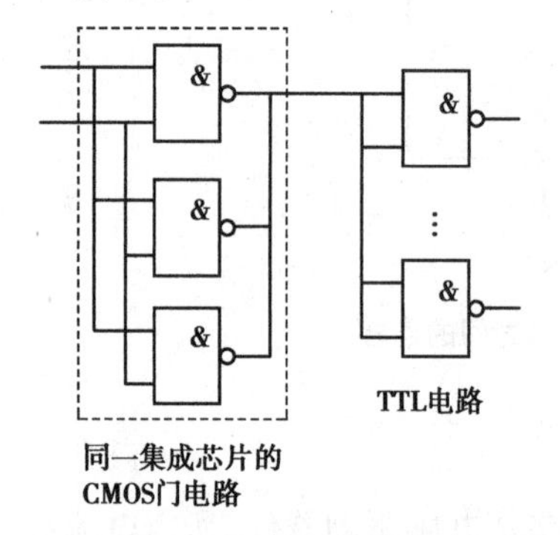

图 4.24　多个同类 CMOS 门并联驱动 TTL 电路

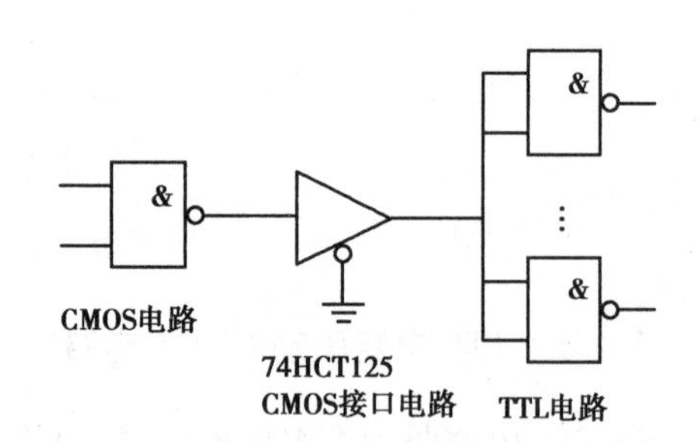

图 4.25　CMOS 缓冲/驱动器驱动 TTL 电路

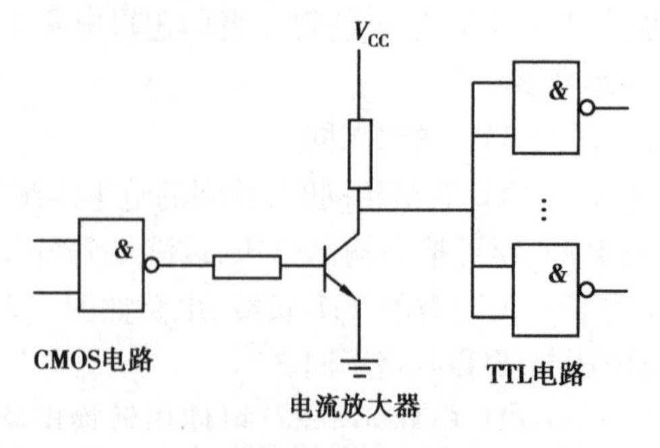

图 4.26　采用三极管电流放大器驱动 TTL 电路

另外,采用 74HC/74HCT 系列或 74AHC/AHCT 系列的 CMOS 电路,可以直接驱动任何系列的 TTL 电路。

4.5　基本门电路的HDL描述及仿真

逻辑代数中定义了与、或、非、与非、或非、异或、同或等运算，相应的Verilog HDL中的逻辑运算符或者位操作符也可以很方便地描述门电路。因此，基本逻辑门应用数据流描述时，用连续赋值语句assign和逻辑运算符/位操作符实现。

【例4.3】　与、或、异或、与非、或非5种二输入门电路的Verilog HDL设计。

```
module gates(a,b,out1,out2,out3,out4,out5);
//端口定义
inputa,b;
output out1,out2,out3,out4,out5;
//应用位操作符进行数据流描述
assign out1=a&b;
assign out2=a|b;
assign out3=a^b;
assign out4= ~(a&b);
assign out5= ~(a|b);
endmodule
```

测试平台的testbench代码设计如下：

```
timescale 1ns/1ns
module gate_tb();
reg a,b;
wire out1,out2,out3,out4,out5;
gates test_gates(a,b,out1,out2,out3,out4,out5);
initial
begin
a=0;b=0;
#10 b=1;
#10 a=1;
#10 b=0;
#10;
end
endmodule
```

通过仿真验证功能设计是否正确，如图4.27所示。

在图4.27中，a,b是输入信号，out1、out2、out3、out4、out5分别是与门、或门、异或门、与非门、或非门的输出信号，由图4.27可知。

①当a和b全为高电平输入时，out1输出为高电平；当a和b有一个输入为低电平时，out1输出为低电平，实现了逻辑与功能。

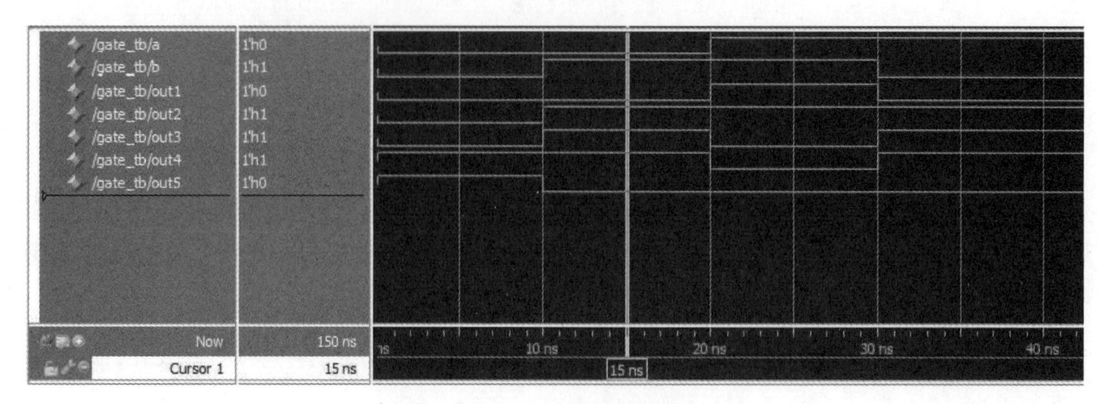

图 4.27　例 4.3 的仿真波形图

②当 a 和 b 全为低电平输入时,out2 输出为低电平;当 a 和 b 有一个输入为高电平时,out2 输出为高电平,实现了逻辑或功能。

③当 a 和 b 输入相同时,out3 输出为低电平;当 a 和 b 输入不同时,out3 输出为高电平,实现了异或功能。

④当 a 和 b 全为高电平输入时,out4 输出为低电平;当 a 和 b 有一个输入为低电平时,out4 输出为低电平,实现了与非功能。

⑤当 a 和 b 全为低电平输入时,out5 输出为高电平;当 a 和 b 有一个输入为高电平时,out5 输出为低电平,实现了或非功能。

本章小结

本章全面、系统地介绍了数字集成电路中的基本器件——集成逻辑门,对 TTL 为代表的双极型门电路和以 CMOS 为代表的单极型门电路进行了分析和讨论,然后介绍了具有特殊功能的 OC 门、OD 门、三态门及传输门等电路的工作原理和用途。门电路是构成复杂数字电路的基本单元,掌握各种门电路的逻辑功能和电气特性,是学习组合逻辑电路的基础,对正确使用数字集成电路非常有必要。

习　题

1. 写出如图 4.28 所示电路(a) ~ (d)中 $Y_1 \sim Y_4$ 的输出逻辑表达式,并对应图(e)的给定波形画出各个输出信号的波形。

2. 与非门、或非门有多余输入端时,应怎样连接?

3. 指出图 4.29 中各 TTL 门电路的输出状态。

4. 指出图 4.30 中各 CMOS 门电路的输出状态。

5. 如图 4.31 所示,已知 TTL 与非门的电路参数 $I_{IH} = 20\ \mu A$, $I_{IS} = 1.6\ mA$, $I_{OH} = 400\ \mu A$, $I_{OL} = 16\ mA$,试求该门电路的扇出系数 N_O。

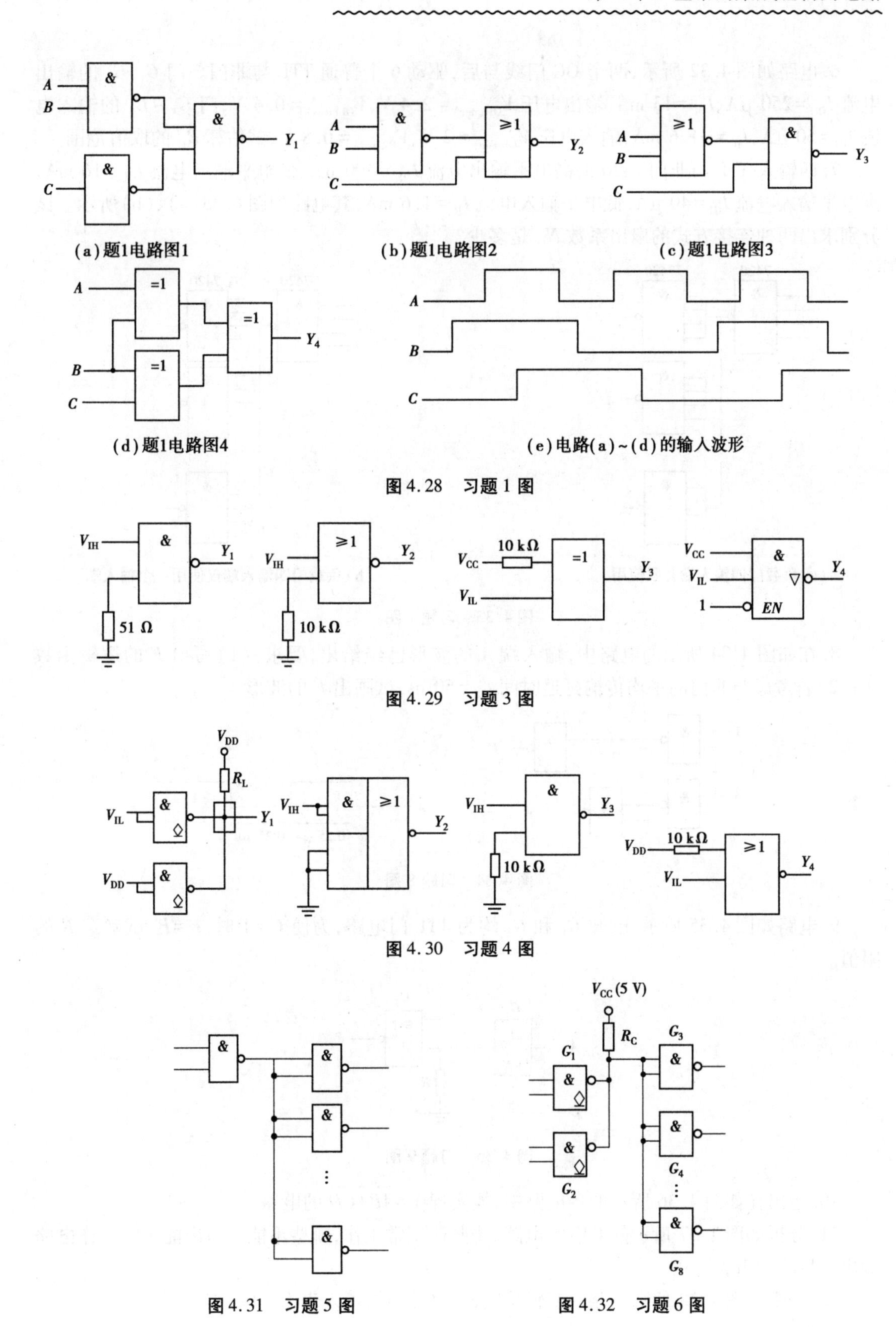

图 4.28 习题 1 图

图 4.29 习题 3 图

图 4.30 习题 4 图

图 4.31 习题 5 图

图 4.32 习题 6 图

6. 电路如图 4.32 所示，两个 OC 门线与后，驱动 6 个普通 TTL 与非门。门 G_1，G_2 的输出电流 $I_{OH}=250\ \mu A$、$I_{OL}=13\ mA$，输出电压 $V_{OH(min)}=2.4\ V$，$V_{OL(max)}=0.4\ V$，门 $G_3\sim G_8$ 的输入电流 $I_{IH}=50\ \mu A$、$I_{IL}=-1.6\ mA$，输入电压 $V_{IH(min)}=2\ V$、$V_{IL(max)}=0.8\ V$，试估算 R_C 的取值范围。

7. 四输入 TTL 与非门 7420 的高电平输出电流 $I_{OH}=400\ \mu A$，低电平输出电流 $I_{OL}=16\ mA$，高电平输入电流 $I_{IH}=40\ \mu A$，低电平输入电流 $I_{IL}=1.6\ mA$，其电路如图 4.33(a)、(b)所示。试分别求出两种连接方式的扇出系数 N_O 是多少？

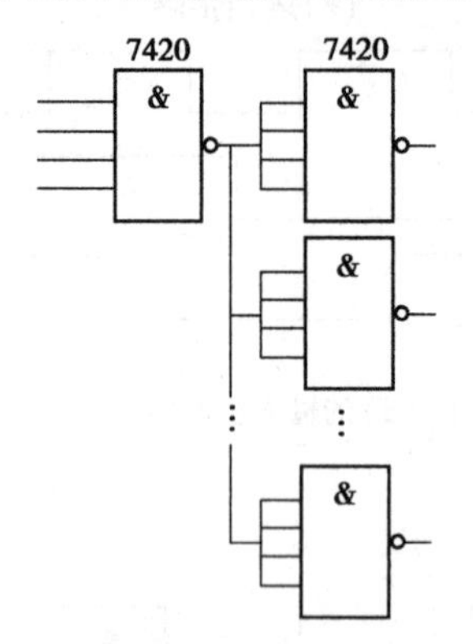

(a)负载门四输入端并联使用

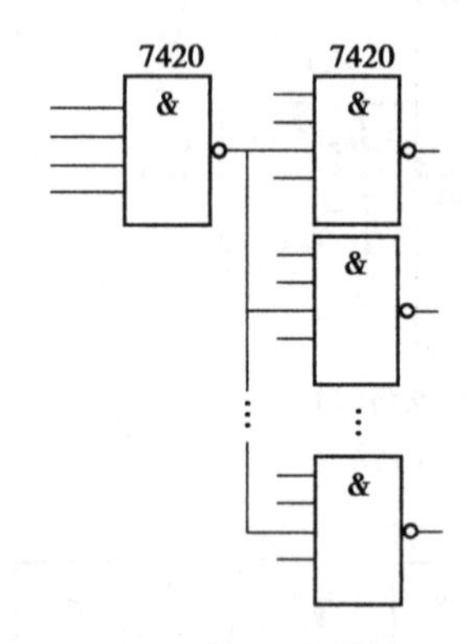

(b)负载门四输入端仅使用一个输入端

图 4.33　习题 7 图

8. 在如图 4.34 所示的电路中，输入端 A 的波形已经给出，要求：(1)写出 F 的逻辑函数式；(2)若考虑与非门的平均传输延迟时间 $t_{pd}=50\ ns$，试画出 F 的波形。

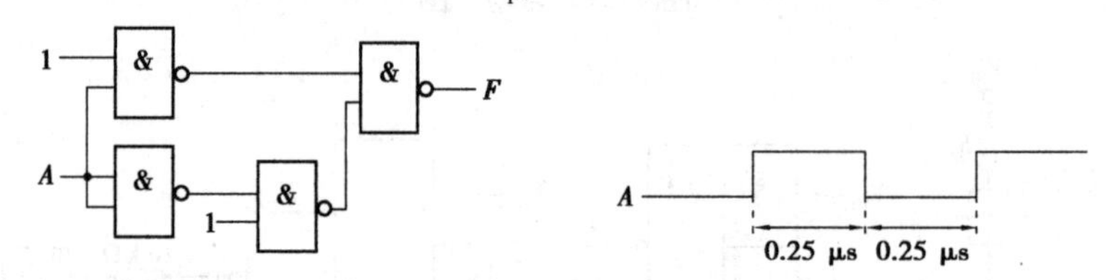

图 4.34　习题 8 图

9. 电路如图 4.35 所示，已知 G_1 和 G_2 均为 TTL 门电路，为使 $C=1$ 时，$F=\overline{B}$，试确定 R 的阻值。

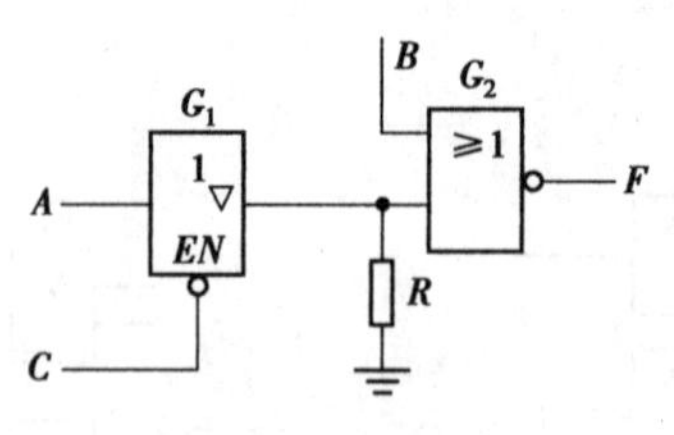

图 4.35　习题 9 图

10. 指出在如图 4.36 所示的各电路中，能实现 $Y=\overline{AB+CD}$ 的电路。

11. 分析如图 4.37 所示的 CMOS 电路，哪些能正常工作，哪些不能？写出能正常工作电路输出信号的逻辑表达式。

12. 分析如图 4.38 所示电路的逻辑功能，并将其结果填入表 4.3 中。

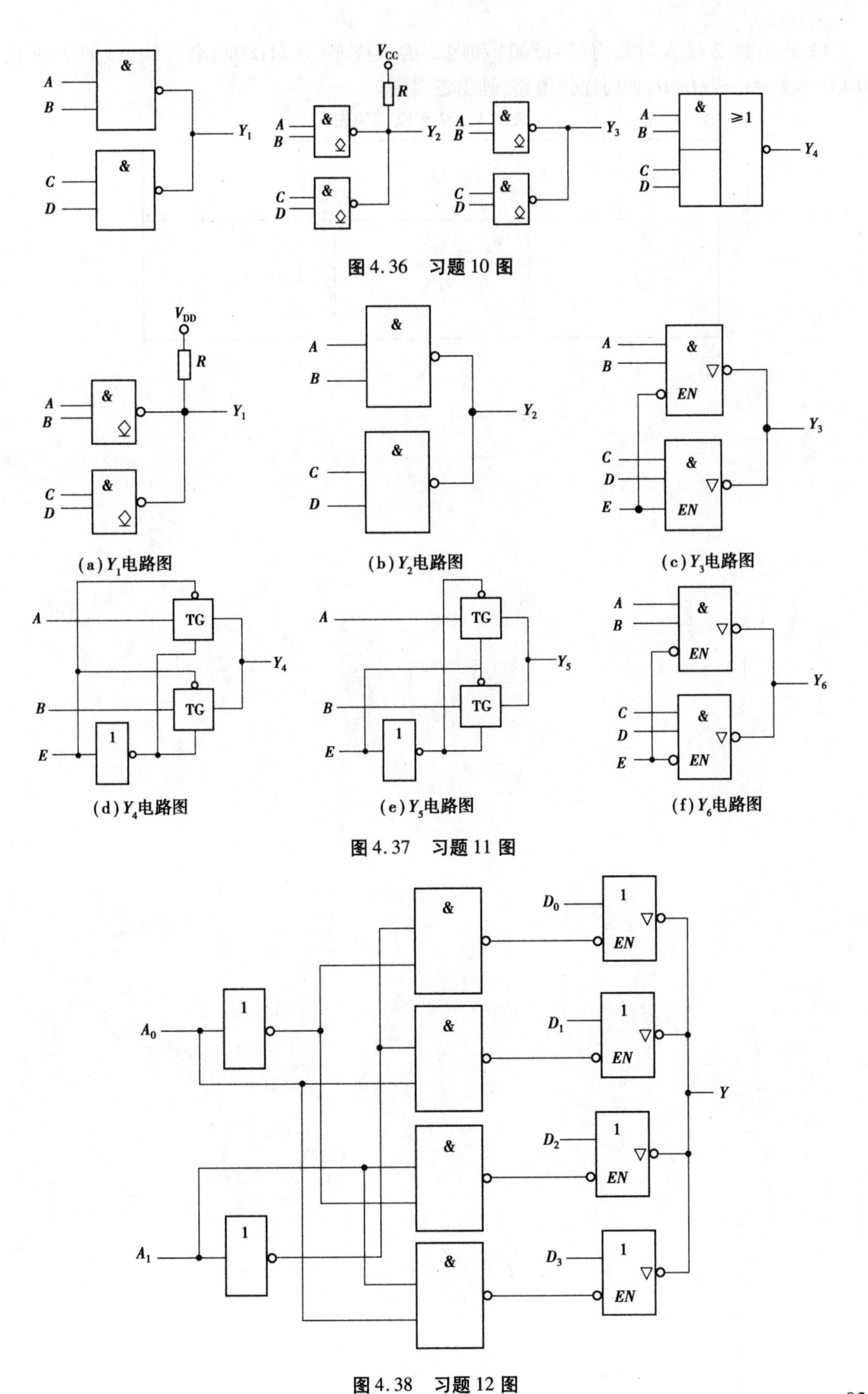

图 4.36　习题 10 图

(a) Y_1电路图
(b) Y_2电路图
(c) Y_3电路图
(d) Y_4电路图
(e) Y_5电路图
(f) Y_6电路图

图 4.37　习题 11 图

图 4.38　习题 12 图

13. 现有四 2 输入与非门(74LS00)和四 2 输入或非门(74LS02)各一块,试问实现 $Y_1 = ABCD$ 和 $Y_2 = A+B+C+D$,如何连接电路,画出逻辑图。

表 4.3　习题 12 真值表

A_1	A_0	Y

第5章 组合逻辑电路

【本章目标】

(1)理解组合逻辑电路的特点;

(2)掌握组合逻辑电路分析流程及方法;

(3)掌握组合逻辑电路设计流程及方法;

(4)理解常用的MSI组合逻辑电路的工作原理,熟练运用MSI模块设计组合逻辑电路;

(5)理解竞争-冒险现象产生的原因,掌握避免竞争-冒险的方法和手段。

在数字电路中,依据逻辑功能的不同分为两大类:组合逻辑电路和时序逻辑电路。组合逻辑电路是任一时刻的输出仅取决于该时刻的输入,与电路原来的状态无关;时序逻辑电路是任一时刻的输出不仅取决于现时的输入,还与电路原来的状态有关。本章重点介绍组合逻辑电路的分析、设计及常用组合逻辑器件的功能与应用。

5.1 组合逻辑电路的特点及功能描述

组合逻辑电路由各种基本门电路组成,同一时刻各输入状态决定了其输出情况,而与电路先前存储的状态毫无关系,如图5.1所示。组合逻辑电路输入输出逻辑关系可以表示为:

$$y_j = f_j(a_1, a_2, \cdots, a_n), j = 1, 2, \cdots, m \tag{5.1}$$

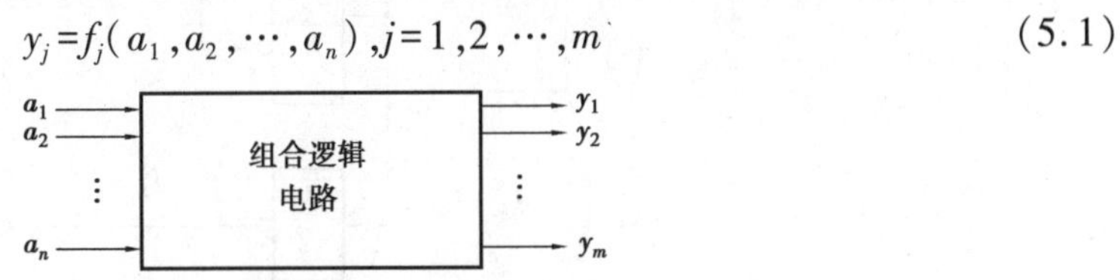

图5.1 组合逻辑电路框图

输出 y_j 仅仅与当前时刻的输入$(a_1, a_2, \cdots, a_n)$有关,而与其他时刻的输入和输出均无关,即电路的输出状态只取决于同一时刻的输入状态而与电路原来的状态无关。因此,组合逻辑电路具有以下结构特征:

①输出、输入之间没有反馈延迟通路。

②不含记忆单元,只是由各种基本的逻辑门电路组成。

常见的组合逻辑电路有加法器、译码器、编码器、数据选择器等数字系统中常用的基本运算单元。

5.2 基于 SSI 的组合逻辑电路的分析与设计

按集成度不同逻辑电路可分为小规模、中规模、大规模和超大规模集成电路。SSI(Small-Scaleintegration)小规模集成电路是指其集成度为最多 100 个/片的集成电路,主要是逻辑单元电路,如各种逻辑门电路、集成触发器等。

组合逻辑电路分析是根据给定的组合逻辑电路图分析其所实现的逻辑功能;组合逻辑电路设计是根据某种功能需求完成组合逻辑电路的设计。

5.2.1 组合逻辑电路的分析

如果有了组合逻辑电路图,用什么方法可以快速准确地知道其所实现的逻辑功能?图 5.2 给出了组合逻辑电路的分析流程。

图 5.2 组合逻辑电路的分析流程

对已知组合逻辑电路图进行逻辑分析的具体流程如下:

①写出组合逻辑电路的逻辑表达式。

②利用卡诺图等化简方法完成逻辑化简,得到最简逻辑表达式。

③根据最简逻辑表达式列真值表。

④通过观察真值表给出逻辑功能。

【例 5.1】 已知图 5.3 是基于 SSI 的组合逻辑电路图,分析其实现的逻辑功能。

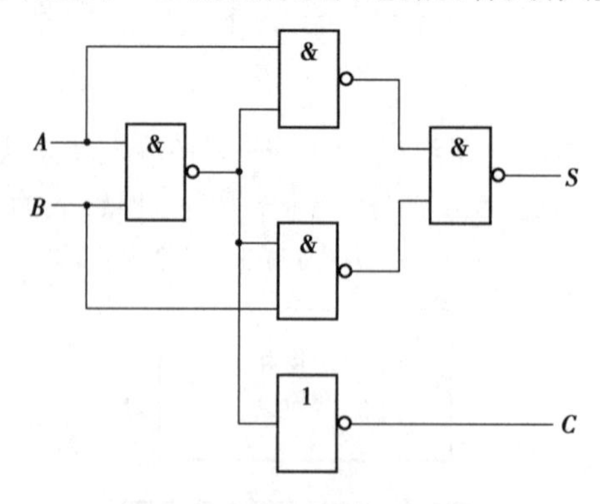

图 5.3 例 5.1 的逻辑电路图

解 (1)从输入到输出逐级写出逻辑关系

如图 5.4 所示,分别写出每个与非门的输入输出逻辑关系:

$$Y_1=\overline{AB},Y_2=\overline{AY_1},Y_3=\overline{BY_1} \tag{5.2}$$

$$S=\overline{\overline{Y_2Y_3}},C=\overline{Y_1} \tag{5.3}$$

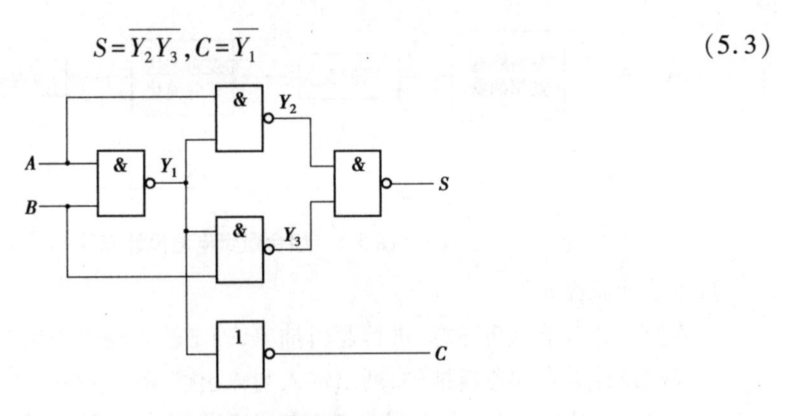

图5.4　逻辑电路图的逐级分析

(2)整理化简

利用前面所学的逻辑运算规则,对输出 C 和 S 的表达式进行逻辑化简。

$$C=\overline{Y_1}=AB \tag{5.4}$$

$$\begin{aligned} S&=\overline{Y_2Y_3}=\overline{\overline{AY_1}\ \overline{BY_1}}=AY_1+BY_1\\ &=Y_1(A+B)=\overline{AB}(A+B)=A\overline{AB}+B\overline{AB}\\ &=A(\overline{A}+\overline{B})+B(\overline{A}+\overline{B})=A\overline{B}+B\overline{A}\\ &=A\oplus B \end{aligned} \tag{5.5}$$

(3)列出真值表

为了进一步得到如图5.3所示电路的逻辑功能,可以根据表达式(5.4)和表达式(5.5)列出输入与输出关系的真值表,见表5.1。

表5.1　例5.1的真值表

A	B	S	C
0	0	0	0
0	1	1	0
1	0	1	0
1	1	0	1

(4)分析逻辑功能

通过观察表5.1所示的真值表可以发现,图5.3所示的逻辑电路所对应的逻辑功能是:实现了1bit的二进制加法,即1位二进制加法器。

5.2.2　组合逻辑电路的设计

组合逻辑电路的设计是根据设计需求(实现某种特定的逻辑功能),依据组合逻辑电路设计流程(图5.5)完成逻辑电路设计,最后得到对应设计需求的逻辑电路图。

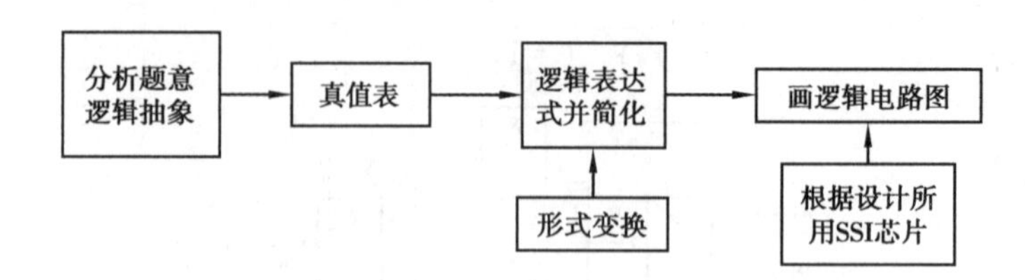

图 5.5　组合逻辑电路设计流程

具体设计流程如下：

①依据设计需求分析题意，进行逻辑抽象，确定输入输出逻辑变量及其逻辑取值。

②根据设计需求和逻辑抽样，列出输入与输出逻辑变量对应的真值表。

③写出表达式并简化（卡诺图或者逻辑化简），根据设计需求可以做特定形式的变换（与非、或非等）。

④根据设计所用 SSI 芯片的具体参数，画逻辑电路图。

【例 5.2】　设计 3 人表决电路。每人对应一个按键，如果同意则按下，不同意则不按。结果用指示灯表示，多数同意时指示灯亮，否则不亮。要求用与非门实现。

解　(1)分析题意，完成逻辑抽象

首先，根据设计要求：3 人表决电路需要 3 个输入端口（A,B,C），对应每人的表决按键；一个输出端口——指示灯（L），显示表决结果。

其次，明确逻辑符号取“0”和“1”的含义。3 个按键 A,B,C 按下时为“1”，不按时为“0”；指示灯 L：灯亮（多数赞成）为“1”，否则为“0”。

(2)根据题意列出真值表

A,B,C 3 个输入的所有可能逻辑取值，按照自然编码的顺序罗列在表 5.2 的左边，并根据设计需求（多数同意时指示灯亮），给出每行指示灯 L 的输出结果。

表 5.2　例 5.2 的真值表

A	B	C	L
0	0	0	0
0	0	1	0
0	1	0	0
0	1	1	1
1	0	0	0
1	0	1	1
1	1	0	1
1	1	1	1

(3)写出逻辑表达式并化简

首先，根据表 5.2 可以得到输入与输出的逻辑关系。

$$L=\overline{A}BC+A\overline{B}C+AB\overline{C}+ABC$$

其次,根据前面的知识对上式进行逻辑化简。本例的卡诺图化简如图5.6所示。

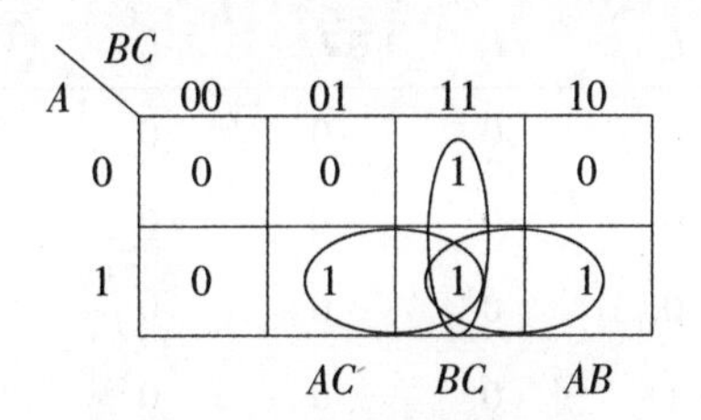

图5.6　例5.2的卡诺图

$$L=AC+BC+AB \tag{5.6}$$

(4)画出逻辑电路图

该例要求用“与非门”实现逻辑电路。因此,对式(5.6)进行逻辑变换后得到式(5.7)。

$$L=\overline{\overline{AB+AC+BC}}=\overline{\overline{AB}\cdot\overline{AC}\cdot\overline{BC}} \tag{5.7}$$

根据式(5.7),可以得到基于SSI的门电路图,如图5.7所示。

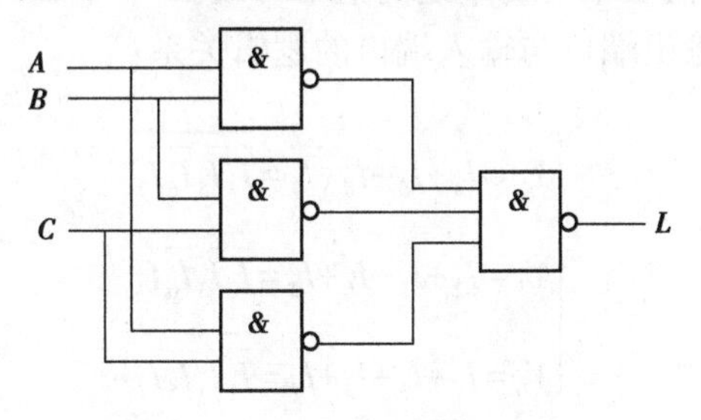

图5.7　例5.2的逻辑电路图

5.3　常用的MSI组合逻辑电路

MSI(中规模集成电路),是指其集成度为100~1 000个/片的集成电路,主要是逻辑功能部件,如编码器、译码器、数据选择器/分配器、计数器、寄存器等。本节将介绍几种常用的MSI组合逻辑电路的逻辑功能及芯片参数。

5.3.1　编码器和译码器

编码是指把具有特定意义的输入信息(语音、图像等)按照预先规定的方法转换成某一特定二进制代码(输出)的过程;编码器是实现编码功能的逻辑电路。

1)8-3线编码器

8-3线编码器是指有8个互斥(某一个输入时刻,只能有一个输入端口有效)的二进制信号输入端(I_0—I_7),3位线性编码输出端口(Y_2,Y_1,Y_0)。

表 5.3　8-3 线编码器的真值表

I_7	I_6	I_5	I_4	I_3	I_2	I_1	I_0	Y_2	Y_1	Y_0
1	0	0	0	0	0	0	0	1	1	1
0	1	0	0	0	0	0	0	1	1	0
0	0	1	0	0	0	0	0	1	0	1
0	0	0	1	0	0	0	0	1	0	0
0	0	0	0	1	0	0	0	0	1	1
0	0	0	0	0	1	0	0	0	1	0
0	0	0	0	0	0	1	0	0	0	1
0	0	0	0	0	0	0	0	0	0	0

说明:表 5.3 所示的真值表中的变量是高电平有效。

从表 5.3 中可以得到输出端口与输入端口的逻辑关系:

$$\begin{cases} Y_2 = I_4 + I_5 + I_6 + I_7 = \overline{\overline{I_4}\,\overline{I_5}\,\overline{I_6}\,\overline{I_7}} \\ Y_1 = I_2 + I_3 + I_6 + I_7 = \overline{\overline{I_2}\,\overline{I_3}\,\overline{I_6}\,\overline{I_7}} \\ Y_0 = I_1 + I_3 + I_5 + I_7 = \overline{\overline{I_1}\,\overline{I_3}\,\overline{I_5}\,\overline{I_7}} \end{cases} \tag{5.8}$$

根据式(5.8)可以得到 8-3 线编码器的逻辑电路图(图 5.8),其中图 5.8(a)由或门实现,图 5.8(b)由与非门实现。

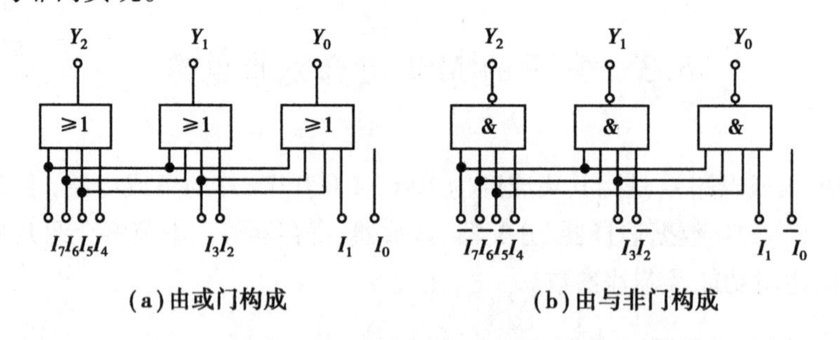

(a)由或门构成　　(b)由与非门构成

图 5.8　3-8 编码器的逻辑电路图

由此可知,实现某种逻辑功能的电路图不是固定的,可以依据设计要求或芯片型号,利用不同逻辑门完成逻辑功能的电路设计。

2)BCD 码编码器

BCD 码(Binary-Coded Decimal),即二-十进制代码,用 4 位二进制数表示 1 位十进制数(0~9,10 个数)。BCD 码编码器可以利用四位二进制单元储存一个十进制的数码,快速完成二进制和十进制之间的转换。

BCD 码编码器由输入 10 个互斥的数码作为输入,分别代表十进制中的 0~9;4 位二进制代码作为输出,对应于转换后的二进制码,见表 5.4。

表5.4　BCD码编码器的真值表

I_9	I_8	I_7	I_6	I_5	I_4	I_3	I_2	I_1	I_0	Y_3	Y_2	Y_1	Y_0
1	0	0	0	0	0	0	0	0	0	1	0	0	1
0	1	0	0	0	0	0	0	0	0	1	0	0	0
0	0	1	0	0	0	0	0	0	0	0	1	1	1
0	0	0	1	0	0	0	0	0	0	0	1	1	0
0	0	0	0	1	0	0	0	0	0	0	1	0	1
0	0	0	0	0	1	0	0	0	0	0	1	0	0
0	0	0	0	0	0	1	0	0	0	0	0	1	1
0	0	0	0	0	0	0	1	0	0	0	0	1	0
0	0	0	0	0	0	0	0	1	0	0	0	0	1
0	0	0	0	0	0	0	0	0	1	0	0	0	0

说明:表5.4所示的真值表中的变量是高电平有效的。

从表5.4中可以得到输出端口与输入端口的逻辑关系:

$$
\begin{cases}
Y_3 = I_8 + I_9 = \overline{\bar{I}_8 \bar{I}_9} \\
Y_2 = I_4 + I_5 + I_6 + I_7 = \overline{\bar{I}_4 \bar{I}_5 \bar{I}_6 \bar{I}_7} \\
Y_1 = I_2 + I_3 + I_6 + I_7 = \overline{\bar{I}_2 \bar{I}_3 \bar{I}_6 \bar{I}_7} \\
Y_0 = I_1 + I_3 + I_5 + I_7 + I_9 = \overline{\bar{I}_1 \bar{I}_3 \bar{I}_5 \bar{I}_7 \bar{I}_9}
\end{cases}
\tag{5.9}
$$

根据式(5.9)可以得到8-3线编码器的逻辑电路图(图5.9),其中图5.9(a)由或门实现,图5.9(b)与非门实现。

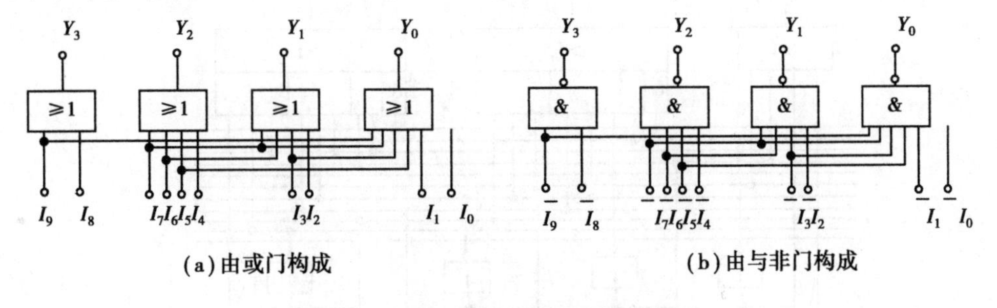

(a)由或门构成　　　　(b)由与非门构成

图5.9　BCD码编码器的逻辑电路图

3)优先编码器

在实际生活中经常会遇到同时输入两个及其以上编码信号的情况。例如,同时按下计算机键盘上的多个按键。如果计算机键盘内的编码器是普通线性编码器,当同时按下多个按键时,键盘内的编码器将不能对这种输入状态进行编码。为了解决这个问题,于是出现了优先编码器。优先编码器允许同时输入两个以上的编码信号,编码器对所有输入的信号规定了优先顺序,当多个输入信号同时出现时,只对其中优先级最高的一个进行编码。因此,当存在具有较高优先级的输入时,将忽略具有较低优先级的所有其他输入。

表 5.5 为 8-3 线优先编码器的真值表,其中 I_7 的优先级别最高,I_6 次之,依此类推,I_0 最低。

表 5.5 8-3 线优先编码器的真值表

输入								输出		
I_7	I_6	I_5	I_4	I_3	I_2	I_1	I_0	Y_2	Y_1	Y_0
1	×	×	×	×	×	×	×	1	1	1
0	1	×	×	×	×	×	×	1	1	0
0	0	1	×	×	×	×	×	1	0	1
0	0	0	1	×	×	×	×	1	0	0
0	0	0	0	1	×	×	×	0	1	1
0	0	0	0	0	1	×	×	0	1	0
0	0	0	0	0	0	1	×	0	0	1
0	0	0	0	0	0	0	1	0	0	0

说明:表 5.5 所示的真值表中的变量是高电平有效的。

从表 5.5 中可以得到输出端口与输入端口的逻辑关系:

$$\begin{cases} Y_2 = I_7 + \bar{I}_7 I_6 + \bar{I}_7 \bar{I}_6 I_5 + \bar{I}_7 \bar{I}_6 \bar{I}_5 I_4 = I_7 + I_6 + I_5 + I_4 \\ Y_1 = I_7 + \bar{I}_7 I_6 + \bar{I}_7 \bar{I}_6 \bar{I}_5 \bar{I}_4 I_3 + \bar{I}_7 \bar{I}_6 \bar{I}_5 \bar{I}_4 \bar{I}_3 I_2 = I_7 + I_6 + \bar{I}_5 \bar{I}_4 I_3 + \bar{I}_5 \bar{I}_4 I_2 \\ Y_0 = I_7 + \bar{I}_7 \bar{I}_6 I_5 + \bar{I}_7 \bar{I}_6 \bar{I}_5 \bar{I}_4 I_3 + \bar{I}_7 \bar{I}_6 \bar{I}_5 \bar{I}_4 \bar{I}_3 \bar{I}_2 I_1 = I_7 + \bar{I}_6 I_5 + \bar{I}_6 \bar{I}_4 I_3 + \bar{I}_6 \bar{I}_4 \bar{I}_2 I_1 \end{cases} \tag{5.10}$$

根据式(5.10)可以得到 8-3 线优先编码器的逻辑电路图,如图 5.10 所示。

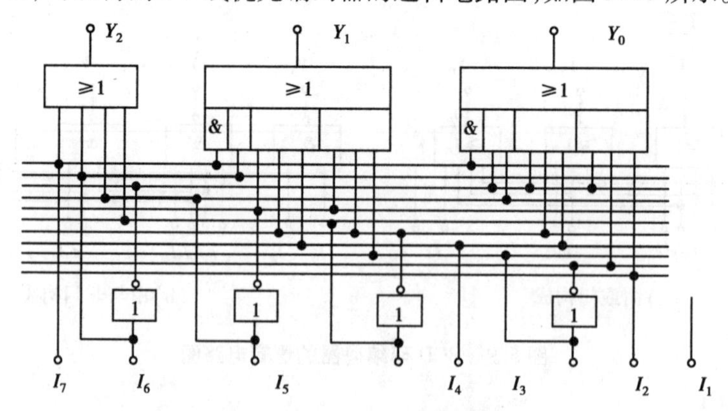

图 5.10 8-3 线优先编码器的逻辑电路图

表 5.6 为 BCD 码优先编码器的真值表,其中,I_9 的优先级别最高,I_8 次之,依此类推,I_0 最低。输入端口和输出端口为高电平有效。

表 5.6　BCD 优先编码器的真值表

输入										输出			
I_9	I_8	I_7	I_6	I_5	I_4	I_3	I_2	I_1	I_0	Y_3	Y_2	Y_1	Y_0
1	×	×	×	×	×	×	×	×	×	1	0	0	1
0	1	×	×	×	×	×	×	×	×	1	0	0	0
0	0	1	×	×	×	×	×	×	×	0	1	1	1
0	0	0	1	×	×	×	×	×	×	0	1	1	0
0	0	0	0	1	×	×	×	×	×	0	1	0	1
0	0	0	0	0	1	×	×	×	×	0	1	0	0
0	0	0	0	0	0	1	×	×	×	0	0	1	1
0	0	0	0	0	0	0	1	×	×	0	0	1	0
0	0	0	0	0	0	0	0	1	×	0	0	0	1
0	0	0	0	0	0	0	0	0	1	0	0	0	0

从表 5.6 中可以得到输出端口与输入端口的逻辑关系：

$$\begin{cases} Y_3 = I_9 + \bar{I}_9 I_8 = I_9 + I_8 \\ Y_2 = \bar{I}_9\bar{I}_8 I_7 + \bar{I}_9\bar{I}_8\bar{I}_7 I_6 + \bar{I}_9\bar{I}_8\bar{I}_7\bar{I}_6 I_5 + \bar{I}_9\bar{I}_8\bar{I}_7\bar{I}_6\bar{I}_5 I_4 \\ \quad = \bar{I}_9\bar{I}_8 I_7 + \bar{I}_9\bar{I}_8 I_6 + \bar{I}_9\bar{I}_8 I_5 + \bar{I}_9\bar{I}_8 I_4 \\ Y_1 = \bar{I}_9\bar{I}_8 I_7 + \bar{I}_9\bar{I}_8\bar{I}_7 I_6 + \bar{I}_9\bar{I}_8\bar{I}_7\bar{I}_6\bar{I}_5\bar{I}_4 I_3 + \bar{I}_9\bar{I}_8\bar{I}_7\bar{I}_6\bar{I}_5\bar{I}_4\bar{I}_3 I_2 \\ \quad = \bar{I}_9\bar{I}_8 I_7 + \bar{I}_9\bar{I}_8 I_6 + \bar{I}_9\bar{I}_8\bar{I}_5\bar{I}_4 I_3 + \bar{I}_9\bar{I}_8\bar{I}_5\bar{I}_4 I_2 \\ Y_0 = I_9 + \bar{I}_9\bar{I}_8 I_7 + \bar{I}_9\bar{I}_8\bar{I}_7\bar{I}_6 I_5 + \bar{I}_9\bar{I}_8\bar{I}_7\bar{I}_6\bar{I}_5\bar{I}_4 I_3 + \bar{I}_9\bar{I}_8\bar{I}_7\bar{I}_6\bar{I}_5\bar{I}_4\bar{I}_3\bar{I}_2 I_1 \\ \quad = I_9 + \bar{I}_8 I_7 + \bar{I}_8\bar{I}_6 I_5 + \bar{I}_8\bar{I}_6\bar{I}_4 I_3 + \bar{I}_8\bar{I}_6\bar{I}_4\bar{I}_2 I_1 \end{cases} \tag{5.11}$$

根据式(5.11)可以得到 8-3 线优先编码器的逻辑电路图，如图 5.11 所示。

4)常用 MSI 集成编码器芯片

(1)8-3 线优先编码芯片 74LS148

芯片 74LS148 是一款经典的电子元器件，是具有优先级的 8-3 编码器，其功能作用与译码器 74LS138 相对，具有 8 路输入($\bar{I}_0 \sim \bar{I}_7$)和 3 路输出($\bar{Y}_0 \sim \bar{Y}_2$)，其芯片引脚图如图 5.12 所示。

说明：

①$\overline{ST}$ 为输入使能端，低电平有效，即当 $\overline{ST}=0$ 时，芯片 74LS148 处于工作状态。

②Y_S 为输出使能端，在多片 74LS148 级联中，通常接至低位芯片的$\overline{ST}$ 端；单片使用时，可以悬空。Y_S 和$\overline{ST}$ 配合可以实现多级编码器之间的优先级别的控制。

③$\bar{Y}_{EX}$ 为扩展输出端，是控制标志。当$\bar{Y}_{EX}=0$ 表示编码输出；$\bar{Y}_{EX}=1$ 表示不是编码输出。

④V_{CC} 为电源输入端。

芯片 74LS148 对应的真值表见表 5.7，其中，$\bar{I}_7$ 具有最高输入优先级，$\bar{I}_6$ 次之，$\bar{I}_0$ 最低。当 $\bar{I}_7=0$ 时，其他输入端口可以为任意状态。

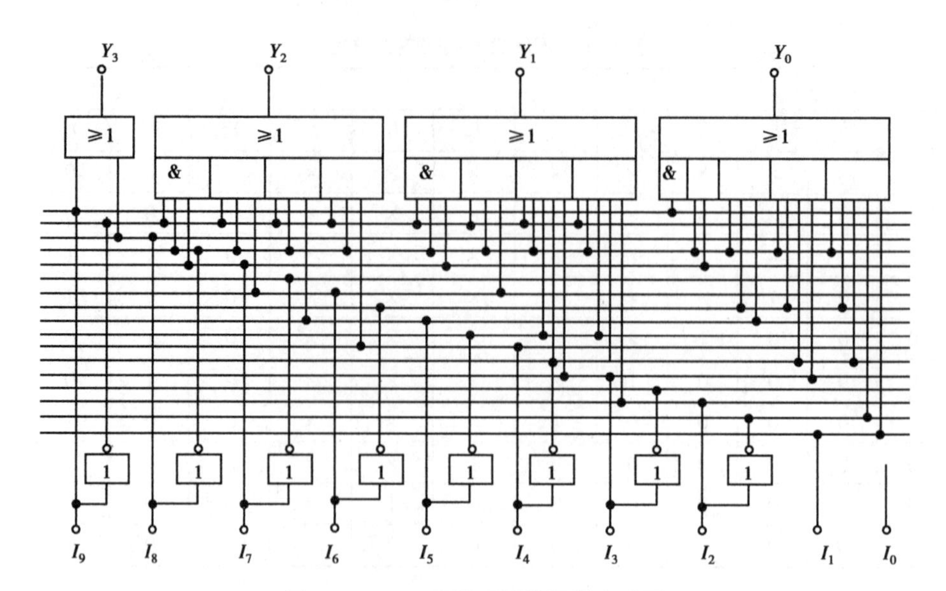

图 5.11　BCD 码编码器的逻辑电路图

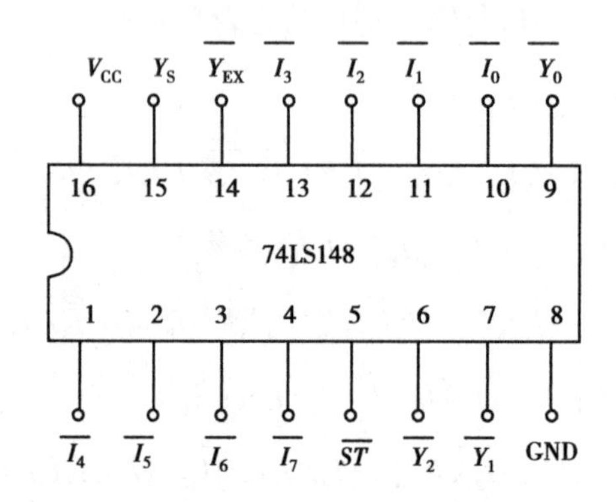

图 5.12　芯片 74LS148 的引脚图

表 5.7　芯片 74LS148 真值表

输入									输出				
$\overline{ST}$	$\overline{I}_7$	$\overline{I}_6$	$\overline{I}_5$	$\overline{I}_4$	$\overline{I}_3$	$\overline{I}_2$	$\overline{I}_1$	$\overline{I}_0$	$\overline{Y}_2$	$\overline{Y}_1$	$\overline{Y}_0$	$\overline{Y}_{EX}$	Y_S
1	×	×	×	×	×	×	×	×	1	1	1	1	1
0	1	1	1	1	1	1	1	1	1	1	1	1	0
0	0	×	×	×	×	×	×	×	0	0	0	0	1
0	1	0	×	×	×	×	×	×	0	0	1	0	1
0	1	1	0	×	×	×	×	×	0	1	0	0	1
0	1	1	1	0	×	×	×	×	0	1	1	0	1
0	1	1	1	1	0	×	×	×	1	0	0	0	1
0	1	1	1	1	1	0	×	×	1	0	1	0	1
0	1	1	1	1	1	1	0	×	1	1	0	0	1
0	1	1	1	1	1	1	1	0	1	1	1	0	1

说明:表5.7所示的真值表中的变量是供电平有效的。

(2)BCD优先编码芯片74LS147

芯片74LS147优先编码器有9个输入端($\bar{I}_1 \sim \bar{I}_9$)和4个输出端,某个输入端为0,代表输入某一个十进制数,当9个输入端均为1时,代表输入的是十进制数0;4个输出端对应输入十进制数的BCD码编码输出,其芯片引脚图如图5.13所示。

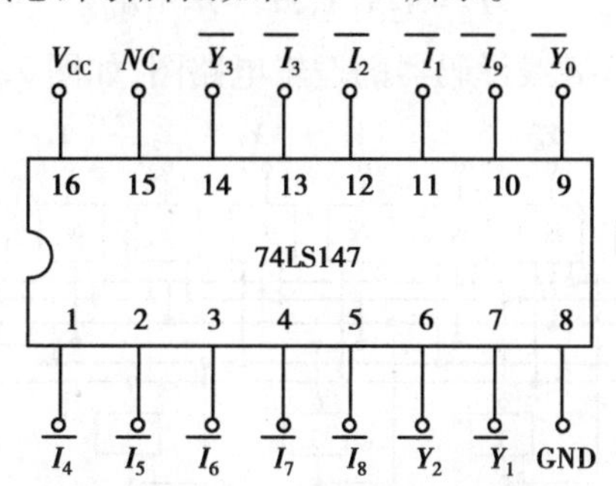

图5.13　芯片74LS117的引脚图

说明:V_{CC}为电源输入端;GND为接地端;NC为空端口。

5)3-8线译码器

译码是编码的逆过程,在编码时,每种二进制代码都赋予了特定的含义,即都表示一个确定的信号或者对象。把代码状态的特定含义"翻译"出来的过程称为译码,实现译码操作的电路称为译码器。译码器是可以将输入二进制代码的状态翻译成输出信号,以表示其原来含义的电路。

译码器可分为变量译码器和显示译码器两种。变量译码器一般是一种较少输入变为较多输出的器件,常见的有n线-2^n线译码和BCD码译码;显示译码器用来将二进制数转换成对应的七段码,可分为驱动LED和LCD的显示译码器。

3-8线译码器的真值表见表5.8,具有3个二进制输入端口,8个互斥的二进制输出端口。

表5.8　3-8线译码器真值表

A_2	A_1	A_0	Y_0	Y_1	Y_2	Y_3	Y_4	Y_5	Y_6	Y_7
0	0	0	1	0	0	0	0	0	0	0
0	0	1	0	1	0	0	0	0	0	0
0	1	0	0	0	1	0	0	0	0	0
0	1	1	0	0	0	1	0	0	0	0
1	0	0	0	0	0	0	1	0	0	0
1	0	1	0	0	0	0	0	1	0	0
1	1	0	0	0	0	0	0	0	1	0
1	1	1	0	0	0	0	0	0	0	1

从表5.8中可以得到输出端口与输入端口的逻辑关系:

$$\begin{cases} Y_0=\overline{A}_2\overline{A}_1\overline{A}_0, Y_1=\overline{A}_2\overline{A}_1A_0 \\ Y_2=\overline{A}_2A_1\overline{A}_0, Y_3=\overline{A}_2A_1A_0 \\ Y_4=A_2\overline{A}_1\overline{A}_0, Y_5=A_2\overline{A}_1A_0 \\ Y_6=A_2A_1\overline{A}_0, Y_7=A_2A_1A_0 \end{cases} \tag{5.12}$$

根据式(5.12)可以得到 3-8 线译码器的逻辑电路图,如图 5.14 所示。

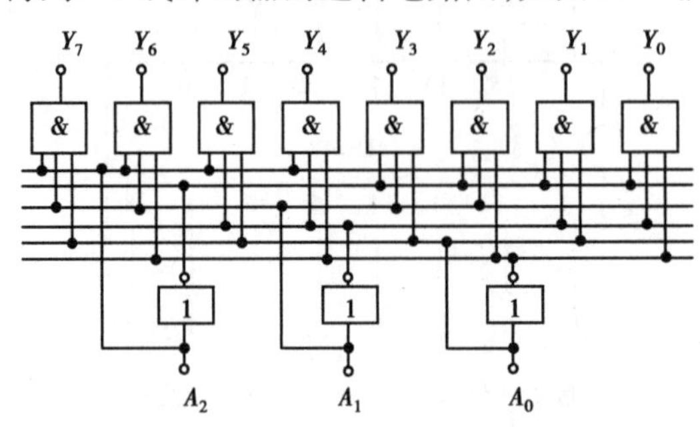

图 5.14　3-8 线译码器的逻辑电路图

6) BCD 码译码器

BCD 码译码器的真值表见表 5.9,具有 4 个二进制输入端口,10 个互斥的二进制输出端口。

表 5.9　BCD 码译码器

A_3	A_2	A_1	A_0	Y_9	Y_8	Y_7	Y_6	Y_5	Y_4	Y_3	Y_2	Y_1	Y_0
0	0	0	0	0	0	0	0	0	0	0	0	0	1
0	0	0	1	0	0	0	0	0	0	0	0	1	0
0	0	1	0	0	0	0	0	0	0	0	1	0	0
0	0	1	1	0	0	0	0	0	0	1	0	0	0
0	1	0	0	0	0	0	0	0	1	0	0	0	0
0	1	0	1	0	0	0	0	1	0	0	0	0	0
0	1	1	0	0	0	0	1	0	0	0	0	0	0
0	1	1	1	0	0	1	0	0	0	0	0	0	0
1	0	0	0	0	1	0	0	0	0	0	0	0	0
1	0	0	1	1	0	0	0	0	0	0	0	0	0

从表 5.9 中可以得到输出端口与输入端口的逻辑关系:

$$
\begin{cases}
Y_0 = \overline{A}_3\overline{A}_2\overline{A}_1\overline{A}_0, Y_1 = \overline{A}_3\overline{A}_2\overline{A}_1 A_0 \\
Y_2 = \overline{A}_3\overline{A}_2 A_1\overline{A}_0, Y_3 = \overline{A}_3\overline{A}_2 A_1 A_0 \\
Y_4 = \overline{A}_3 A_2\overline{A}_1\overline{A}_0, Y_5 = \overline{A}_3 A_2\overline{A}_1 A_0 \\
Y_6 = \overline{A}_3 A_2 A_1\overline{A}_0, Y_7 = \overline{A}_3 A_2 A_1 A_0 \\
Y_8 = A_3\overline{A}_2\overline{A}_1\overline{A}_0, Y_9 = A_3\overline{A}_2\overline{A}_1 A_0
\end{cases}
\tag{5.13}
$$

根据式(5.13)可以得到 4-6 线译码器的逻辑电路图,如图 5.15 所示。

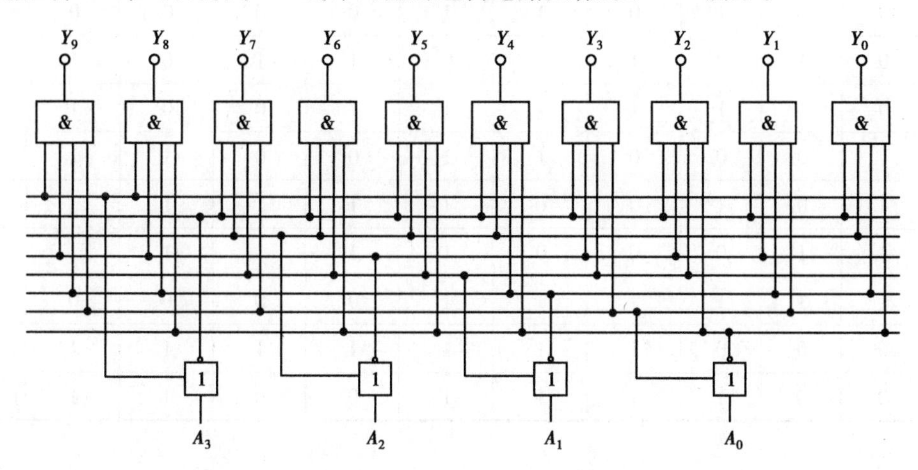

图 5.15　BCD 码译码器的逻辑电路图

7)数码显示译码器

用来驱动各种显示器件,从而将用二进制代码表示的数字、文字、符号翻译成人们习惯的形式,直观显示出来的电路,称为显示译码器。七段显示数码管如图 5.16 所示。驱动数码管显示的电路为七段显示译码器。

BCD 七段译码器的输入是一位 BCD 码(4 位二进制码 A_3, A_2, A_1, A_0),输出是数码管各段的驱动信号(a-g),也称为 4-7 译码器。若驱动共阴 LED(图 5.16(b))数码管,则输出应为高电平有效,即当输出为逻辑“1”时,相应显示段发光;反之,驱动共阳 LED(图 5.16(c))数码管,则输出应为低电平有效,即当输出为逻辑“0”时,相应显示段发光。

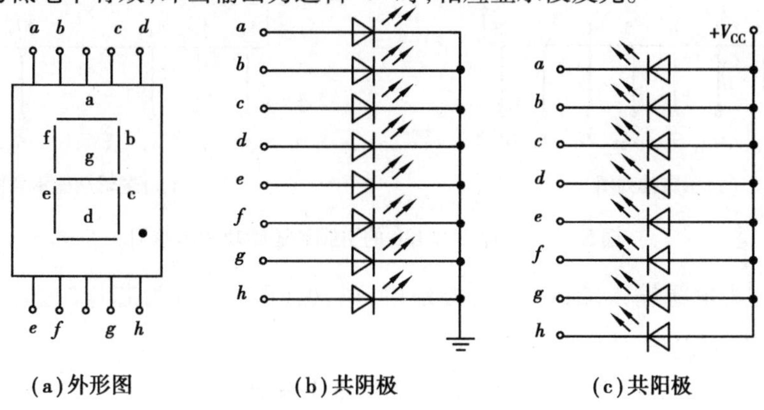

(a)外形图　(b)共阴极　(c)共阳极

图 5.16　七段显示数码管

例如，当输入 BCD 码 $A_3A_2A_1A_0=0100$ 时，数码管应显示数字 6。此时，需要同时点亮 b,c,f,g 段，熄灭 a,d,e 段。如果电路采用共阴电路，译码器的输出（段码）应为 a ~ g=0111111。同理，根据组成的 0 ~ 9 字形可以列出 BCD 七段译码器的真值表，见表 5.10。

表 5.10　BCD 七段译码器的真值表

输入				输出							显示数字
A_3	A_2	A_1	A_0	a	b	c	d	e	f	g	
0	0	0	0	1	1	1	1	1	1	0	0
0	0	0	1	0	1	1	0	0	0	0	1
0	0	1	0	1	1	0	1	1	0	1	2
0	0	1	1	1	1	1	1	0	0	1	3
0	1	0	0	0	1	1	0	0	1	1	4
0	1	0	1	0	0	1	1	1	1	1	5
0	1	1	0	0	0	1	1	1	1	1	6
0	1	1	1	1	1	1	0	0	0	0	7
1	0	0	0	1	1	1	1	1	1	1	8
1	0	0	1	1	1	1	0	0	1	1	9

8）常用 MSI 集成译码器芯片

（1）集成二进制译码器芯片 74LS138

芯片 74LS138 为 3-8 线译码器。该芯片设计用于解码或多路分解，具有 3 输入至 8 输出设置。该芯片具有非常短的传播延迟时间，因此，还可以应用于高性能存储解码或数据路由等应用场合。芯片 74LS138 的引脚和逻辑功能示意图，如图 5.17 所示。

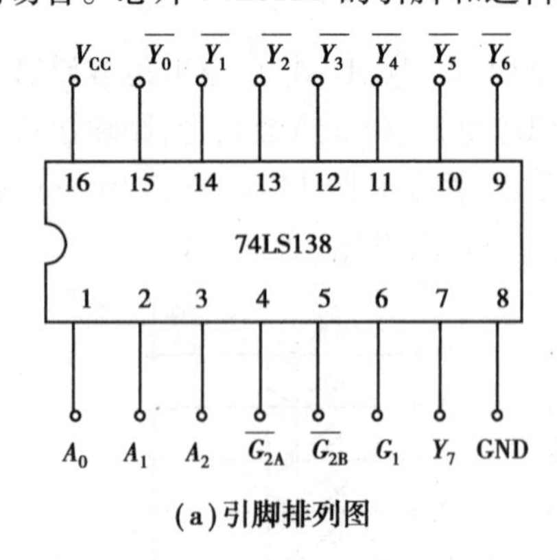

(a)引脚排列图

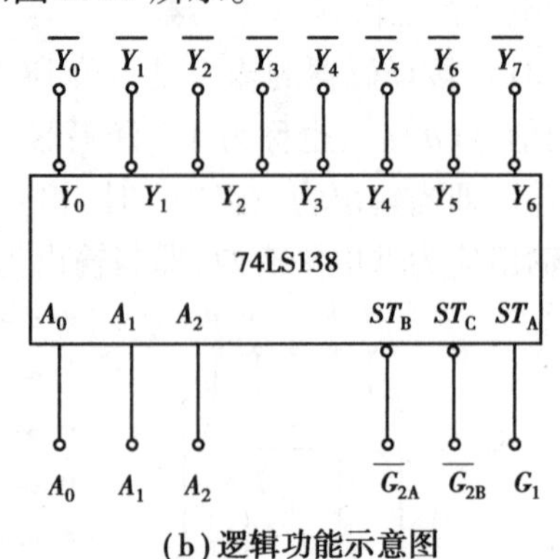

(b)逻辑功能示意图

图 5.17　芯片 74LS138 的引脚和逻辑功能示意图

说明：V_{CC} 为电源输入端；GND 为接地端；G_1，$\overline{G_2}$（$\overline{G_{2A}}$，$\overline{G_{2B}}$）为芯片的选通端，通过控制 G_1，$\overline{G_{2A}}$，$\overline{G_{2B}}$ 可以实现 24 位的译码功能。

芯片 74LS138 的真值表见表 5.11，输出为低电平有效。

表 5.11　芯片 74LS138 的真值表

输入					输出							
使能		选择										
G_1	$\overline{G}_2$	A_2	A_1	A_0	$\overline{Y}_7$	$\overline{Y}_6$	$\overline{Y}_5$	$\overline{Y}_4$	$\overline{Y}_3$	$\overline{Y}_2$	$\overline{Y}_1$	$\overline{Y}_0$
×	1	×	×	×	1	1	1	1	1	1	1	1
0	×	×	×	×	1	1	1	1	1	1	1	1
1	0	0	0	0	1	1	1	1	1	1	1	0
1	0	0	0	1	1	1	1	1	1	1	0	1
1	0	0	1	0	1	1	1	1	1	0	1	1
1	0	0	1	1	1	1	1	1	0	1	1	1
1	0	1	0	0	1	1	1	0	1	1	1	1
1	0	1	0	1	1	1	0	1	1	1	1	1
1	0	1	1	0	1	0	1	1	1	1	1	1
1	0	1	1	1	0	1	1	1	1	1	1	1

(2)集成 BCD 码译码器 74LS42

芯片 74LS42 是将输入的一位 BCD 码(四位二进制)译成 10 个高、低电平输出信号,因此也叫 4-10 线译码器。芯片 74LS42 的引脚和逻辑功能示意图如图 5.18 所示,对应的芯片真值表见表 5.9。

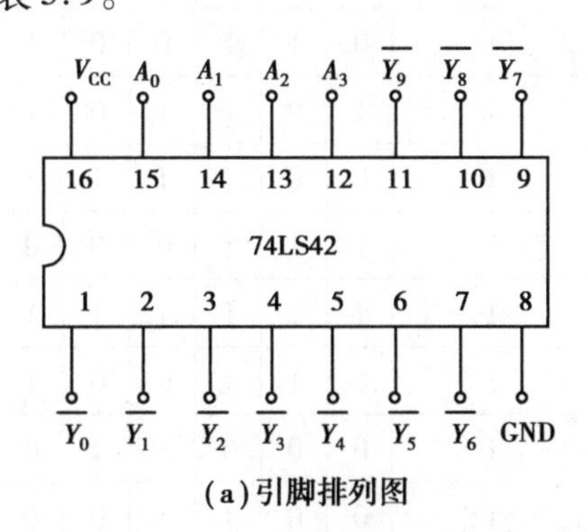

(a)引脚排列图

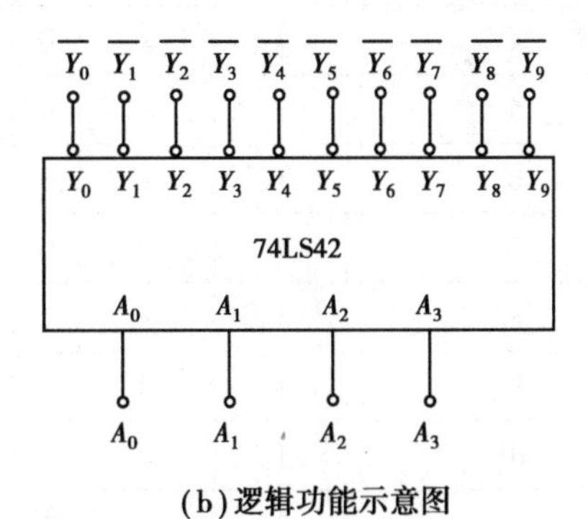

(b)逻辑功能示意图

图 5.18　芯片 74LS42 的引脚和逻辑功能示意图

(3)集成显示译码器芯片 74LS48

芯片 74LS48 是一种常用的七段数码管译码器驱动器,常用在各种数字电路和单片机系统的显示系统中,其芯片的引脚图如图 5.19 所示。

说明:

①V_{CC} 为电源输入端;GND 为接地端。

②LT 为灯测试输入端;RBI 为动态灭零输入端;BI/RBO 为消隐输入/动态灭零输出端(既有输入功能又有输出功能)。3 个端口均为低电平(逻辑 0)有效。

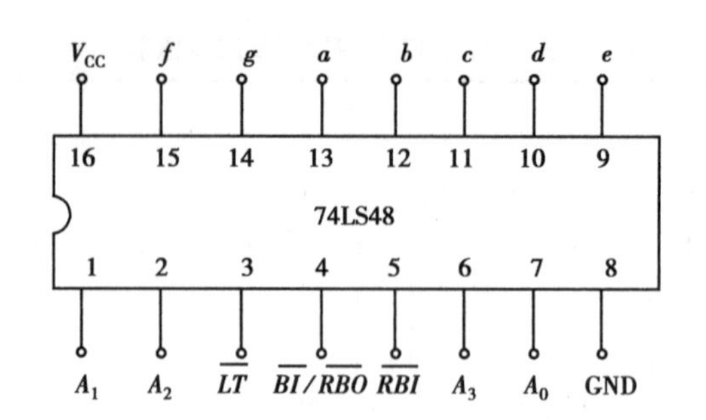

图 5.19　芯片 74LS48 的引脚图

芯片 74LS48 的真值表见表 5.12。

表 5.12　芯片 74LS48 的真值表

功能或十进制数	输入						输出							
	$\overline{LT}$	$\overline{RBI}$	A_3	A_2	A_1	A_0	$\overline{BI}/\overline{RBO}$	a	b	c	d	e	f	g
$\overline{BI}/\overline{RBO}$(灭灯)	×	×	×	×	×	×	0(输入)	0	0	0	0	0	0	0
$\overline{LT}$(试灯)	0	×	×	×	×	×	1	1	1	1	1	1	1	1
$\overline{RBI}$(动态灭零)	1	0	0	0	0	0	0	0	0	0	0	0	0	0
0	1	1	0	0	0	0	1	1	1	1	1	1	1	0
1	1	×	0	0	0	1	1	0	1	1	0	0	0	0
2	1	×	0	0	1	0	1	1	1	0	1	1	0	1
3	1	×	0	0	1	1	1	1	1	1	1	0	0	1
4	1	×	0	1	0	0	1	0	1	1	0	0	1	1
5	1	×	0	1	0	1	1	1	0	1	1	0	1	1
6	1	×	0	1	1	0	1	0	0	1	1	1	1	1
7	1	×	0	1	1	1	1	1	1	1	0	0	0	0
8	1	×	1	0	0	0	1	1	1	1	1	1	1	1
9	1	×	1	0	0	1	1	1	1	1	0	0	1	1
10	1	×	1	0	1	0	1	0	0	0	1	1	0	1
11	1	×	1	0	1	1	1	0	0	1	1	0	0	1
12	1	×	1	1	0	0	1	0	1	0	0	0	1	1
13	1	×	1	1	0	1	1	1	0	0	1	0	1	1
14	1	×	1	1	1	0	1	0	0	0	1	1	1	1
15	1	×	1	1	1	1	1	0	0	0	0	0	0	0

5.3.2　数据选择器和数据分配器

数据选择器工作原理图如图 5.20 所示，是根据需要将多路信号中选择一路送到公共数据线上的逻辑电路(又称为多路开关)。

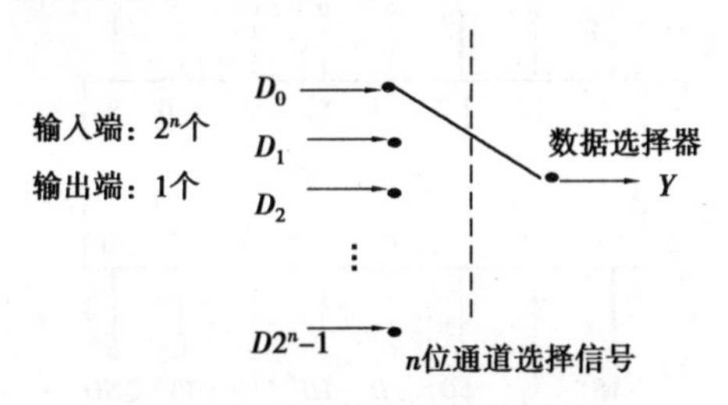

图5.20　数据选择器工作原理图

1)数据选择器

四选一数据选择的真值表见表5.13。地址码 A_1, A_0 决定从4路输入中选择哪一路数据输出。

表5.13　四选一数据选择器的真值表

输入			输出
D	A_1	A_0	Y
D_0	0	0	D_0
D_1	0	1	D_1
D_2	1	0	D_2
D_3	1	1	D_3

从表5.13中可以得到输出端口与输入端口的逻辑关系：

$$Y = D_0\overline{A_1}\,\overline{A_0} + D_1\overline{A_1}A_0 + D_2A_1\overline{A_0} + D_3A_1A_0 = \sum_{i=0}^{3} D_i m_i \tag{5.14}$$

根据式(5.14)可以得到四选一数据选择器的逻辑电路图,如图5.21所示。

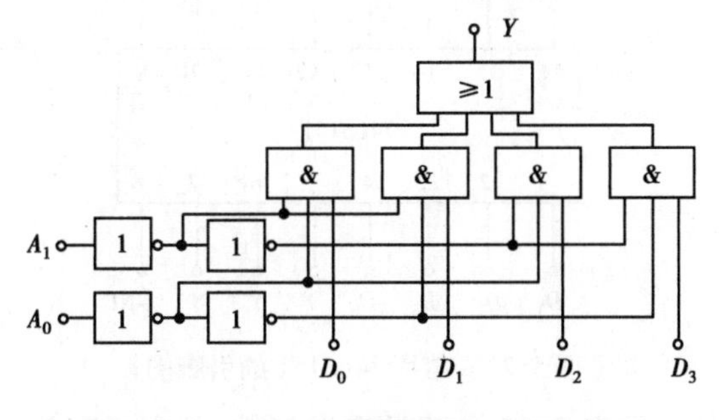

图5.21　四选一数据选择器的逻辑电路图

(1)集成双四选一数据选择器74LS153

芯片74LS153为常用的集成双路四选一数据选择器。该芯片为2组四选一数据选择器集成芯片,其引脚图如图5.22所示。

其中, A_0, A_1 为共用数据选择控制端,按照二进制自然编码,完成两组数据($1D_0 \sim 1D_3$, $2D_0 \sim 2D_3$)的选择功能,即从各自4路输入端口选择1路数据传送到对应的数据输出端口(Y_0, Y_1)。芯片74LS153的真值表见表5.14。

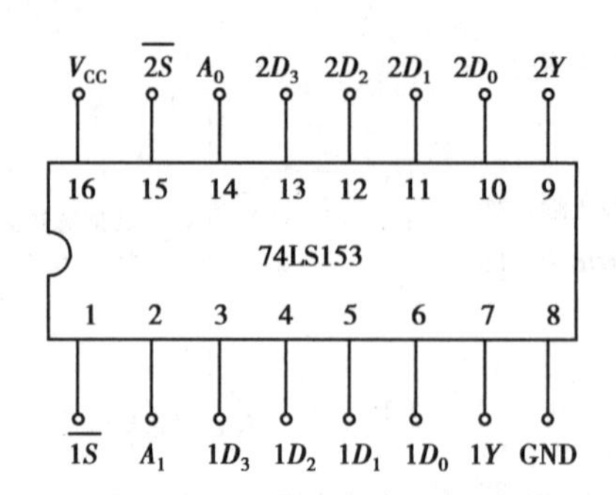

图 5.22　74LS153 引脚电路图

表 5.14　芯片 74LS153 的真值表

输入				输出
S	D	A_1	A_0	Y
1	×	×	×	0
0	D_0	0	0	D_0
0	D_1	0	1	D_1
0	D_2	1	0	D_2
0	D_3	1	1	D_3

$S(\overline{1S},\overline{2S})$为两路独立选通控制端，当选通控制端 S 为低电平有效，即 $S=0$ 时芯片被选中，处于工作状态；$S=1$ 时芯片被禁止，输出 $Y=0$。

(2)集成八选一数据选择器 74LS151

芯片 74LS151 为常用的集成八选一数据选择器，其引脚图如图 5.23 所示。

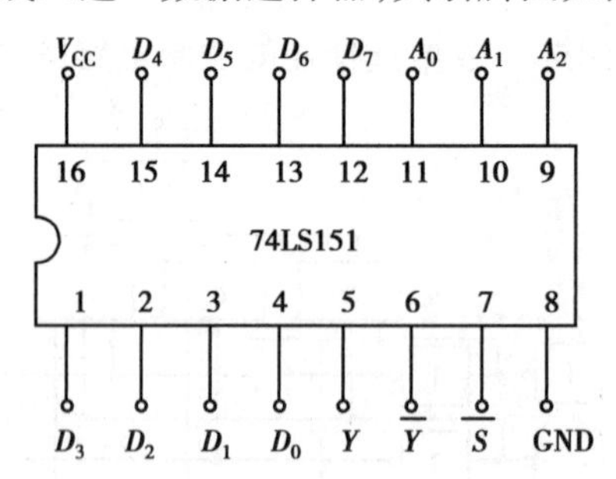

图 5.23　芯片 74LS151 的引脚图

芯片 74LS151 的真值表见表 5.15，S 为选通控制端，低电平有效，即 $S=0$ 时芯片被选中，处于工作状态；$S=1$ 时芯片被禁止，输出 $Y=0$。

从表 5.15 中可以得到输出端口与输入端口的逻辑关系：

$$Y = D_0\overline{A_2}\,\overline{A_1}\,\overline{A_0} + D_1\overline{A_2}\,\overline{A_1}A_0 + \cdots + D_7A_2A_1A_0 = \sum_{i=0}^{7} D_i m_i \tag{5.15}$$

$$\overline{Y} = \overline{D_0}\,\overline{A_2}\,\overline{A_1}\,\overline{A_0} + \overline{D_1}\,\overline{A_2}\,\overline{A_1}A_0 + \cdots + \overline{D_7}A_2A_1A_0 = \sum_{i=0}^{7} \overline{D_i}m_i \tag{5.16}$$

表5.15　芯片74LS151的真值表

输入					输出	
D	A_2	A_1	A_0	$\overline{S}$	Y	$\overline{Y}$
×	×	×	×	1	0	1
D_0	0	0	0	0	D_0	$\overline{D_0}$
D_1	0	0	1	0	D_1	$\overline{D_1}$
D_2	0	1	0	0	D_2	$\overline{D_2}$
D_3	0	1	1	0	D_3	$\overline{D_3}$
D_4	1	0	0	0	D_4	$\overline{D_4}$
D_5	1	0	1	0	D_5	$\overline{D_5}$
D_6	1	1	0	0	D_6	$\overline{D_6}$
D_7	1	1	1	0	D_7	$\overline{D_7}$

2)数据分配器

数据分配器是数据选择的逆过程。数据分配器可以根据地址信号编码将一路串行输入数据 D_i 分配到某一个指定(由地址码的确定)输出 $Y_j(j=0,1,\cdots,2^n-1)$ 通道上的电路。数据分配器的电路框图和功能示意图如图5.24所示。

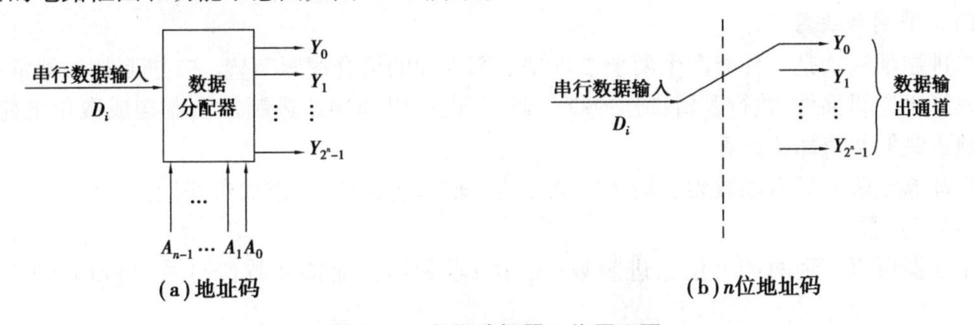

(a)地址码　　(b)n位地址码

图5.24　数据选择器工作原理图

数据分配器除了可以实现数据分配(指定输出通道),还可以实现串并转换功能,即通过控制地址码的编码把串行输入数据转换成多路并行数据传输。数据分配器也可以利用集成译码器实现,如用3-8线译码器实现1-8路数据选择器(图5.25)。

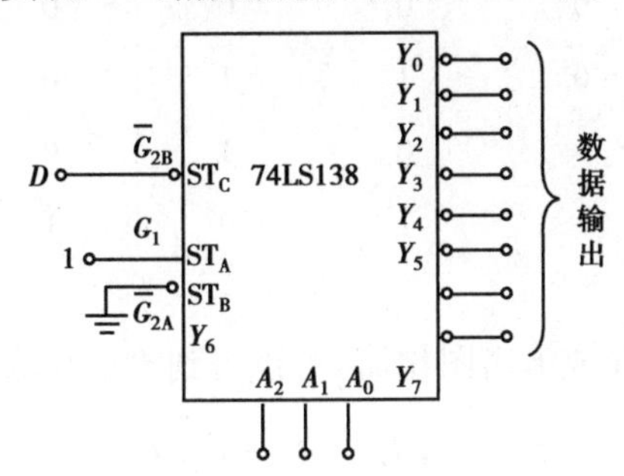

图5.25　由74LS138构成的1-8路数据分配器

通过控制地址线 $A_2 \sim A_0$ 可以把一个输入数据信号(D)分配到 8 个不同通道($Y_0 \sim Y_7$)中某一路上去。图 5.26 为利用 74LS151 和 74LS138 共同构成数据分时传送系统。

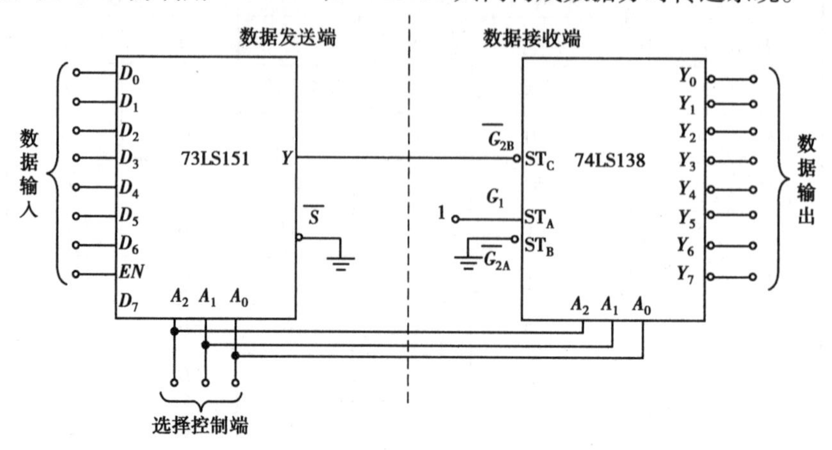

图 5.26　数据分时传送系统

数据发送端通过数据选择器 74LS151 将 8 路并行数据分时依次传送,实现并串转换,以便长距离数据传输;在接收端通过 74LS138 将接收到的串行数据分配到相应的输出端口,从而恢复原来的并行数据。

5.3.3　加法器和数值比较器

1)二进制加法器

二进制加法器是一种能产生两个二进制数算术和的组合逻辑装置。二进制加法器常用作计算机算术逻辑部件,执行逻辑操作或指令调用;也可以利用二进制加法器构成数位电路,进行其他进制的数值加法计算。

半加器是输入只有加数和被加数。全加器是输入包括加数、被加数和低位进位。

(1)半加器

半加器可以实现两个 1 位二进制数(A_i,B_i)求和运算而得和数(S_i)及进位(C_i)的逻辑电路。

半加器的真值表见表 5.16。

表 5.16　半加器真值表

A_i	B_i	S_i	C_i
0	0	0	0
0	1	1	0
1	0	1	0
1	1	0	1

对表 5.16 进行逻辑化简(或卡诺图化简)可以得到输出与输入的逻辑关系。

$$\begin{aligned} S_i &= \overline{A}_i B_i + A_i \overline{B}_i = A_i \oplus B_i \\ C_i &= A_i B_i \end{aligned} \qquad (5.17)$$

半加器的逻辑电路和符号如图5.27所示。

(a)半加器电路　(b)半加器符号

图5.27　半加器的逻辑电路和符号

(2)全加器

全加器可以实现对两个一位二进制数(A_i,B_i)及低位进位(C_{i-1})进行求和,即相当于3个一位二进制数相加,求得本位的和数(S_i)及向高位进位(C_i)的逻辑电路。全加器的真值表见表5.17。

表5.17　全加器的真值表

A_i	B_i	C_{i-1}	S_i	C_i
0	0	0	0	0
0	0	1	1	0
0	1	0	1	0
0	1	1	0	1
1	0	0	1	0
1	0	1	0	1
1	1	0	0	1
1	1	1	1	1

为了获得输入与输出的最简逻辑关系表达式,利用卡诺图(图5.28)对真值表5.17进行逻辑化简。

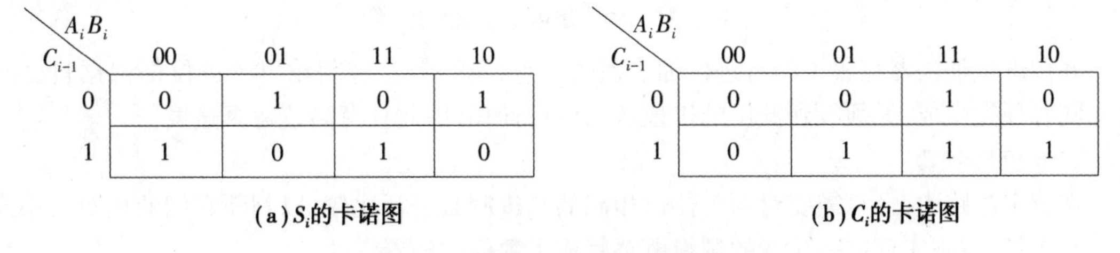

C_{i-1} \ A_iB_i	00	01	11	10
0	0	1	0	1
1	1	0	1	0

(a)S_i的卡诺图

C_{i-1} \ A_iB_i	00	01	11	10
0	0	0	1	0
1	0	1	1	1

(b)C_i的卡诺图

图5.28　和数和进位的卡诺图化简

$$
\begin{aligned}
S_i &= m_1+m_2+m_4+m_7 = A_i \oplus B_i \oplus C_{i-1} \\
C_i &= m_3+m_5+A_iB_i = (A_i \oplus B_i)C_{i-1}+A_iB_i
\end{aligned}
\tag{5.18}
$$

全加器的逻辑电路和符号如图5.29所示。

要实现多位二进制加法运算可以把n位全加器串联起来,低位全加器的进位输出连接到相邻的高位全加器的进位输入,这种加法器称为串行进位加法器。如图5.30所示,该逻辑电路图可以实现$A_3 \sim A_0$与$B_3 \sim B_0$两组四位二进制的求和运算。

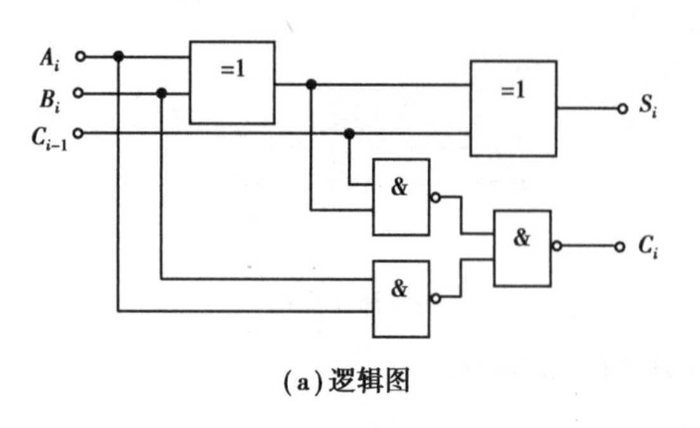

(a)逻辑图

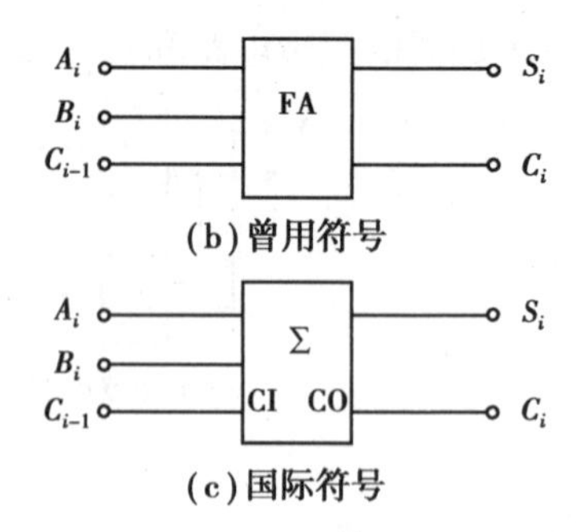

(b)曾用符号

(c)国际符号

图 5.29　全加器的逻辑电路和符号

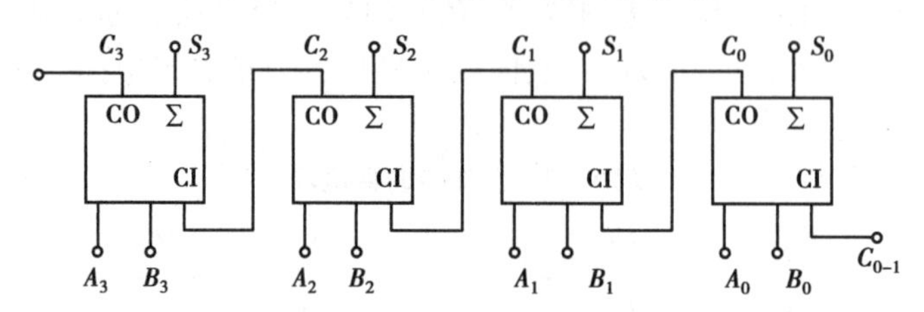

图 5.30　四位二进制串行进位加法器

但是,串行进位加法器由于采用串行级联方式,进位信号需要由低位向高位逐级传递,因此运算速度不快。实际应用中多位加法运算一般采用并行进位加法器,常用的并行进位加法器(超前进位加法器)集成芯片有基于 TTL 的 74LS283 和基于 CMOS 的 4008,如图 5.31 所示。

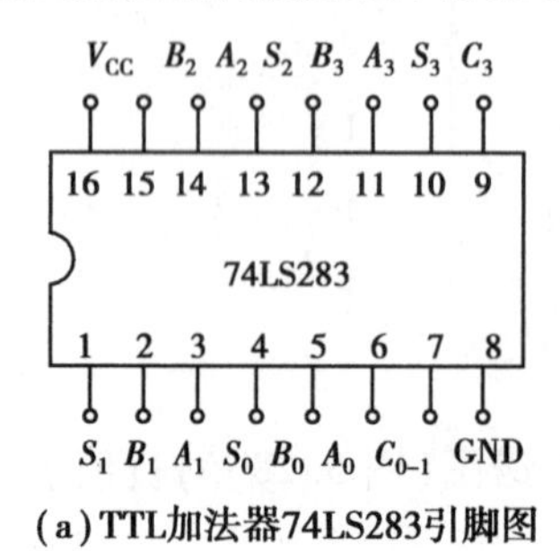

(a)TTL加法器74LS283引脚图

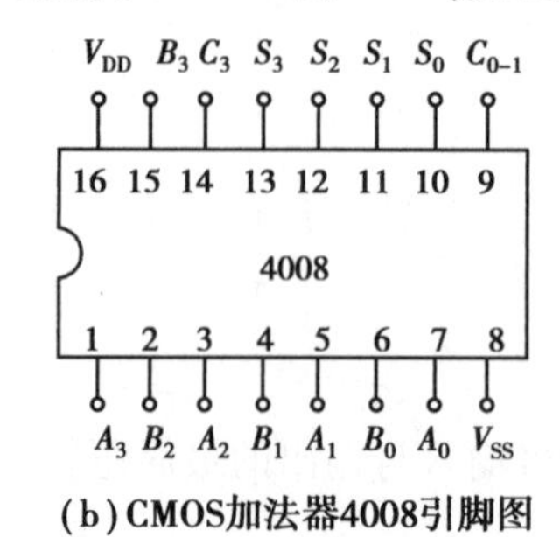

(b)CMOS加法器4008引脚图

图 5.31　常用集中加法器芯片

并行进位加法器克服了串行进位加法器的缺点,每一位二进制输出的进位都根据自己的输入同时预先生成,无须等到低位的进位送入后再计算,因此具有高速运算速度。

2)数值比较器

在数字电路中,经常需要对两个位数相同的二进制数进行比较,以判断它们的相对大小或者是否相等,用来实现这一功能的逻辑电路就成了数值比较器。

(1)一位数值比较器

若对一位二进制数 A 和 B 的大小进行比较,可以获得 $A>B$,$A<B$,$A=B$ 这 3 种结果,其数值比较器的真值表见表 5.18。

表5.18　二位数比较器的真值表

A	B	$L_1(A>B)$	$L_2(A<B)$	$L_3(A=B)$
0	0	0	0	1
0	1	0	1	0
1	0	1	0	0
1	1	0	0	1

在表5.18中可以得到输入与输出的逻辑关系：

$$\begin{cases} L_1=A\overline{B} \\ L_2=\overline{A}B \\ L_3=\overline{A}\,\overline{B}+AB=\overline{\overline{A}B+A\overline{B}} \end{cases} \tag{5.19}$$

二位数值比较器的逻辑电路如图5.32所示。

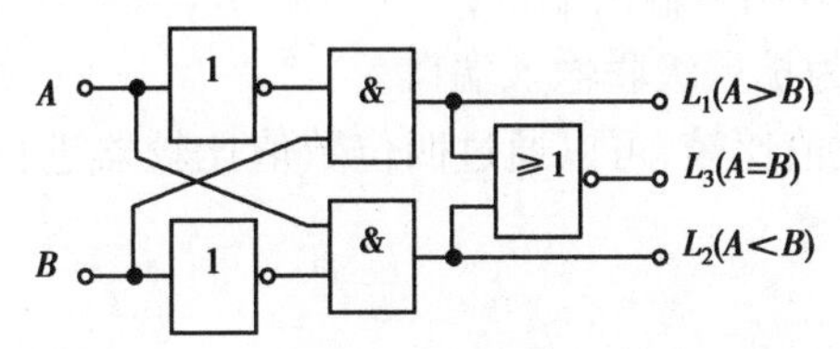

图5.32　二位数值比较器的逻辑电路

(2)四位数值比较器

若对四位二进制数$A(A_3\sim A_0)$和$B(B_3\sim B_0)$两个数值的大小进行比较，也可以获得$A>B$，$A<B$，$A=B$这3种结果。四位数值比较器的真值表，见表5.19。

表5.19　四位数值比较器的真值表

比较输入				级联输入			输出		
A_3　B_3	A_2　B_2	A_1　B_1	A_0　B_0	$A'>B'$	$A'<B'$	$A'=B'$	$A>B$	$A<B$	$A=B$
$A_3>B_3$	×	×	×	×	×	×	1	0	0
$A_3<B_3$	×	×	×	×	×	×	0	1	0
$A_3=B_3$	$A_2>B_2$	×	×	×	×	×	1	0	0
$A_3=B_3$	$A_2<B_2$	×	×	×	×	×	0	1	0
$A_3=B_3$	$A_2=B_2$	$A_1>B_1$	×	×	×	×	1	0	0
$A_3=B_3$	$A_2=B_2$	$A_1<B_1$	×	×	×	×	0	1	0
$A_3=B_3$	$A_2=B_2$	$A_1=B_1$	$A_0>B_0$	×	×	×	1	0	0
$A_3=B_3$	$A_2=B_2$	$A_1=B_1$	$A_0<B_0$	×	×	×	0	1	0
$A_3=B_3$	$A_2=B_2$	$A_1=B_1$	$A_0=B_0$	1	0	0	1	0	0
$A_3=B_3$	$A_2=B_2$	$A_1=B_1$	$A_0=B_0$	0	1	0	0	1	0
$A_3=B_3$	$A_2=B_2$	$A_1=B_1$	$A_0=B_0$	0	0	1	0	0	1

(3)集成数值比较器芯片

常用的基于 MSI 的集成数字比较器芯片有 TTL 构成的 74LS85 和 CMOS 构成 4585,如图 5.33 所示。

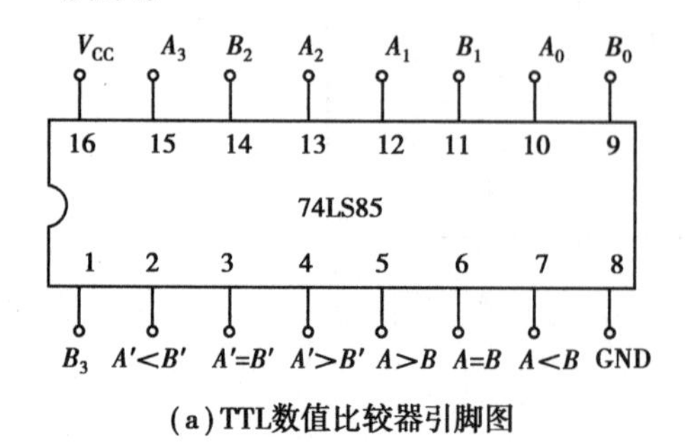

(a)TTL数值比较器引脚图

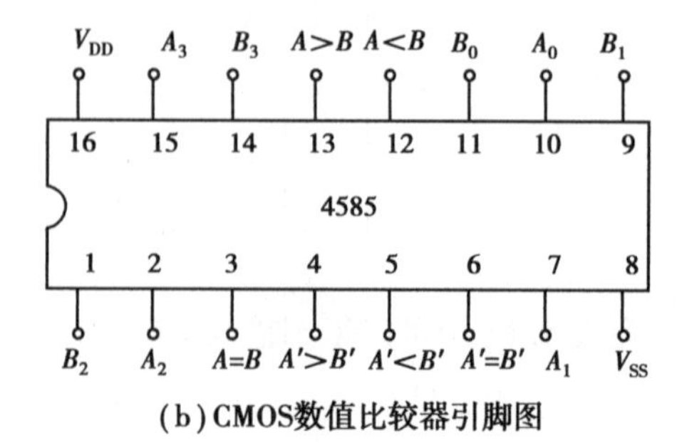

(b)CMOS数值比较器引脚图

图 5.33　数值比较器芯片

说明:

①$A_3 \sim A_0$ 为数值 A 的输入端口,$B_3 \sim B_0$ 为数值 B 的输入端口;

②$A>B$,$A=B$,$A<B$ 为比较结果输出端口;

③$A'>B'$,$A'=B'$,$A'<B'$为扩展级联输入端口。

为了获得更多位数的数值比较,可以通过四位数值比较器进行扩展。数值比较器的扩展方式有串联和并联两种。

5.4　基于 MSI 的组合逻辑电路的分析与设计

基于 MSI 的集成芯片,如译码器、数据选择器等,它们本身是实现某种特殊逻辑功能而设计的集成器件。但是,这些器件也可以用来实现任意逻辑函数的逻辑电路。

任何一个组合逻辑函数都可以变换成最小项之和的标准形式。因此,用译码器和门电路可以实现任何单输出或多输出的组合逻辑函数。

【例 5.3】　已知逻辑函数 $F=\sum m(1,2,4,7)$,利用集成 MSI 译码器和门电路完成该表达式的组合电路设计。

解　(1)分析题意,选择符合要求的芯片型号

在前面章节中,给出的译码器芯片有 74LS138,74LS42 和 74LS48。由于逻辑表达式 F 中包含的最小项最大值为 7,因此需要 8 个输出端口即可,因此选择 3-8 译码器 74LS138 芯片即可满足设计需求。

(2)根据真值表分析逻辑表达式,将逻辑函数变为标准最小项表达式

根据 74LS138 的真值表(表 5.11)可知,$\overline{Y_i}=\overline{m_i}$,其中 $\overline{m_i}$ 是由 74LS138 芯片的输入端 $A_2A_1A_0$ 组成的最小项。

已知 $F=m_1+m_2+m_4+m_7$,通过逻辑变换可得:

$$F=\overline{\overline{m_1}\cdot\overline{m_2}\cdot\overline{m_4}\cdot\overline{m_7}}=\overline{\overline{Y_1}\cdot\overline{Y_2}\cdot\overline{Y_4}\cdot\overline{Y_7}} \tag{5.20}$$

即逻辑表达式 F 可以由 4 个输出端口经过与非门构成。

(3)依据芯片引脚功能和真值表,设计芯片接口电路

若要芯片 74LS138 处于正常译码工作状态,需要设置选通端口 $G_1,\overline{G}_2(\overline{G}_{2A},\overline{G}_{2B})$。根据 74LS138 的真值表 5.11 可知,$G_1=1,\overline{G}_2(\overline{G}_{2A},\overline{G}_{2B})=0$,如图 5.34 所示。

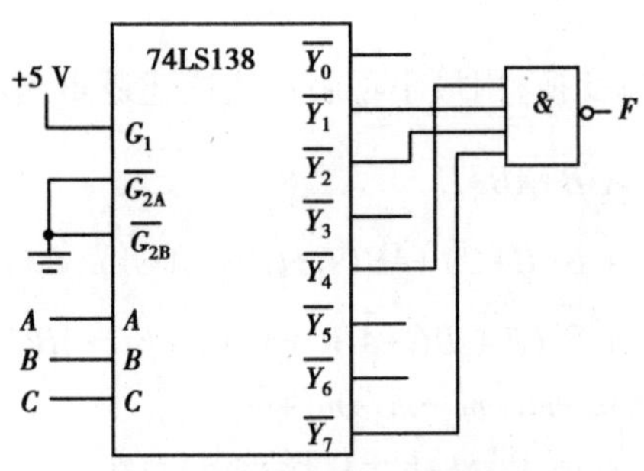

图 5.34　例 5.3 的组合逻辑电路图

【例 5.4】　基于 MSI 译码器和基本门电路实现逻辑函数 $Y=\overline{A}\cdot\overline{B}C+AB\overline{C}+C$ 的组合逻辑电路设计。

解　(1)分析题意,选择符合要求的芯片型号

由于 Y 中有 3 个变量 A,B,C,故应选 3-8 译码器,如芯片 74LS138。因 74LS138 输出为低电平有效,故门电路选用与非门。

(2)分析逻辑表达式,将 Y 变换为标准最小项表达式

已知 $Y=\overline{A}\cdot\overline{B}C+AB\overline{C}+C$,根据最小项定义可得:

$$
\begin{aligned}
Y &=\overline{A}\cdot\overline{B}C+AB\overline{C}+ABC+A\overline{B}C+\overline{A}BC\\
&=m_1+m_3+m_5+m_6+m_7\\
&=\overline{\overline{m_1}\cdot\overline{m_3}\cdot\overline{m_5}\cdot\overline{m_6}\cdot\overline{m_7}}=\overline{\overline{Y}_1\cdot\overline{Y}_3\cdot\overline{Y}_5\cdot\overline{Y}_6\cdot\overline{Y}_7}
\end{aligned}
\tag{5.21}
$$

(3)依据芯片引脚功能和真值表,设计芯片接口电路

令 $A_2=A,A_1=B,A_0=C$,可画出逻辑电路图,如图 5.35 所示。

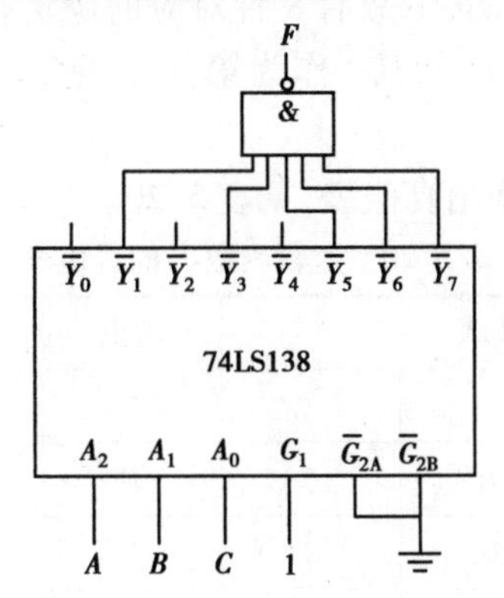

图 5.35　例 5.4 的组合逻辑电路图

【例 5.5】　利用集成数据选择器实现逻辑函数 $F=\overline{AB}+AB+C$ 的组合电路设计。

解　(1)分析题意,选择符合要求的芯片型号

在前面章节中,给出的芯片有 74LS153(双组四选一)和 74LS151(八选一)。由于逻辑函

数 Y 中有 3 个变量 A,B,C，因此选择 74LS151 直接实现最为简单。

(2)根据真值表分析逻辑表达式，将逻辑函数变为标准最小项表达式

由 74LS151 的真值表（表 5.15）可知，$Y_i=m_i(\overline{Y_i}=\overline{m_i})$，其中 $m_i(\overline{m_i})$ 是由 74LS151 芯片的输入端 $A_2A_1A_0$ 组成的最小项。

对已知逻辑函数进行逻辑变换，用最小项表达式描述逻辑函数：

$$\begin{aligned}F&=\overline{A}\,\overline{B}+AB+C\\&=\overline{A}\,\overline{B}(C+\overline{C})+AB(C+\overline{C})+(A+\overline{A})(B+\overline{B})C\\&=\overline{A}\,\overline{B}\,\overline{C}+\overline{A}\,\overline{B}C+\overline{A}BC+A\overline{B}C+AB\overline{C}+ABC\\&=m_0+m_1+m_3+m_5+m_6+m_7\end{aligned}\tag{5.22}$$

(3)依据芯片引脚功能和真值表，设计芯片接口电路

令 $A_2=A,A_1=B,A_0=C$，可画出逻辑电路图，如图 5.36 所示。

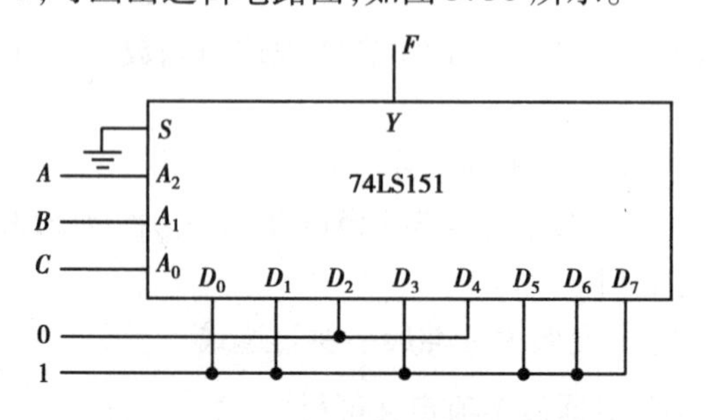

图 5.36　例 5.5 的组合逻辑电路图

已知 74LS151 除了输出端口 Y，还存在 $\overline{Y}$ 端口。还可以利用 $\overline{Y}$ 端口实现例 5.5 中的逻辑函数，请感兴趣的同学自行思考完成设计。

【例 5.6】　利用集成数据选择器 74LS153 芯片实现逻辑函数 $F=\overline{A}B+\overline{A}\,\overline{C}+BC$ 的组合电路设计。

①已知芯片 74LS153 中集成了双组四选一，两组逻辑电路共用地址输入信号（A_1,A_0）。由于逻辑函数 Y 中有 3 个变量 A,B,C，故有 8 种对应的逻辑状态。令 $A_1=A,A_0=B$，此外还需将一组四选一中的数据输入端（$D_3\sim D_0$）作为第三个变量 C，每个输入端口对应两个逻辑状态。

②根据逻辑函数的表达式，列出真值表，见表 5.20。

表 5.20　逻辑函数 F 的真值表

输入			输出	数据输入端口
A_1	A_0		Y	
A	B	C	F	$D_3\sim D_0$
0	0	0	1	$D_0=\overline{C}$
0	0	1	0	
0	1	0	0	$D_1=0$
0	1	1	0	

续表

输入			输出	数据输入端口
A_1	A_0		Y	
1	0	0	0	$D_2=0$
1	0	1	0	
1	1	0	0	$D_3=C$
1	1	1	1	

通过观测真值表,可以将4位数据输入端口与输入变量 C 一一对应。然后,根据74LS153芯片的真值表和设计需求给出设计电路图,如图5.37所示。

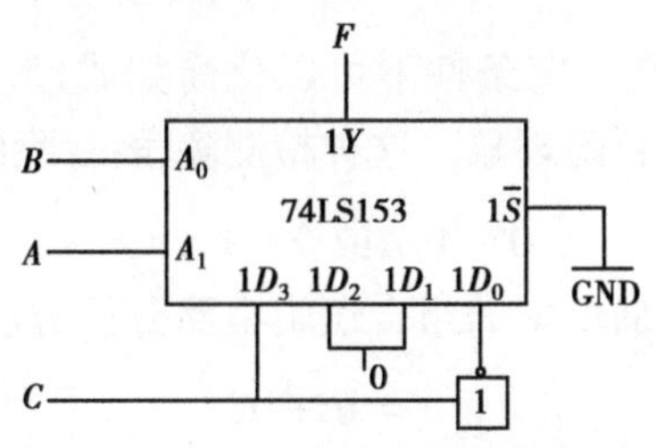

图5.37　例5.6的组合逻辑电路图

5.5　组合逻辑电路的竞争-冒险

在组合电路中,由于门电路存在传输延迟时间和信号状态变化的速度不一致等问题,信号的变化出现快慢的差异,这种现象称为竞争。

竞争的结果是输出端可能会出现错误信号,这种现象称为冒险。有竞争不一定冒险,有冒险一定存在竞争。

产生竞争-冒险的原因主要是不同组合逻辑门电路的传输延迟时间不一致。

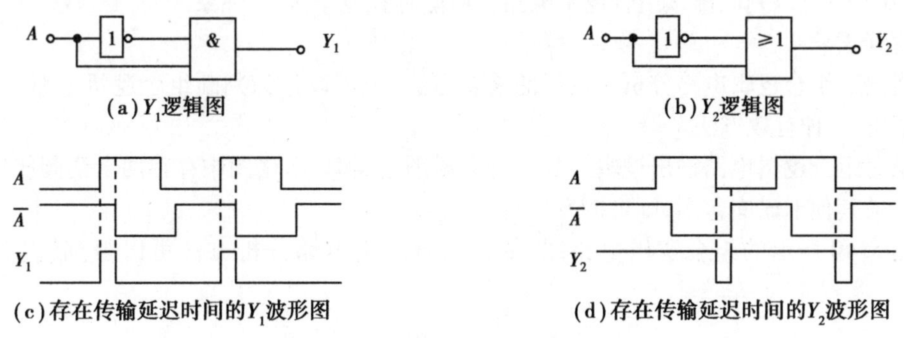

图5.38　组合逻辑电路中竞争-冒险

如图5.38(a)所示,输入与输出的逻辑关系为 $Y_1=A\overline{A}$,理论上输出 $Y_1\equiv 0$;但是,由于 $\overline{A}$ 相对于 A 而言,信号传输链路上需要多经过一个非门,因此波形上跳变存在一定时间差如图

5.38(c)所示,也可以理解为信号 $\overline{A}$ 和 A 到达与门的时间不一致,即该组合逻辑电路中存在竞争现象。

因为该组合逻辑电路中存在竞争,最终导致输出波形 Y_1 存在毛刺信号(窄脉冲信号),这就是组合逻辑电路竞争与冒险现象。

同理,如图 5.38(b)所示的组合逻辑电路中也存在竞争现象——$\overline{A}$ 和 A 到达或门的时间不一致,因此输出端波形上也会存在冒险现象——向下的毛刺信号如图 5.38(d)所示。

在设计组合逻辑电路中,必须避免出现竞争-冒险。为了达到这一目的,需要掌握检查电路中是否存在竞争-冒险以及这一现象的方法和手段。

5.5.1 检查竞争-冒险的方法

1)代数法

若输出逻辑函数 Y 中包含在一定条件下可以化简如式(5.23)所示的逻辑项,则:所设计的组合逻辑电路可能存在竞争-冒险现象。这种检测竞争-冒险的方法称为代数法。

$$Y=A+\overline{A} \text{ 或 } Y=A\cdot\overline{A} \tag{5.23}$$

如图 5.39(a)所示,根据前面所学的组合逻辑电路分析方法可以给出输出逻辑函数。

$$Y=AB+\overline{A}C \tag{5.24}$$

当 $B=C=1$ 时,$Y=A+\overline{A}$。

因此可以判断出如图 5.39(a)所示的组合逻辑电路可能存在竞争-冒险现象。

(a)实例图1　　(b)实例图2

图 5.39 检查竞争、冒险实例图

同理,如图 5.39(b)所示的组合逻辑电路的输出逻辑函数为:$Y=(A+B)(\overline{B}+C)$;当 $A=C=0$ 时,$Y=B\cdot\overline{B}$;可以判断出该组合逻辑电路也可能存在竞争-冒险现象。

2)卡诺图法

卡诺图是组合逻辑电路分析与设计的重要方法,也可以作为判断组合逻辑电路是否存在竞争-冒险的一种有效方法。

如果对组合逻辑电路输出逻辑函数进行卡诺图化简时,卡诺图中存在两卡诺圈相切,而相切处又未被其他卡诺圈包围,则可能发生冒险。

如图 5.40 所示的组合逻辑电路图,依据组合逻辑电路分析方法可以得到输出逻辑函数为:

$$Y=A\overline{B}+BC \tag{5.25}$$

式(5.25)对应的卡诺图如图 5.40(b)所示,存在两个相切又未被其他卡诺圈包围的卡诺圈,因此该组合逻辑电路可以判定可能存在竞争-冒险。

也可以利用代数法分析,令式(5.25)中 $A=C=1$,则逻辑函数中包含 $B+\overline{B}$ 项,也可以判定该组合逻辑电路可能存在竞争-冒险。

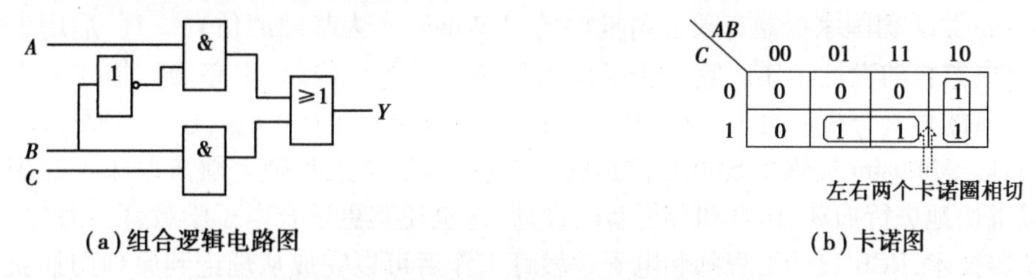

(a)组合逻辑电路图　　(b)卡诺图

图 5.40　组合逻辑电路图及其对应的卡诺图

【例 5.7】　利用卡诺图法，判断图 5.41 中各个卡诺图是否存在竞争-冒险。

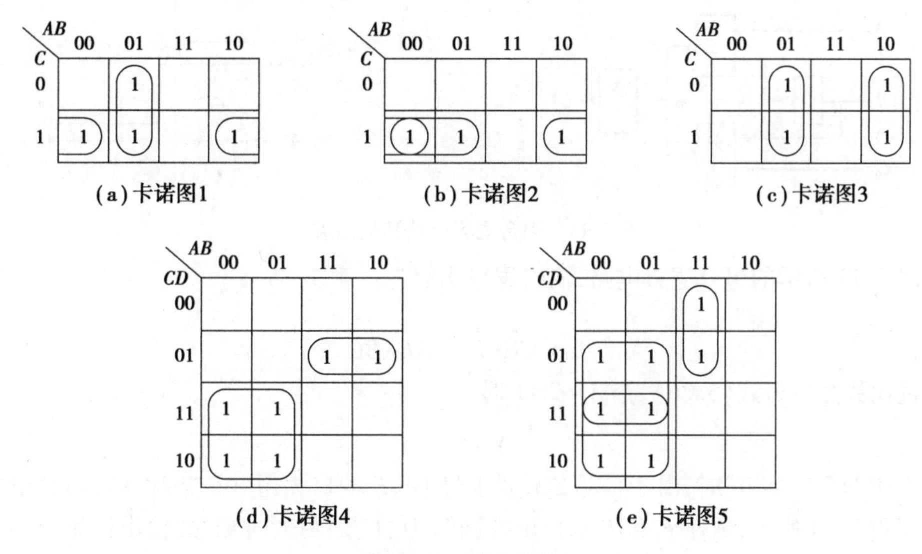

(a)卡诺图1　　(b)卡诺图2　　(c)卡诺图3

(d)卡诺图4　　(e)卡诺图5

图 5.41　例 5.7 图

解　图(a)中存在两个相邻的卡诺圈，相切又未被其他卡诺圈包围，如图 5.42(a)所示，因此图(a)对应的组合逻辑电路可能存在竞争-冒险。

由于图(b)、(c)、(d)中均存在两个卡诺圈，但是两个卡诺圈不相切，因此对应的组合逻辑电路中不存在竞争-冒险。

图(e)存在 3 个卡诺圈，其中虚线所示的卡诺圈与其右侧的卡诺圈相切，如图 5.42(b)所示，因此该组合逻辑电路中存在竞争-冒险。

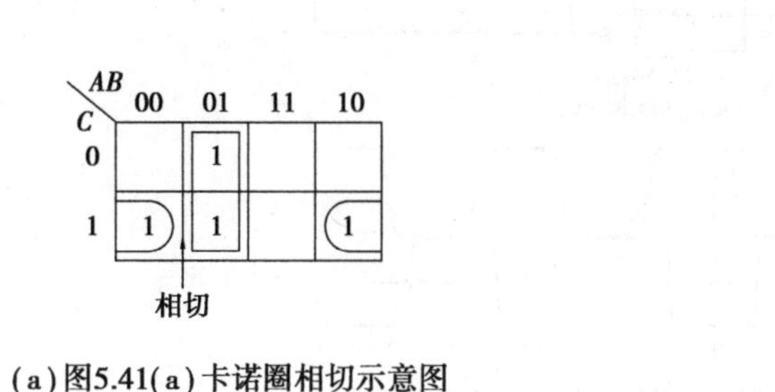

(a)图5.41(a)卡诺圈相切示意图

AB
CD
00
01
11
10
相切

(b)图5.41(e)卡诺圈相切示意图

图 5.42　(a)和(e)卡诺圈相切示意图

3）软件仿真法

Multisim 是美国国家仪器有限公司推出的以 Windows 为基础的仿真工具，适用于板级的模拟/数字电路板的设计工作。它包含了电路原理图的图形输入、电路硬件描述语言输入方式，具有丰富的仿真分析能力。工程师们可以使用 Multisim 交互式地搭建电路原理图，并对电路进行仿真。Multisim 提炼了 SPICE 仿真的复杂内容，这样工程师无须懂得深入的 SPICE 技术就可以很快地进行捕获、仿真和分析新的设计，这也使其更适合电子学教育。通过 Multisim 和虚拟仪器技术，PCB 设计工程师和电子学教育工作者可以完成从理论到原理图捕获与仿真再到原型设计和测试这样一个完整的综合设计流程。

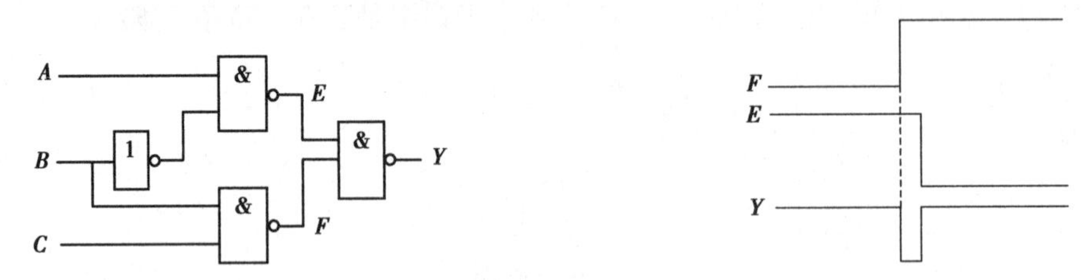

图 5.43　组合逻辑电路和输出波形

如图 5.43 所示的组合逻辑电路，输出逻辑函数为：

$$Y=\overline{\overline{A\overline{B}}\cdot\overline{BC}}=A\overline{B}+BC \tag{5.26}$$

通过代数法分析式（5.26），当 $A=C=1$ 时，

$$Y=\overline{B}+B \tag{5.27}$$

当 B 由“1”变为“0”时，由于信号传输路径不同，F 端口先由“0”变为“1”，仿真电路和输出波形如图 5.44 所示，致使 F 和 E 端口出现同时为“1”的短暂时刻，故输出产生负向过渡干扰脉冲——毛刺，故该组合逻辑电路中存在竞争冒险现象。

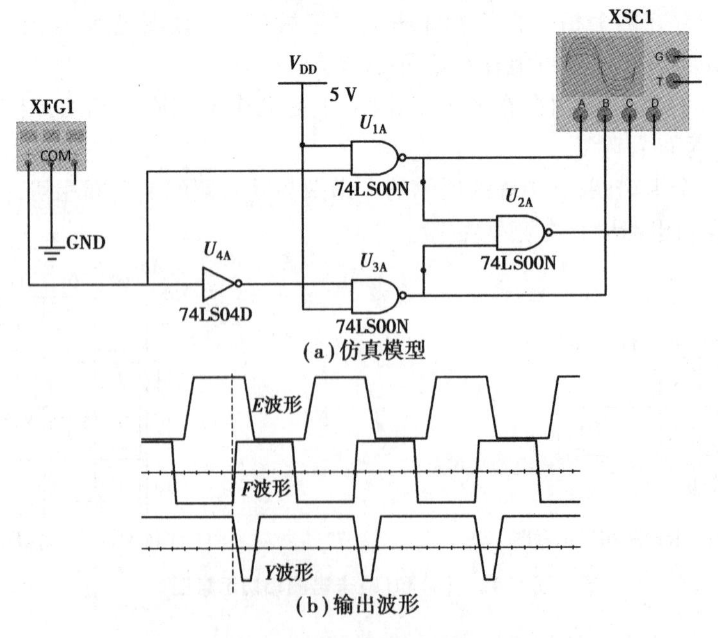

图 5.44　图 5.43 所对应的仿真模型和输出波形

4）实验法

用实验法来检查电路的输出端是否有因为竞争冒险现象而产生的尖峰脉冲。这时加到输入端的信号波形应包含输入变量所有可能发生的状态变化。

随着计算机仿真技术的发展，这种实验法已被淘汰。作为数字电路技术的初学者，可以通过此方法加强实验、实践能力训练。

5.5.2　消除竞争-冒险的方法

组合逻辑电路在工作状态转换过程中经常会出现竞争-冒险现象，竞争冒险会对数字系统产生不良影响甚至使其产生逻辑混乱。为了保证系统工作的可靠性，应设法予以消除。消除竞争-冒险的主要方法有输出端接滤波电容、加选通脉冲和增加冗余项等。

1）输出端接滤波电容

已知图5.43所示的组合逻辑电路中存在竞争冒险现象。由于竞争冒险产生的干扰脉冲一般很窄，在负载对尖峰脉冲不太敏感的情况下，可以在电路输出端并一个滤波电容 C，如图5.45所示，利用电容 C 可以吸收掉干扰脉冲，使电路输出不会产生逻辑错误。

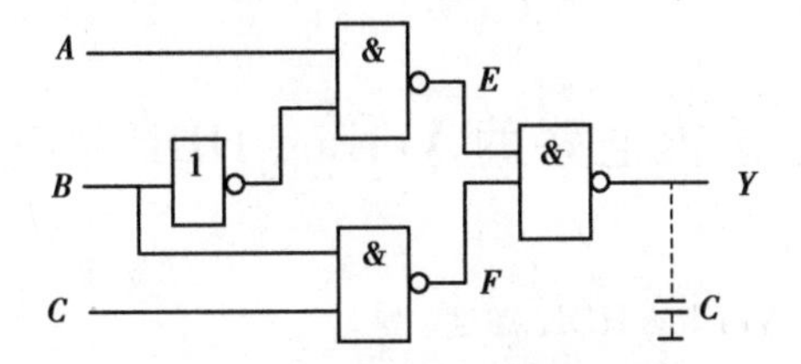

图5.45　加滤波电容的逻辑电路

但是，电容 C 由 E 波中下跳沿或者 F 波中上升沿的出现频率确定，一般按照 $C=1/f$ 取值；也可以通过仿真软件确定滤波电容的大小。

2）加选通脉冲

竞争-冒险现象发生在信号状态转换的时刻，在这段时间内先将门封锁住，待电路进入稳态后，再加选通脉冲选取输出结果。

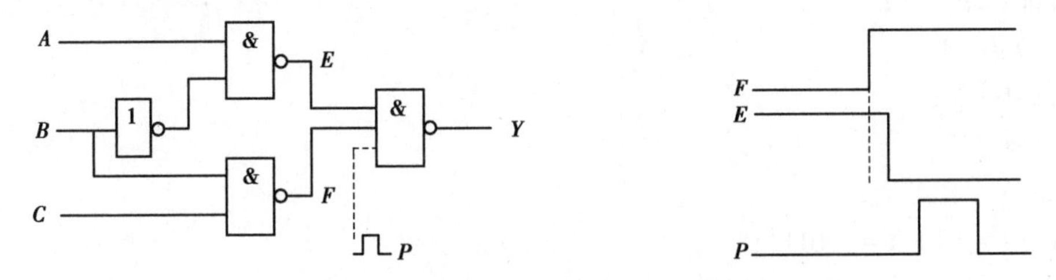

图5.46　加选通脉冲的逻辑电路和波形

如图5.46所示，输出最后一级的与非门上增加一个选通控制端 P，利用控制选通脉冲出现的位置实现消除竞争-冒险。虽然该方法简单易行，但选通信号的作用时间和极性等一定要合适。

3）增加冗余项

已知当逻辑函数中包含 $Y=A+\overline{A}$ 或 $Y=A\cdot\overline{A}$ 项时，组合逻辑电路会存在竞争-冒险现象，因此只需在逻辑函数表达式中增加冗余项，在不改动组合电路的逻辑功能的基础上，通过修改逻辑电路设计来消除竞争-冒险。

如式(5.28)的逻辑函数,可以在原有逻辑函数的基础上增加一个冗余项,如图 5.47 所示。

$$Y=A\overline{B}+BC=A\overline{B}+BC+AC \tag{5.28}$$

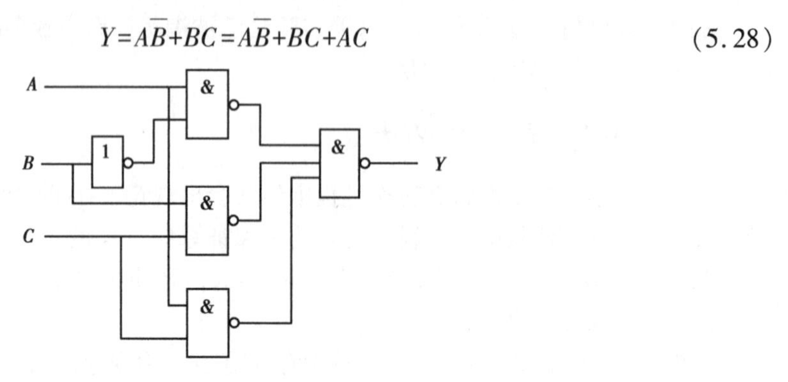

图 5.47　增加冗余项的逻辑电路

增加 AC 项以后,函数关系不变,当 $A=C=1$ 时,输出 Y 恒为 1,不再产生干扰脉冲。

5.6　组合逻辑电路的 Verilog HDL 描述及其仿真

1)8-3 线优先编码器的 Verilog HDL 描述

8-3 线优先编码器将 8 个高/低电平信号编成 3 位二进制代码,Verilog HDL 中的条件语句 if-else,if-else 本身隐含有优先级的概念,可以用于描述优先编码器。

【例 5.8】　设计一个输入输出均为高电平有效的 3 位二进制优先编码器,I[7]的优先权最高,I[0] 的优先权最低,逻辑电路的 Verilog HDL 设计如下:

```
module encoder8_3(I,Y);
input [7:0] I;
output [2:0] Y;
wire[7:0] I;
reg[2:0] Y;
always@ (*)
begin
if(I[7]==1) Y=3'b111;
else if(I[6]==1) Y=3'b110;
else if(I[5]==1) Y=3'b101;
else if(I[4]==1) Y=3'b100;
else if(I[3]==1) Y=3'b011;
else if(I[2]==1) Y=3'b010;
else if(I[1]==1) Y=3'b001;
else if(I[0]==1) Y=3'b000;
else Y=3'b000;
```

```
end
endmodule
```

测试平台的 testbench 代码设计如下：

```
'timescale 1ns/1ns
module   encoder8_3_tb();
reg [7:0]I;
wire [2:0]Y;
encoder8_3 test_encoder8_3(I,Y);
initial
begin
I='b0000_0000;
#20 I='b1000_0000;
#20 I='b0100_0000;
#20 I='b0010_0000;
#20 I='b0001_0000;
#20 I='b0000_1000;
#20 I='b0000_0100;
#20 I='b0000_0010;
#20 I='b0000_0001;
#20 I='b0100_0010;
#20 I='b1000_1000;
end
endmodule
```

通过仿真验证功能设计是否正确，如图 5.48 所示。

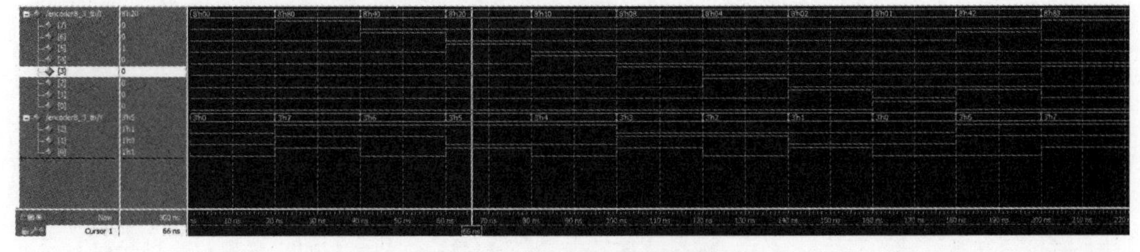

图 5.48　例 5.8 仿真波形图

由图 5.48 可知，当输入端 I_7 为高电平时，输出 output 为 111 V；当 I_7 为低电平，I_6 为高电平时，输出 output 为 110 V，…，由此，图 5.48 的仿真波形验证了上述程序代码实现了 8-3 线编码器的功能。

2)3-8 线译码器的 Verilog HDL 描述

译码器可以将代码翻译为高、低电平信号，常用的 3-8 线译码器是将 3 位二进制代码翻译成 8 个高低电平信号，下面采用行为描述方式描述译码器。

【例 5.9】 3-8 线译码器的 Verilog HDL 设计如下：

```
module encorder 3_8(A,OUT);
input [2:0]A;
output reg [7:0] OUT;
always @ (A)
begin
case(A)
3'b000:OUT=8'b0000_0001;
3'b001:OUT=8'b0000_0010;
3'b010:OUT=8'b0000_0100;
3'b011:OUT=8'b0000_1000;
3'b100:OUT=8'b0001_0000;
3'b101:OUT=8'b0010_0000;
3'b110:OUT=8'b0100_0000;
3'b111:OUT=8'b1000_0000;
endcase
end
endmodule
```

测试平台的 testbench 代码设计如下：

```
'timescale 1ns/1ns
module decoder3_8_tb();
reg [2:0]A;
wire [7:0] OUT;
encorder3_8 encorder3_8(A,OUT);
initial
 begin
A='b000;
repeat(9)
#20  A=A+1;
end
endmodule
```

通过仿真验证功能设计是否正确，如图 5.49 所示。

由图 5.49 可知，当输入端 $A_2A_1A_0$=000 时，输出 OUT_0=1，其余输出端为低电平；当输入端 $A_2A_1A_0$=001 时，输出 OUT_1=1，其余输出端为低电平，由此，图 5.49 的仿真波形验证了上面程序代码实现了 3-8 线译码器的功能。

3）数据选择器的 Verilog HDL 描述

数据选择器是在地址信号的作用下，从多路输入数据中选择其中一路数据输出。

【例 5.10】 4 选 1 多路选择器逻辑电路的 Verilog HDL 设计如下：

```
module mux41(a,b,c,d,s0,s1,y);
```

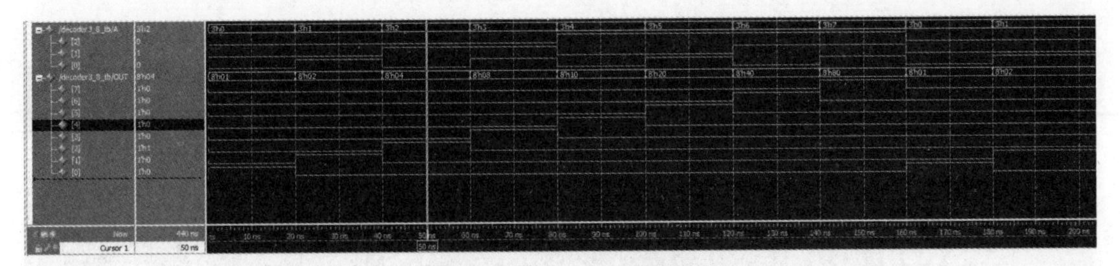

图5.49　例5.9仿真波形图

```
input a,b,c,d;
input s0,s1;
output y;
reg y;
always@(a or b or c or d or s1 or s0)
begin
case({s1,s0})
2' b00:y=a;
2' b01:y=b;
2' b10:y=c;
2' b11:y=d;
default:y=a;
endcase
end
endmodule
```

测试平台的 testbench 代码设计如下:

```
' timescale 1ns/1ns
module mux41_tb();
reg a,b,c,d,s0,s1;
wire y;
mux41 test_mux41(a,b,c,d,s1,s0,y);
initial
begin
a=0;b=0;c=0;d=0;s0=1;s1=0;
#10 c=1;
#10 s0=0;s0=0;
#10 a=1;
#10 s0=0;s1=1;
#10 b=1;
#10 s0=1;s1=1;
#10 d=1;
```

通过仿真验证功能设计是否正确,如图 5.50 所示。

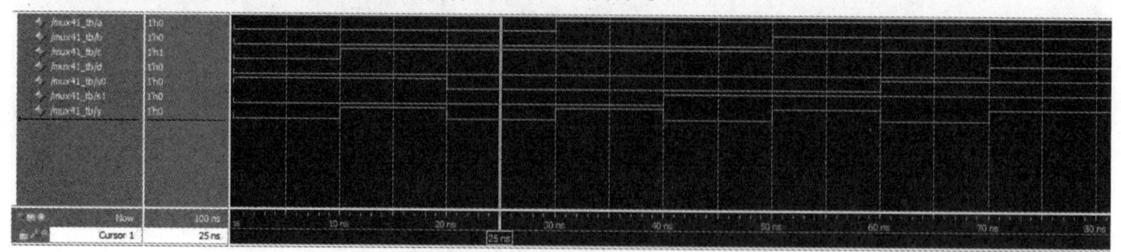

图 5.50　例 5.10 仿真波形图

图 5.50 中,a,b,c,d 是 4 路输入数据,S_0S_1 是地址输入端,Y 是输出端,当 $S_0S_1=00$ 时,输出 a 端数据;当 $S_0S_1=01$ 时,输出 b 端数据;当 $S_0S_1=10$ 时,输出 c 端数据;当 $S_0S_1=11$ 时,输出 d 端数据,由此,图 5.50 的仿真波形验证了上述程序代码,实现了 4 选 1 数据选择器的功能。

本章小结

(1)组合逻辑电路功能上的特点:电路任一时刻的输出状态仅取决于同一时刻的输入状态,而与电路的原来状态无关。

(2)组合逻辑电路结构上的特点:电路全部由门电路组成,没有记忆电路。

(3)组合逻辑电路的分析步骤:

①由输入到输出逐级写出电路的输出逻辑函数表达式,并进行化简。

②列出该逻辑函数的真值表,判别输出与输入之间的逻辑关系,确定其逻辑功能。

(4)用 SSI 设计组合逻辑电路的一般步骤:

①根据设计要求确定输入变量和输出变量。

②列出真值表。

③写出输出逻辑函数表达式,进行化简和变换。

④画出逻辑电路。

(5)常见的中规模集成器件包括编码器、译码器、数据选择器、加法器、数值比较器等。为了增加使用的灵活性,也为了便于功能扩展,在大多数中规模集成的组合逻辑电路上都设置了附加的控制端(或称为使能端、选通输入端、片选端、禁止端等)。这些控制端既可用于控制电路的状态(工作或禁止),又可作为输出信号的选通输入端,还能用作输入信号的一个输入端以扩展电路功能,合理运用这些控制端能最大限度地发挥电路的潜力。

(6)用中规模集成电路设计组合逻辑电路的步骤和用 SSI 设计时的步骤基本相同,所不同的是在写出输出逻辑函数表达式时,应将该逻辑函数变换成和所选用的中规模集成电路的输出逻辑函数式相类似的形式,以便用中规模集成电路实现要求设计的组合逻辑电路的功能。

(7)用逻辑门设计组合逻辑电路最简的概念是使用门电路的数目和输入端数最少,门的种类最少。用中规模集成电路设计组合逻辑电路最简的概念是使用中规模集成电路芯片数目、品种型号最少,连线最少。

(8)竞争-冒险是组合逻辑电路工作状态转换过程中经常会出现的一种现象。如果负载是一些对尖峰脉冲敏感的电路,则必须采取措施防止因竞争而产生的尖峰脉冲。如果负载电路对尖峰脉冲不敏感(例如,负载为光电显示器件),就不必考虑这个问题。

习　题

1. 写出如图5.51所示电路的逻辑函数表达式。

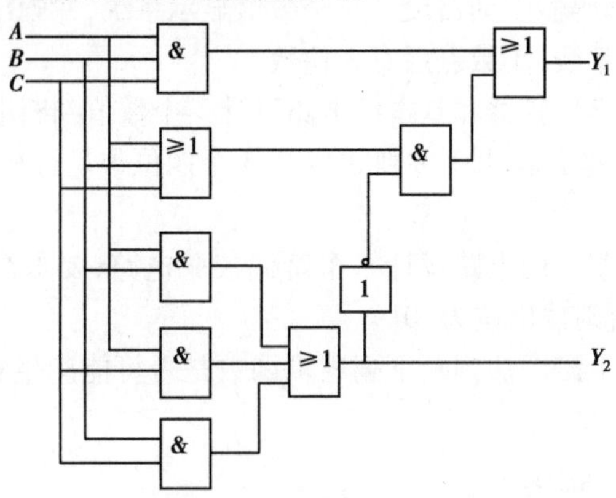

图5.51　习题1逻辑图

2. 写出如图5.52所示电路的逻辑函数表达式,其中 $S_0 \sim S_3$ 为控制信号,A 和 B 为数据输入,列表说明 Y 在 $S_0 \sim S_3$ 作用下与 A 和 B 的关系。

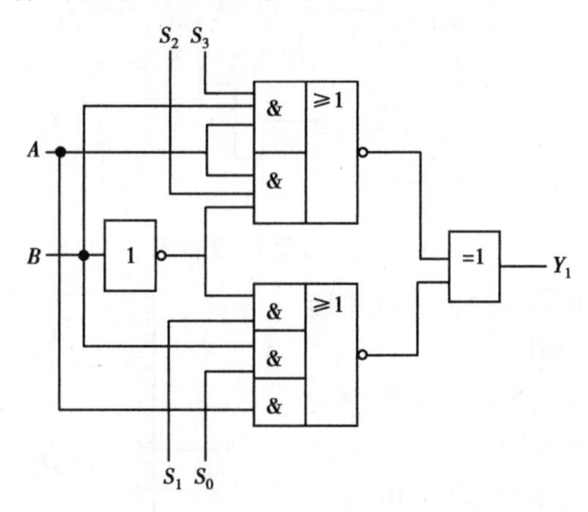

图5.52　习题2逻辑图

3. 在既有原变量输入又有反变量输入的条件下,用与非门设计实现以下逻辑函数的组合电路:

(1) $F(A,B,C)=\sum m(0,1,2,4,5)$;

(2) $F(A,B,C,D)=\sum m(0,2,3,4,5,6,7,12,14,15)$。

4. 在既有原变量输入又有反变量输入的条件下,用或非门设计实现习题3中逻辑函数的组合电路。

5. 在只有原变量输入的条件下,用与非门设计实现以下逻辑函数的组合电路:

(1) $Y=A\overline{B}\,\overline{C}+\overline{A}\,\overline{C}+BC$；

(2) $Y=A\overline{C}D+\overline{A}\,\overline{B}CD+BC+B\overline{C}\,\overline{D}$。

6. 在只有原变量输入的条件下,用或非门设计实现习题 5 中逻辑函数的组合电路。

7. 试用 3-8 线译码器和门电路设计一位全减器的组合逻辑电路。

8. 用 8 选 1 数据选择器 74LS151 实现习题 5 中的组合电路。

9. 试用七段数码管译码器驱动器设计一个数值显示系统,并画出电路图。要求:显示 5 位数值,小数点前面有 2 位整数,小数点后有 3 位数。

10. 试用两片四位数字比较器和基本门电路设计一个数值判断电路。要求:输入由 3 个四位二进制数 A,B,C 组成,电路输出 3 种判断结果:3 个四位数是否相等,C 是否为最大数,C 是否为最小数。

11. 试用 74LS138 和基本门电路设计一个奇偶校验电路,要求当输入变量 ABC 中有计数个“1”时输出位为“1”,否则输出位为“0”。

12. 分别用代数法和卡诺图法判断下列逻辑函数是否可能产生竞争-冒险,并消除竞争-冒险项。

(1) $Y=AB+\overline{A}CD+B\overline{C}+BCD$；

(2) $Y=A\overline{C}D+\overline{B}CD+ABC+B\overline{C}\,\overline{D}$。

13. 试判断图 5.53 中的电路是否存在竞争-冒险现象。

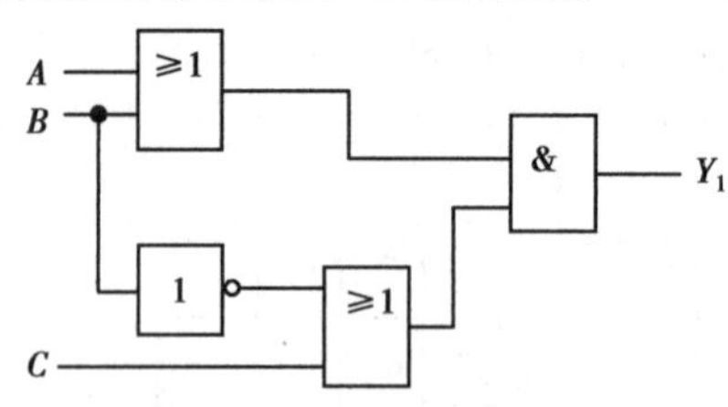

图 5.53　习题 13 逻辑图

14. 试用两片 4 选 1 数据选择器实现 8 选 1 数据选择器,画出逻辑电路图。

15. 试用两片 8-3 线优先编码器实现 16-4 线优先编码器,画出逻辑电路图。

16. 试用两片 3-8 线译码器实现 4-16 线译码器,画出逻辑电路图。

17. 写出如图 5.54 所示电路的逻辑函数表达式,并化简。

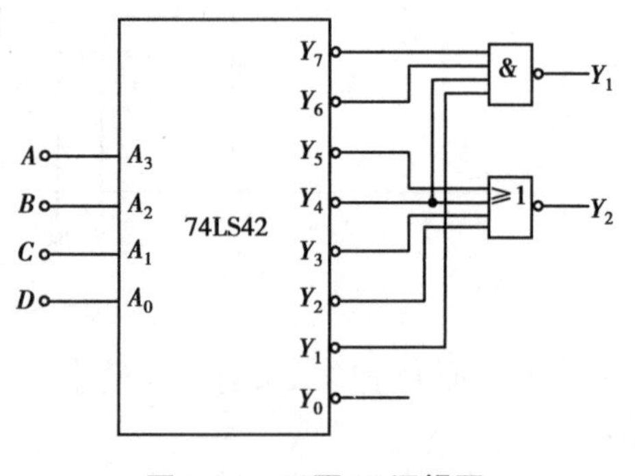

图 5.54　习题 17 逻辑图

第6章 数字信号的存储电路

【本章目标】

(1)了解同步触发器的结构、工作特点和存在的问题；

(2)掌握与非门结构基本RS触发器的电路组成、逻辑功能和工作特点；

(3)掌握RS触发器、JK触发器、D触发器、T触发器和T′触发器的逻辑功能；

(4)会用集成JK触发器和D触发器实现其他逻辑功能的触

(5)理解数码寄存器和移位寄存器的工作原理；

(6)掌握只读存储器和随机存储器的类型、工作原理；

(7)会用存储器实现组合逻辑函数,会存储器容量扩展。

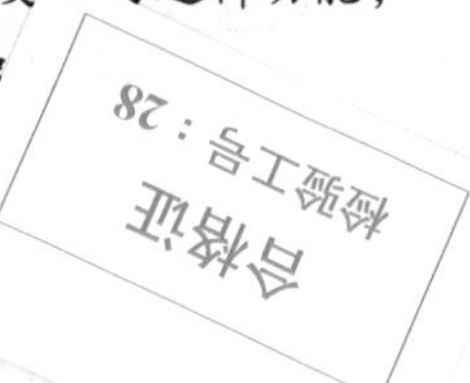

在数字系统中,常需要将各种运算结果存储起来,这就需要具有存储功能的电路。根据不同应用场合,存储功能的需求有所不同,采用的存储方式也有区别。本章包括具有记忆功能的单元电路——触发器,具有暂存功能的寄存器,以及大量二进制信息的存储“仓库”——存储器。

6.1　二进制存储单元

触发器是一种具有记忆功能,可以存储一位二进制信息的双稳态电路,具有以下基本特征。

①具有两个互补输出的端点 Q 和 $\overline{Q}$,有两个稳定状态“0”态和“1”态。

②能根据输入信号将触发器状态重置成所需的“0”态或“1”态,在输入信号消失后,被重置成的“0”态或“1”态能够维持下来,从而具有记忆功能。

③在外触发作用下,两个稳态可以相互转换(通常也称为“状态翻转”),已转换的稳定状态可长期保持下来。

集成触发器种类很多,根据逻辑功能的不同,触发器可分为:RS触发器、D触发器、JK触发器、T触发器和T′触发器。根据电路结构的不同,触发器可分为基本RS触发器、同步触发器、边沿触发器、主从触发器等。

本节主要介绍基本 RS 触发器、同步触发器、边沿触发器、常用集成触发器的电路组成、工作原理和逻辑功能,以及不同类型电路的功能转换。

6.1.1 基本 RS 触发器

基本 RS 触发器(Basic Flip-Flop)是各种触发器中结构最简单的一种。该触发器在结构上无时钟控制信号端,具有两个稳定状态,电路可用两个与非门或两个或非门通过交叉耦合构成。

1)基本 RS 触发器的电路结构

图6.1 是由两个与非门构成的基本 RS 触发器及其逻辑符号,门 G_1 和 G_2 是两个完全一样的与非门。由门 G_1 和 G_2 输出端分别引出一条反馈线到达对方的另一个输入端构成反馈回路,从而使其在输入信号撤销后维持触发器的状态不变。图中$\overline{S_D}$ 和$\overline{R_D}$ 是触发器的两个输入端,字母上的反号表示低电平有效(逻辑符号中用小圈表示),两个输出端分别称为 Q 和 $\overline{Q}$,正常情况下,这两个输出端信号必须互补,否则会出现逻辑错误。

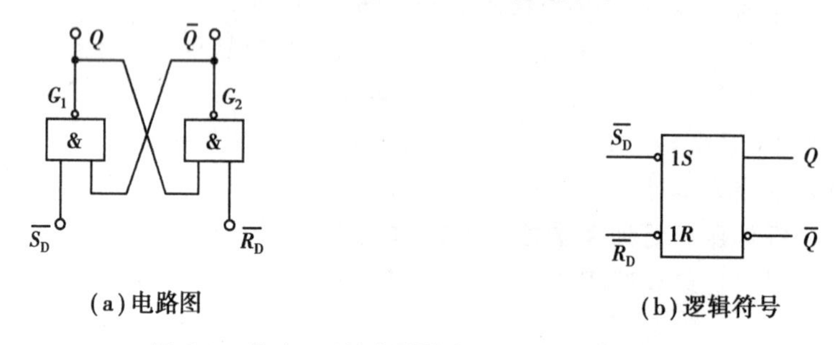

图6.1 基本 RS 触发器的电路结构与逻辑符号

2)基本 RS 触发器的工作原理

约定以 Q 端的逻辑电平表示触发器的状态,即 $Q=1,\overline{Q}=0$ 时,称为“1”态;反之称为“0”态。正常情况下,基本 RS 触发器的两输出端状态保持相反,即互补。

①$\overline{S_D}=0,\overline{R_D}=1$:置位控制端信号$\overline{S_D}$ 有效,无论触发器的初始状态如何,都将触发器的状态置为“1”态,即 $Q=1,\overline{Q}=0$,称触发器置 1。

②$\overline{S_D}=1,\overline{R_D}=0$:复位控制端信号$\overline{R_D}$ 有效,无论触发器的初始状态如何,都将触发器的状态置为“0”态,即 $Q=0,\overline{Q}=1$,称触发器置 0。

③$\overline{S_D}=1,\overline{R_D}=1$:两个输入控制端信号都无效,不难发现触发器的初始状态将得到保持。

④$\overline{S_D}=0,\overline{R_D}=0$:两个输入控制端信号都有效,这时可以发现触发器的输出端变成了 $Q=1,\overline{Q}=1$,这不是触发器正常工作情况下的“0”态或“1”态。此时电路本身在逻辑上并没有什么问题,但是当两个输入控制信号都跳变成“1”时,就会发现由于门电路的时延问题将导致触发器状态可能是“0”态也可能是“1”态,即触发器的输出具有不确定性。因此,这种情况在实际工作中应该加以防止和约束,即$\overline{S_D}$ 和$\overline{R_D}$ 不能同时为 0,需满足$\overline{S_D}+\overline{R_D}=1$,即 $S_DR_D=0$。

综上所述,由与非门组成的基本 RS 触发器具有置“0”(复位)、置“1”(置位)和保持 3 种功能。

3)基本 RS 触发器的特点

①具有两个稳定状态,可分别用来表示二进制数的 0 和 1。

②在外信号作用下,两个稳定状态可相互转换;在外信号消失后,已转换的状态可长期保留,因此,触发器可用于长期保存二进制信息。

③状态转换时刻受输入信号 R 和 S 控制,为异步时序电路。

④电路结构简单,是构成各种时钟触发器的基本电路,但输出受输入信号直接控制,输入信号有变化,输出也随之改变,抗干扰能力差。

4)基本 RS 触发器的功能描述

描述触发器逻辑功能的方法通常采用以下几种。

(1)特性表

设 Q^n 表示现态,即现时的状态;Q^{n+1} 表示次态,即触发器接收输入信号后所处的新的稳定状态。触发器的特性表是描述次态 Q^{n+1} 与触发器输入信号和触发器的现态 Q^n 之间关系的真值表。基本 RS 触发器的特性表见表 6.1。

表 6.1　与非门结构基本 RS 触发器的特性表

$\overline{R_D}$	$\overline{S_D}$	Q^n	Q^{n+1}	说明
0	0	0	1*	两输入端从 0 同时变为 1 后触发器的状态不确定
0	0	1	1*	
0	1	0	0	置 0
0	1	1	0	
1	0	0	1	置 1
1	0	1	1	
1	1	0	0	触发器的状态保持不变
1	1	1	1	

(2)特性方程

触发器的特性方程是反映触发器次态 Q^{n+1} 与现态 Q^n 以及输入 $\overline{R_D}$,$\overline{S_D}$ 之间功能关系的逻辑表达式。特性方程可由特性表推导而出,根据表 6.1 可画出基本 RS 触发器的次态卡诺图,如图 6.2 所示。

Q^n \ $\overline{R_D}\cdot\overline{S_D}$	00	01	11	10
0	×	0	0	1
1	×	0	1	1

图 6.2　基本 RS 触发器次态卡诺图

由卡诺图化简得到基本 RS 触发器特性方程:

$$\begin{cases} Q^{n+1} = S_D + \overline{R_D} Q_n \\ \overline{S_D} + \overline{R_D} = 1 \end{cases}$$

其中，$\overline{S_D}+\overline{R_D}=1$ 是约束条件。

(3)状态转换图

状态转换图是一种以图形方式表示输出状态转换的条件和规律。图 6.3 表示基本 RS 触发器的状态转换图。

图中圆圈分别代表基本 RS 触发器的两个稳定状态，箭头表示在输入信号作用下状态转换的方向，箭头旁的一侧注明状态转换的条件/输出，条件可有多个。状态转换图形象地描述了触发器状态变化的过程。

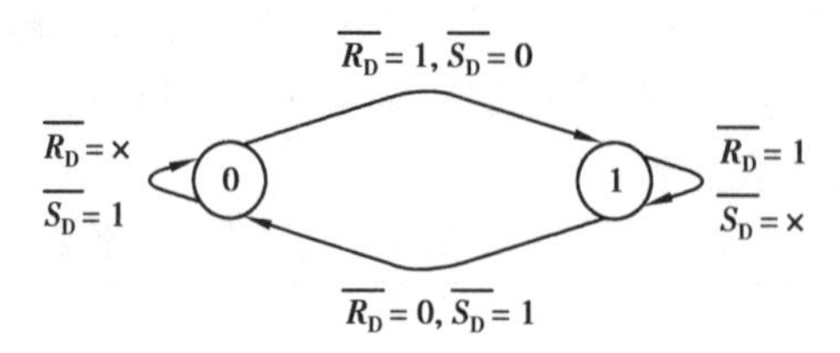

图 6.3　基本 RS 触发器的状态转换图

(4)时序图

时序图反映了触发器的输出状态在输入信号作用下随时间变化的规律。

基本 RS 触发器除用与非门实现外，还可以用或非门实现，其工作原理分析类似由与非门构成的基本 RS 触发器，这里不再赘述。

【例 6.1】　在如图 6.4(a)所示的基本 RS 触发器电路中，已知$\overline{R_D}$ 和$\overline{S_D}$ 的电压波形如图 6.4(b)所示，试画出 Q 和 $\overline{Q}$ 端对应的电压波形。

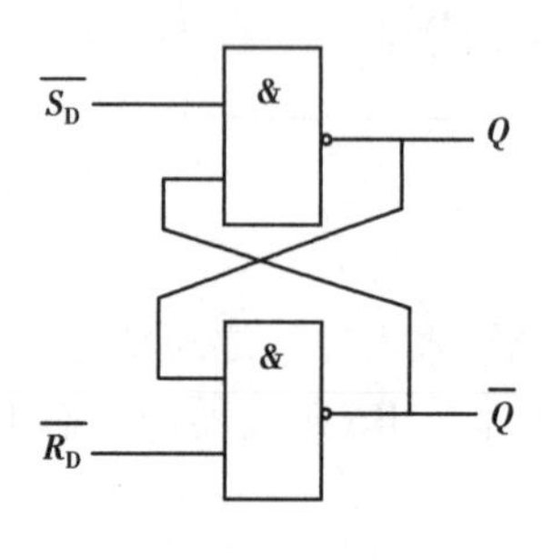

(a)基本RS触发器电路

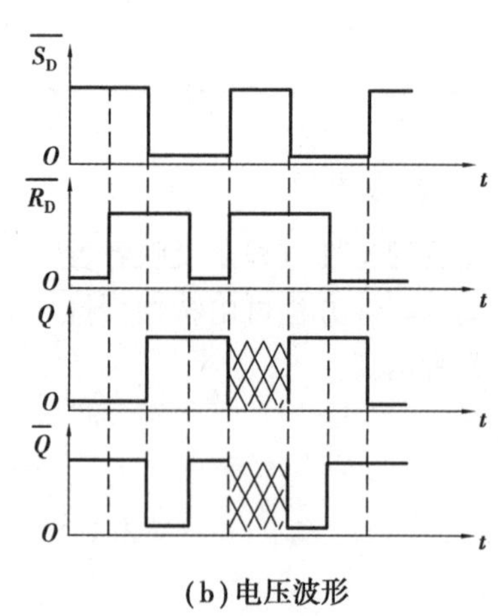

(b)电压波形

图 6.4　例 6.1 波形

解　根据表 6.1 可画出 Q 和 $\overline{Q}$ 端的波形，如图 6.4(b)所示，其中网格线部分表示状态不确定。

6.1.2　同步RS触发器

前面介绍的基本RS触发器，只要输入信号发生变化，触发器状态就会根据其逻辑功能发生相应变化，存在抗干扰能力差等问题。但在数字系统中，为协调各部分的动作，常要求某些触发器在同一时刻动作，为此，必须引入同步脉冲，使这些触发器只在同步脉冲作用下才按输入信号改变状态，而在没有同步脉冲输入时，触发器状态保持不变。通常把这个同步脉冲称为时钟脉冲，用CP（Clock Pulse）表示。把这种具有时钟脉冲控制的触发器称为时钟触发器，又称为同步触发器。

1）同步RS触发器

图6.5是同步RS触发器的电路结构与逻辑符号，它是在基本RS触发器的基础上通过增加时钟控制端CP构成的。

由图6.5（a）可知，输入信号需要经过与非门G_3和G_4的控制传递，而时钟触发脉冲CP也同时控制这两个与非门。因此，只有在CP处于高电平期间，输入信号才能经过，进入基本RS触发器的输入端，促使基本RS触发器的状态进行翻转；反之，基本RS触发器处于保持状态。

具体工作原理如下：

①$CP=0$，与非门G_3和G_4被封锁，同步RS触发器的输入信号S和R无法到达后面基本RS触发器的输入端，基本RS触发器的两个输入端信号都是逻辑高电平“1”，这时无论R端和S端信号如何变化，触发器均保持原状态不变，即$Q^{n+1}=Q^n$。

②$CP=1$，与非门G_3和G_4打开，同步RS触发器的输入信号S和R顺利通过门G_3和G_4反相到达后面基本RS触发器的输入端，基本RS触发器工作。根据基本RS触发器的状态方程式可以得到当$CP=1$时，同步RS触发器的状态方程为：

$$\begin{cases} Q^{n+1}=S+\overline{R}Q^n \\ RS=0 \end{cases}$$

其中，RS=0是约束条件。它表明在$CP=1$时，触发器的状态按上式描述发生变化。

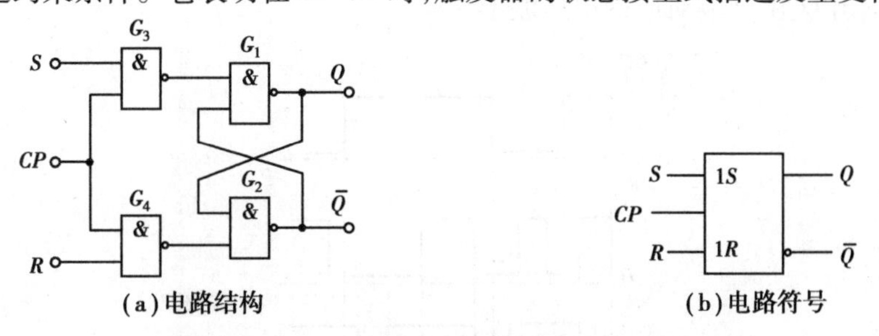

图6.5　同步RS触发器的电路结构与电路符号

由于触发器是在CP为高电平期间被触发，故称为同步RS触发器。同步RS触发器的特性表见表6.2。

表6.2　同步RS触发器的特性表

CP	R	S	Q^n	Q^{n+1}	说明
0	×	×	×	Q^n	$Q^{n+1}=Q^n$保持

续表

CP	R	S	Q^n	Q^{n+1}	说明
1	1	1	0	1^*	两输入端从 1 变为 0 后触发器状态不定
1	1	1	1	1^*	
1	0	1	0	1	$Q^{n+1}=1$ 置 1
1	0	1	1	1	
1	1	0	0	0	$Q^{n+1}=0$ 置 0
1	1	0	1	0	
1	0	0	0	0	$Q^{n+1}=Q^n$ 保持
1	0	0	1	1	

由表 6.2 可知，同步 RS 触发器具有如下逻辑功能：当 $CP=0$ 时，输入信号 RS 对触发器状态无影响；当 $CP=1$ 时，触发器具有置“1”、置“0”和保持原状态不变的功能，当 $R=S=1$ 时，触发器输出状态不定，这是不允许的，为了避免这种情况发生，输入信号应取 $RS=0$。

当 $CP=1$ 时，同步 RS 触发器的状态转换图如图 6.6 所示。

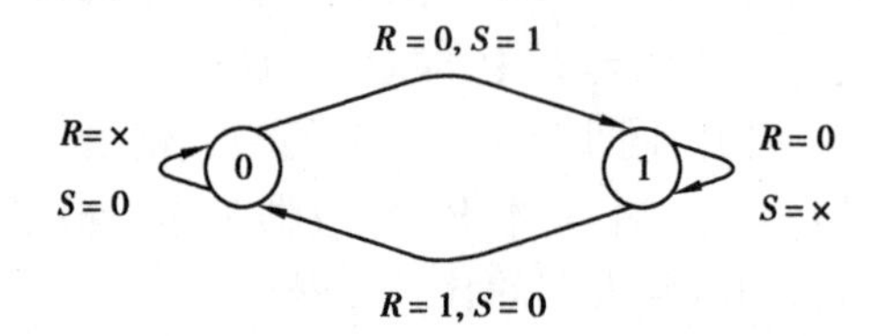

图 6.6　同步 RS 触发器的状态转换图

【例 6.2】　在如图 6.5 所示的同步 RS 触发器电路中，已知 CP，R 和 S 的电压波形如图 6.7 所示，试画出 Q 和 $\overline{Q}$ 端对应的电压波形。

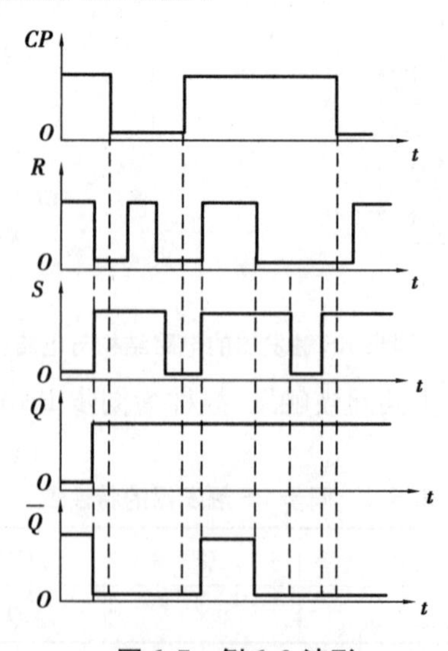

图 6.7　例 6.2 波形

解　由同步 RS 触发器的动作特点可知,触发器的次态变化是在 $CP=1$ 期间,由 S,R 的取值决定,由表6.2 可得如图6.7 所示的输出电压波形。

2)同步 D 触发器

无论是基本 RS 触发器还是同步 RS 触发器,R 和 S 都要满足约束条件。为了避免同步 RS 触发器 R 和 S 同时为1 的情况出现,在 R 和 S 之间连接一个非门,使 R 和 S 互反。这样,除了时钟控制端,触发器只有一个输入信号,通常表示为 D,这种触发器称为 D 触发器。同步 D 触发器电路如图6.8 所示。

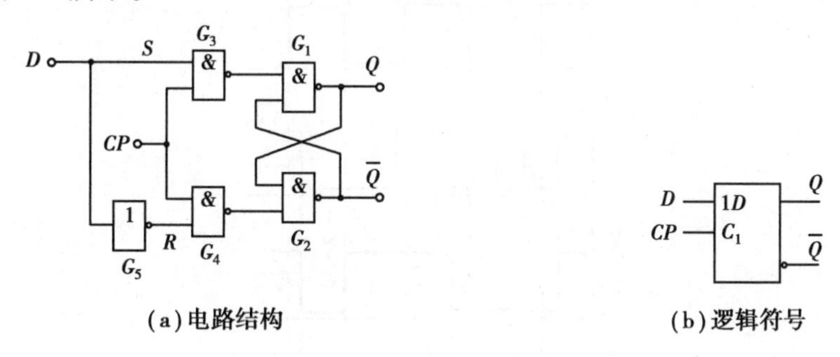

图6.8　同步 D 触发器

由图6.8 可知,当 $CP=0$ 时,由 G_1 和 G_2 组成的基本 RS 触发器的状态保持不变;当 $CP=1$ 时,$S=D$,$R=\overline{D}$,RS 触发器的状态将发生变化。

将 $S=D$,$R=\overline{D}$ 代入同步 RS 触发器的特性方程,可以得到同步 D 触发器的特性方程如下:

$$Q^{n+1}=S+\overline{R}Q^n=D+DQ^n=D$$

由上式可以看出,触发器的状态在触发时钟的作用下与输入信号 D 保持一致,具有这种功能的触发器称为 D 触发器,也叫 D 跟随器。由于通过电路设计保证了后面的同步 RS 触发器的两个输入端不可能出现同时为“1”的情况,因此该触发器就不会出现不稳定工作的状态。

同步 D 触发器的特性表见表6.3。

表6.3　同步 D 触发器的特性表

CP	D	Q^n	Q^{n+1}	说明
0	×	×	Q^n	$Q^{n+1}=Q^n$ 保持
1	0	0	0	$Q^{n+1}=0$ 置0
1	0	1	0	
1	1	0	1	$Q^{n+1}=1$ 置1
1	1	1	1	

在 $CP=1$ 时,同步 D 触发器的状态转换图如图6.9 所示。

【例6.3】　在如图6.8 所示的同步 D 触发器电路中,已知 CP,D 的电压波形如图6.10 所示,试画出 Q 和 $\overline{Q}$ 端对应的电压波形。

解　由同步 D 触发器的动作特点可知,触发器的次态变化是在 $CP=1$ 期间,由 D 的取值决定,由表6.3 可得如图6.10 所示的输出电压波形。

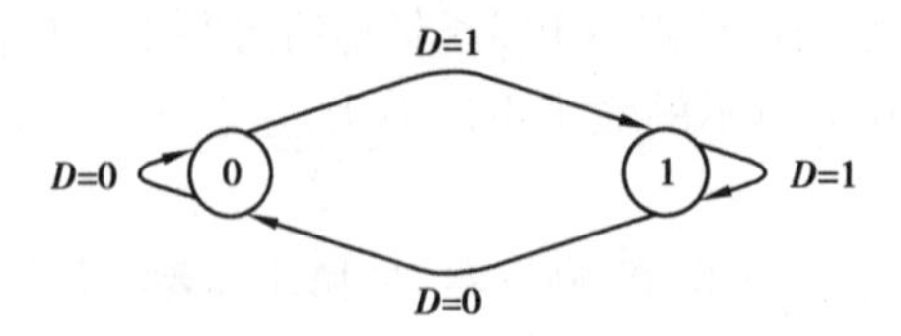

图 6.9　同步 D 触发器的状态转换图

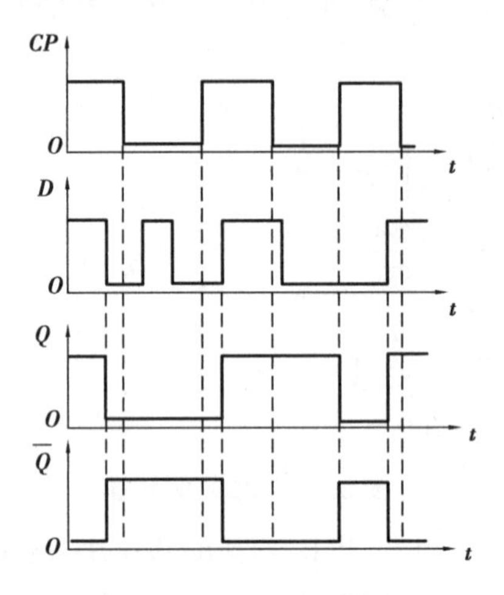

图 6.10　例 6.3 电压波形

6.1.3　同步 JK 触发器

由于同步 RS 触发器的约束条件，当 R 和 S 同时为 1 时会出现不确定状态，除同步 D 触发器可消除约束条件外，还有一种方法是将触发器的互补输出端 Q 和 $\overline{Q}$ 分别反馈到门 G_3 和 G_4 的输入端，从而避免了不定状态的出现，这种电路称为同步 JK 触发器，电路如图 6.11 所示，图中 J 和 K 为信号输入端。

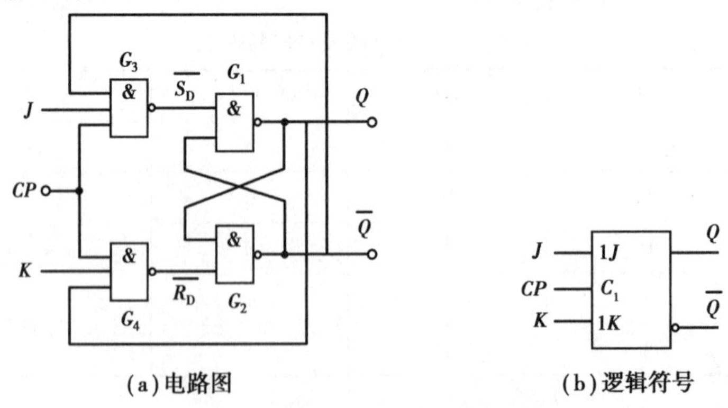

(a) 电路图　　(b) 逻辑符号

图 6.11　同步 JK 触发器和逻辑符号

由图 6.11 可知，当 $CP=0$ 时，$\overline{R_D}$ 和 $\overline{S_D}$ 均为 1，触发器的状态保持不变；当 $CP=1$ 时，$\overline{R_D}=\overline{KQ^n}$，$\overline{S_D}=\overline{J\overline{Q^n}}$，触发器接收输入信号，次态由输入和现态共同决定。

将 $\overline{R_D}=\overline{KQ^n}$，$\overline{S_D}=\overline{J\overline{Q^n}}$ 代入基本 RS 触发器的特性方程，可得同步 JK 触发器的特性方程为：

$$
\begin{aligned}
Q^{n+1} &= S_D + \overline{R_D} Q^n \\
&= J\overline{Q^n} + \overline{KQ^n} Q^n \\
&= J\overline{Q^n} + \overline{K} Q^n
\end{aligned}
$$

其约束条件 $R \cdot S = (KQ^n) \cdot (J\overline{Q^n}) = 0$，因此不论 J，K 信号如何变化，基本触发器的约束条件始终满足。

图 6.11(a)有一种情况会产生振荡。即当 $CP=1$，且 $J=K=1$ 时，$G_1-G_4-G_2-G_1$ 组成了一个三级非门环形振荡器，同理，$G_2-G_3-G_1-G_2$ 也同样存在。因此，该电路只作为理论分析，实际应用中多采用边沿 JK 触发器。

由同步 JK 触发器的特性方程可得同步 JK 触发器的特性表见表 6.4。

表 6.4　同步 JK 触发器的特性表

CP	J	K	Q^n	Q^{n+1}	说明
0	×	×	×	Q^n	$Q^{n+1}=Q^n$ 保持
1	0	0	0	0	$Q^{n+1}=Q^n$ 保持
1	0	0	1	1	
1	0	1	0	0	$Q^{n+1}=0$ 置 0
1	0	1	1	0	
1	1	0	0	1	$Q^{n+1}=1$ 置 1
1	1	0	1	1	
1	1	1	0	1	$Q^{n+1}=\overline{Q^n}$ 翻转
1	1	1	1	0	

由表 6.4 可知，在 CP 时钟脉冲控制下，根据输入信号 J 和 K 的情况不同，JK 触发器具有置 0、置 1、保持和翻转功能。

同步 JK 触发器的状态转换图如图 6.12 所示。

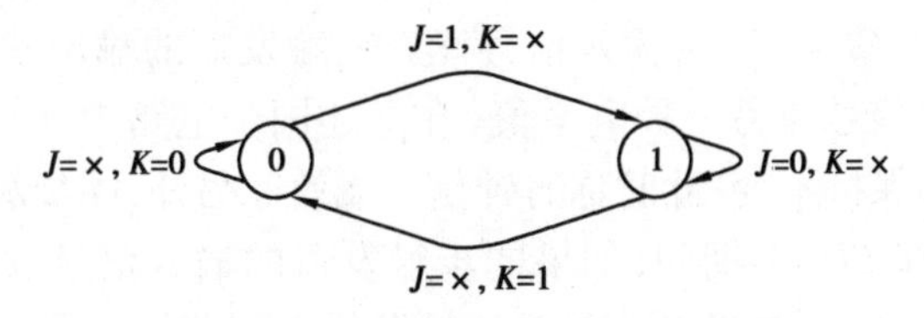

图 6.12　同步 JK 触发器的状态转换图

6.1.4　同步 T、T′触发器

1) 同步 T 触发器

如果将如图 6.11(a)所示的同步 JK 触发器电路中的 J 和 K 连在一起称为 T，便构成同步 T 触发器。将 T 代替 JK 触发器特性方程中的 J 和 K 便得到 T 触发器的特性方程为：

$$Q^{n+1} = T\overline{Q^n} + \overline{T}Q^n$$

由上式可得同步 T 触发器的特性表见表 6.5。

表 6.5　同步 T 触发器的特性表

CP	T	Q^n	Q^{n+1}	说明
0	×	×	Q^n	$Q^{n+1}=Q^n$保持
1	0	0	0	$Q^{n+1}=Q^n$保持
1	0	1	1	
1	1	0	1	$Q^{n+1}=\overline{Q^n}$翻转
1	1	1	0	

由表 6.5 可知,同步 JK 触发器的特点是:当 $T=1$ 时,触发器在时钟 CP 作用下,每来一个时钟信号它的状态就翻转一次;当 $T=0$ 时,CP 信号到达后的状态保持不变。其状态转换图如图 6.13 所示。

2)T′触发器

如果在 T 触发器中令 $T=1$(即 $J=K=1$),这时,每输入一个 CP 脉冲,触发器状态翻转一次,这种触发器称为 T′触发器,其特征方程为:

$$Q^{n+1}=\overline{Q^n}$$

T′触发器的逻辑符号如图 6.14 所示。

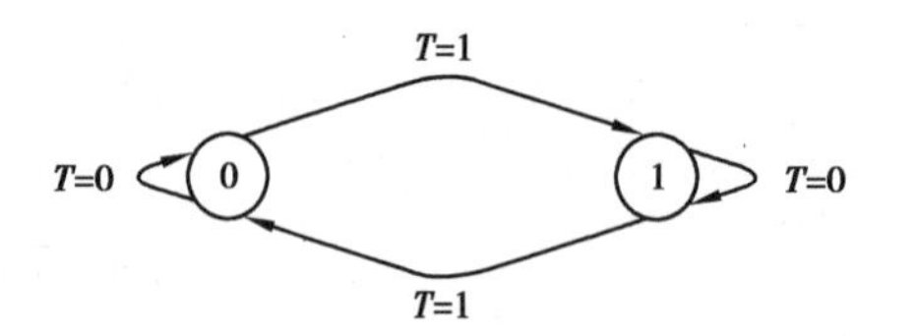

图 6.13　T 触发器状态转换图

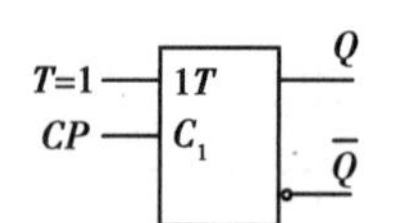

图 6.14　T′触发器逻辑符号

6.1.5　同步触发器的特点

同步触发器又称为电平控制触发器或门控触发器。其特点是:当时钟控制信号为某一种电平值(上述同步电路中,$CP=1$)时,输入信号能影响触发器的输出状态,此时称为时钟控制信号有效;而当时钟控制信号为另一种电平值(在上述同步电路中,$CP=0$)时,输入信号不影响触发器的输出,其状态保持不变,此时称时钟信号无效。另外,同步触发器存在空翻现象,所谓空翻就是同步触发器在 $CP=1$ 期间,如果同步触发器的输入信号发生多次变化,则触发器的输出状态也会相应地发生多次变化。同步 D 触发器空翻波形如图 6.15 所示。从图中可以看出,在 $CP=1$ 期间,输入 D 端的波形发生多次变化时,其输出端的波形也发生多次变化。因此,同步触发器只能用于数据锁存,不能用于计数器、移位寄存器和存储器等。

6.1.6　边沿触发器

为了进一步提高可靠性,增强抗干扰能力,克服同步触发器的空翻现象,设计了一种只在时钟的上升沿或时钟的下降沿触发的触发器,称为边沿触发器。该类型的触发器的翻转只在时钟跳变的瞬间发生,这样就能够有效剔除干扰信号的影响,保证触发器的可靠性,阻止空翻现象发生。边沿触发器主要有维持-阻塞D触发器、边沿JK触发器、CMOS边沿触发器等。

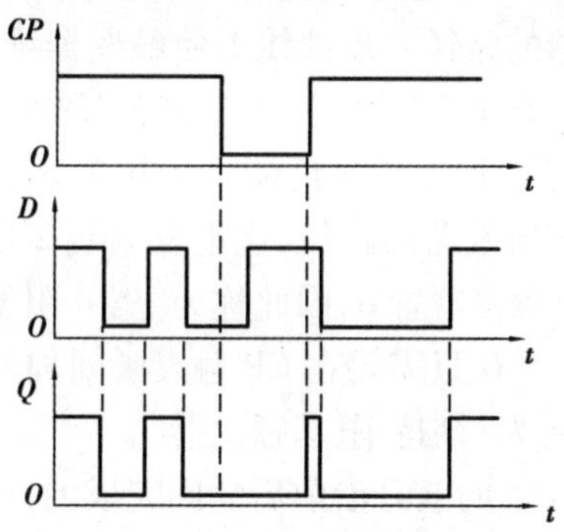

图6.15　同步D触发器空翻波形

1)边沿D触发器

(1)电路结构和工作原理

下面以维持-阻塞边沿触发器为例分析边沿触发器的工作原理。图6.16是维持-阻塞边沿D触发器的电路结构和国标符号,图中时钟控制端的符号“>”表示是在时钟的边沿进行触发,控制端有小圆圈符号“。”表示在下降沿触发,没有小圆圈表示在上升沿触发。其基本结构是门G_1和G_2构成基本RS触发器,$\overline{R_D}$,$\overline{S_D}$分别是异步直接置位、清零端,直接接入基本RS触发器的输入端,低电平有效。$\overline{R_D}=0$,$\overline{S_D}=1$处于清零状态,触发器状态为“0”态;$\overline{R_D}=1$,$\overline{S_D}=0$处于置位状态,触发器状态为“1”态。

为便于讨论维持-阻塞边沿D触发器的工作过程,现设$\overline{R_D}=1$,$\overline{S_D}=1$。

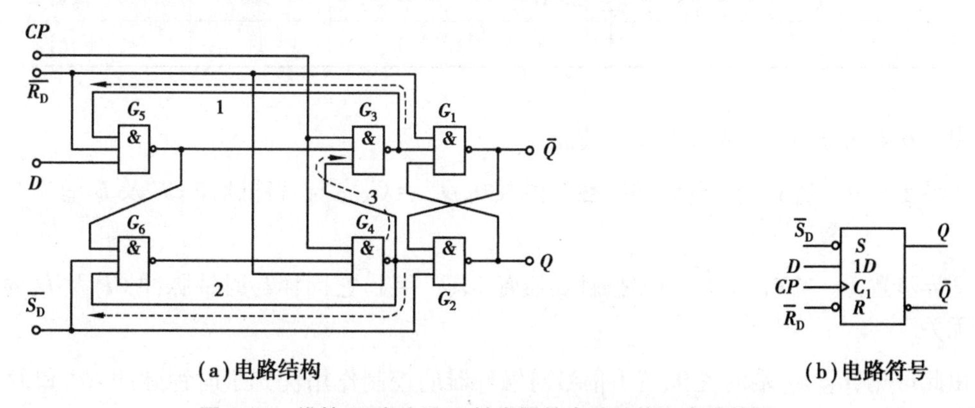

(a)电路结构　　(b)电路符号

图6.16　维持-阻塞边沿D触发器的电路结构和电路符号

①$CP=0$期间,门G_3和G_4处于封锁状态,触发器处于保持状态不变,但同时由于门G_3和G_4输出均为“1”,通过反馈线1和2进入门G_5和G_6的输入端,将这两个门同时打开,则门G_5和G_6的输出信号分别是$\overline{D}$和D,因此触发器处于接收输入数据D的状态。

②CP由低电平跳变到高电平的瞬间,门G_3和G_4打开,其输出由门G_5和G_6的输出决定,G_3和G_4的输出分别为D和$\overline{D}$,由基本RS触发器的特性表可知,基本RS触发器的输出为$Q^{n+1}=D$,即触发器的输出与输入数据D保持一致。

③$CP=1$期间,由于在时钟跳变的瞬间触发器得到翻转,此时门G_3处于打开状态。门G_3

和 G_4 的输出分别为 D 和 $\overline{D}$。若 $D=0$,通过反馈线 1 回到门 G_5 的输入端,将门 G_5 封锁,即封锁了输入端 D 通往基本 RS 触发器的路径。反馈线 1 使触发器维持在“0”状态,也就是说,通过该反馈线有效阻止了触发器置 1 的可能性。技术上把该反馈线称为“置 0 维持线,置 1 阻塞线”。若 $D=1$,则门 G_4 的输出信号为 0,通过反馈线 2 和 3 分别将门 G_6 和 G_3 封锁住,这样可有效隔断输入端 D 通往基本 RS 触发器的路径,这里反馈线 2 使触发器维持“1”态,因此称为“置 1 维持线”;反馈线 3 可防止触发器置 0,因此称为“置 0 阻塞线”。正是依赖反馈线 1,2,3 的作用,使触发器满足了输入信号 D 只需要在 CP 触发瞬间加入要求,有效提高了触发器的抗干扰能力。这种触发器因此得名为“维持-阻塞触发器”。

不难发现以上三步都是在时钟的上升沿前后瞬间完成的,边沿触发器由此得名。

(2)集成边沿 D 触发器 74LS74

74LS74 芯片由两个独立的上升沿触发的维持-阻塞 D 触发器组成,它的逻辑符号如图 6.16(b)所示,其特性表见表 6.6。

表 6.6 74LS74 集成双 D 触发器功能表

输入				输出		说明
$\overline{R_D}$	$\overline{S_D}$	D	CP	Q^{n+1}	$\overline{Q}^{n+1}$	
0	1	×	×	0	1	异步置 0
1	0	×	×	1	0	异步置 1
1	1	0	↑	0	1	置 0
1	1	1	↑	1	0	置 1
1	1	×	0	Q^n	$\overline{Q}^n$	保持
0	0	×	×	1	1	不允许

由表 6.6 可知,74LS74 具有以下功能:

①异步置 0。当 $\overline{R_D}=0$、$\overline{S_D}=1$ 时,触发器置 0,$Q^{n+1}=0$,它与时钟脉冲 CP 及 D 的输入信号无关。

②异步置 1。当 $\overline{R_D}=1$、$\overline{S_D}=0$ 时,触发器置 1,$Q^{n+1}=1$,它同样与时钟脉冲 CP 及 D 的输入信号无关。

由此可见,$\overline{R_D}$、$\overline{S_D}$ 端的置 0、置 1 信号对触发器的控制作用优先于时钟脉冲 CP 和 D 的输入信号。

③置 0。当 $\overline{R_D}=1$、$\overline{S_D}=1$ 时,如果 $D=0$,则在 CP 由 0 正跃到 1 时,触发器置 0,$Q^{n+1}=0$。

④置 1。当 $\overline{R_D}=1$、$\overline{S_D}=1$ 时,如果 $D=1$,则在 CP 由 0 正跃到 1 时,触发器置 1,$Q^{n+1}=1$。

⑤保持。当 $\overline{R_D}=1$、$\overline{S_D}=1$ 时,在 $CP=0$ 时,这时不论 D 输入信号为 0 还是 1,触发器都保持原状态不变。

74LS74 工作时,不允许 $\overline{R_D}=\overline{S_D}=0$,而应取 $\overline{R_D}=\overline{S_D}=1$。

【例 6.4】 在如图 6.16 所示的边沿触发器电路中,若 D 端和 CP 的电压如图 6.17 所示,试画出 Q 端的电压波形。假设触发器的初始状态为 $Q=0$。

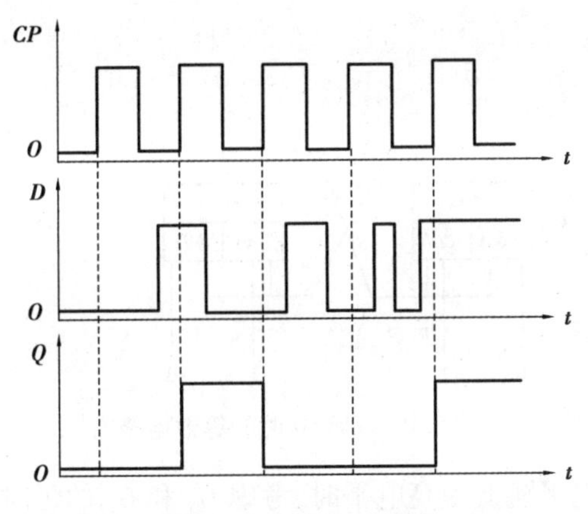

图6.17　例6.4 波形

解　由上升沿触发的维持-阻塞 D 触发器的动作特点可知,触发器的次态变化只取决于 CP 上升沿到达时刻 D 端的状态,由表6.6 可作出如图6.17 所示的输出电压波形。

2)边沿 JK 触发器

(1)电路结构和工作原理

边沿 JK 触发器利用了门电路的传输延迟时间的不同,达到时钟脉冲边沿触发的目的,电路如图6.18 所示。图中 G_1,G_2 是两个与或非门,它的传输延迟时间比与非门 G_3 和 G_4 短。时钟脉冲 CP 连接在4 个门的输入端,$\overline{R_D}$ 和$\overline{S_D}$ 分别是异步复位端和异步置位端。

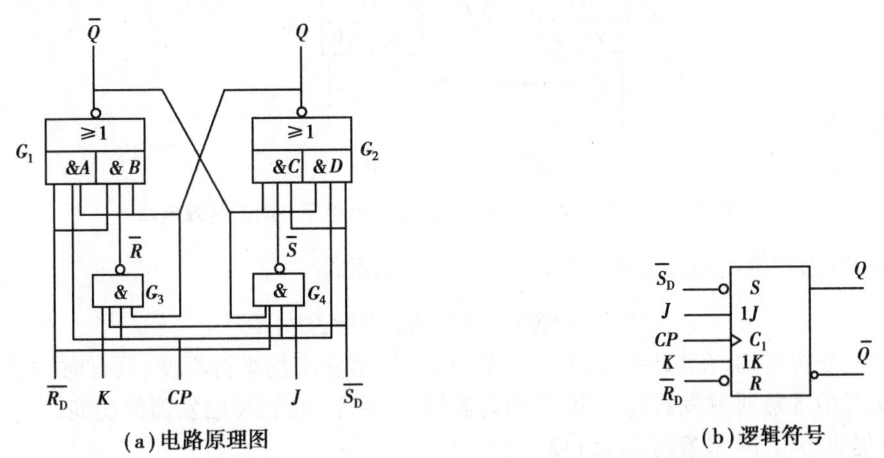

图6.18　边沿 JK 触发器逻辑电路原理图和逻辑符号

为方便讨论边沿 JK 触发器的工作过程,现设$\overline{R_D}=1$、$\overline{S_D}=1$。

无论触发器的初始状态是0 还是1,当时钟脉冲 $CP=1$ 时,两个与或非门 G_1 和 G_2 中总有一个与或非门的一个与门输入端全为高电平,从而使得这个与或非门的输出为低电平0,封锁另一个与或非门的两个与门,使该与或非门的输出状态锁定为1。可见,时钟脉冲 $CP=1$ 时,触发器处于保持状态,无论 J,K 如何变化,次态和初态都是一致的。

在时钟脉冲 $CP=0$ 时,与非门 G_3 和 G_4 被封锁,$\overline{R}$ 和 $\overline{S}$ 为高电平,此时与或非门的 A 和 D 两组与门被封锁,因此,触发器的状态有 B 和 C 两组与门互锁,等效电路如图6.19 所示,触发器的状态同样不会改变。

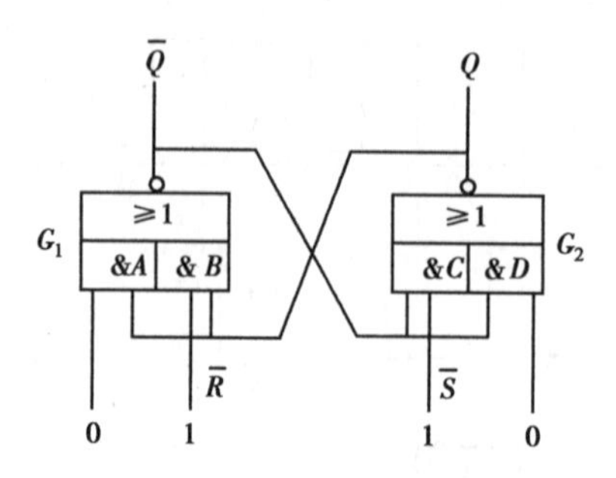

图 6.19　$CP=0$ 时的等效电路

当时钟脉冲 CP 由低电平跳变为高电平时，考虑 G_3 和 G_4 的延时，它们的输出 $\overline{R}$ 和 $\overline{S}$ 仍保持 $CP=0$ 状态，即 $\overline{R}$ 和 $\overline{S}$ 仍为高电平，触发器处于保持状态，输出不会改变。在时钟脉冲 CP 从高电平跳变为低电平的短暂瞬间（下降沿），由于 G_3 和 G_4 的延迟时间长，与或非门中的 A 和 D 两组与门虽已被封锁，但 $\overline{R}$ 和 $\overline{S}$ 端的状态仍然是 CP 脉冲高电平时决定的状态，即有 $\overline{R}=\overline{KQ^n}$、$\overline{S}=\overline{J\overline{Q^n}}$，此时的等效电路如图 6.20 所示。

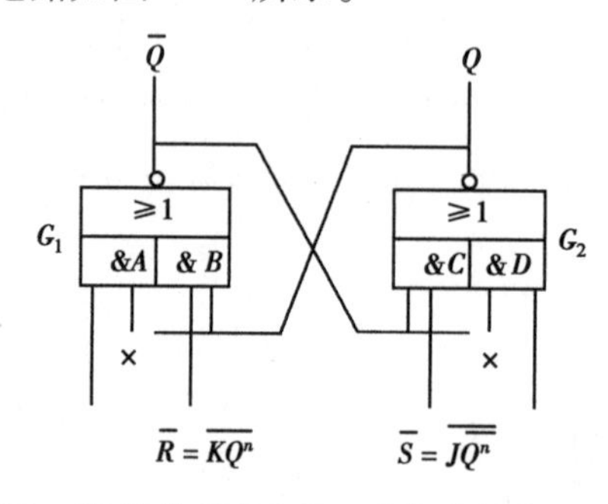

图 6.20　CP 脉冲从高电平 1 跳变为低电平 0 时的等效电路

利用 RS 触发器的特性方程，将 $\overline{R}$ 和 $\overline{S}$ 关系代入后得：

$$Q^{n+1}=S+\overline{R}Q^n=J\overline{Q^n}+\overline{\overline{KQ^n}}Q^n=J\overline{Q^n}+\overline{K}Q^n$$

由以上分析可知，在 $CP=0$ 和 $CP=1$ 期间，触发器状态均维持不变，只有时钟下降沿到达时刻的 J，K 值才能对触发器起作用，并引起翻转，实现了边沿 JK 触发器的功能。

（2）集成边沿 JK 触发器 74LS112

集成边沿 JK 触发器的常用芯片为 74LS112。该芯片由两个独立的下降沿触发的边沿 JK 触发器组成，其逻辑符号如图 6.18（b）所示，功能见表 6.7。

表 6.7　74LS112 双 JK 触发器功能表

输入					输出		说明
$\overline{R_D}$	$\overline{S_D}$	CP	J	K	Q^{n+1}	$\overline{Q^{n+1}}$	
0	1	×	×	×	0	1	异步置 0
1	0	×	×	×	1	0	异步置 1
1	1	↓	0	0	Q^n	$\overline{Q^n}$	保持

续表

输入					输出		说明
$\overline{R_D}$	$\overline{S_D}$	CP	J	K	Q^{n+1}	$\overline{Q^{n+1}}$	
1	1	↓	0	1	0	1	置0
1	1	↓	1	0	1	0	置1
1	1	↓	1	1	$\overline{Q^n}$	Q^n	翻转
1	1	1	×	×	Q^n	$\overline{Q^n}$	保持
0	0	×	×	×	0	1	不允许

从表6.7中可以看出,74LS112有以下主要功能:

①异步置0。当$\overline{R_D}=0,\overline{S_D}=1$时,触发器立即置0,它与时钟脉冲$CP$及$J,K$的输入信号无关。

②异步置1。当$\overline{R_D}=1,\overline{S_D}=0$时,触发器立即置1,它与时钟脉冲$CP$及$J,K$的输入信号无关。

由此可知,$\overline{R_D},\overline{S_D}$端的置0、置1信号对触发器的控制作用优先于$CP$和$J,K$的信号。

当$\overline{R_D}=\overline{S_D}=1$时,其功能与同步JK触发器相同,只是CP脉冲触发方式为下降沿有效。

当$\overline{R_D},\overline{S_D}$同时为0时,触发器的输出状态不确定,这种情况是不允许的。

【例6.5】　边沿JK触发器输入信号J、K、时钟脉冲CP、异步置位端$\overline{R_D}$和$\overline{S_D}$的波形如图6.21所示,试画出触发器输出端Q和$\overline{Q}$的波形,设初始状态为0。

解　根据表6.7,异步复位、置位信号有效时,无论时钟CP,J,K处于何种状态都会把输出端置0或置1,只有当异步复位、置位信号无效时,触发器的次态变化只取决于CP上升沿到达时刻J和K端的状态,得到如图6.21所示的输出电压波形。

6.1.7　触发器逻辑功能的转换

前面介绍了几种逻辑功能不同的触发器,但市场上出售的集成触发器大多是D触发器和JK触发器。这是因为D触发器在单端信号输入时使用较为方便,而JK触发器的逻辑功能较为完善。实际工作中,经常需要利用手中现有的触发器完成其他触发器的逻辑,这就需要将不同逻辑功能的触发器进行转换。触发器间的转换就是在已有触发器的基础上,通过增加附加转换电路,使之转变成另一种类型的触发器。

触发器转换的方法常采用公式法,其转换步骤如下:

①分别写出转换前后触发器的特性方程;

②比较两个触发器的特性方程,求出转换电路的逻辑表达式;

③画出逻辑电路图。

1)JK触发器转换为D触发器

D触发器的特性方程为$Q^{n+1}=D=D\overline{Q^n}+DQ^n$,将它与JK触发器的特性方程$Q^{n+1}=J\overline{Q^n}+\overline{K}Q^n$进行比较,可得$J=D,K=\overline{D}$,其转换图如图6.22所示。

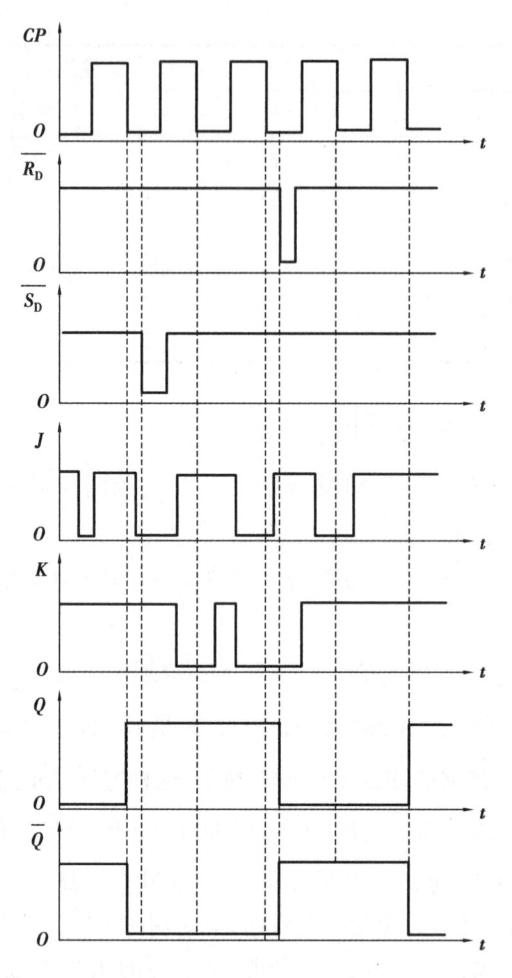

图 6.21　例 6.5 的波形

2)JK 触发器转换为 T 触发器

T 触发器的特性方程为 $Q^{n+1}=T\overline{Q^n}+\overline{T}Q^n$,将它与 JK 触发器的特性方程 $Q^{n+1}=J\overline{Q^n}+\overline{K}Q^n$ 进行比较,可得 $J=K=T$,其转换图如图 6.23 所示。

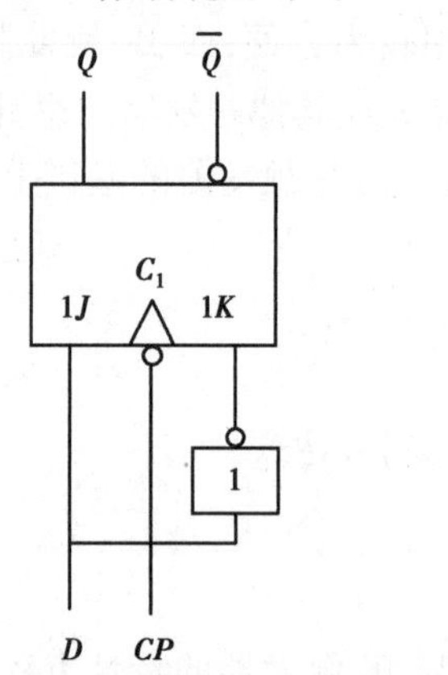

图 6.22　JK 触发器转换为 D 触发器的逻辑图

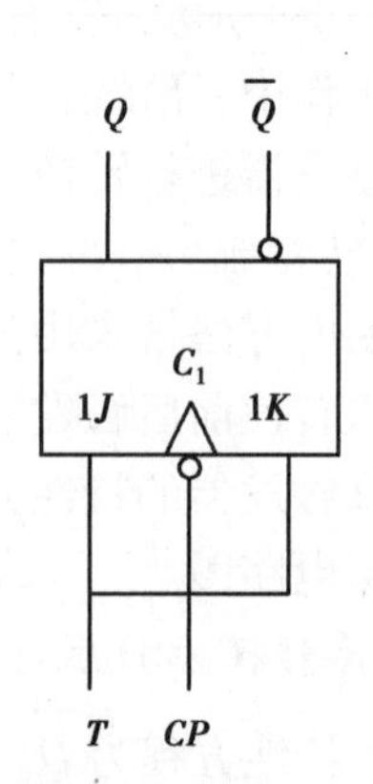

图 6.23　JK 触发器转换为 T 触发器的逻辑图

3)D 触发器转换为 JK 触发器

JK 触发器的特性方程为 $Q^{n+1}=J\overline{Q^n}+\overline{K}Q^n$，将它与 D 触发器特性方程 $Q^{n+1}=D$ 进行比较，可得 $D=J\overline{Q^n}+\overline{K}Q^n$，其转换图如图 6.24 所示。

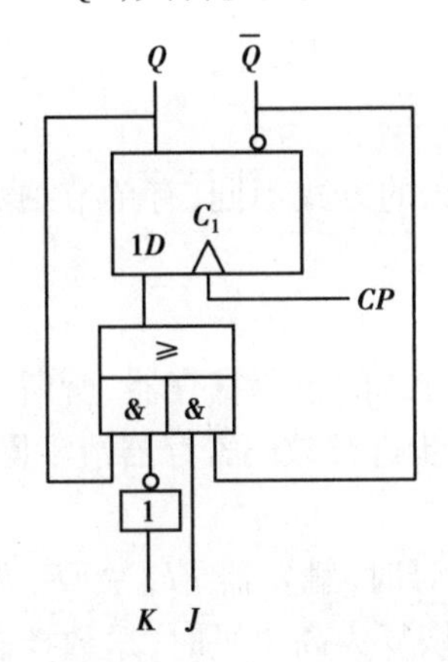

图 6.24　D 触发器转换为 JK 触发器的逻辑图

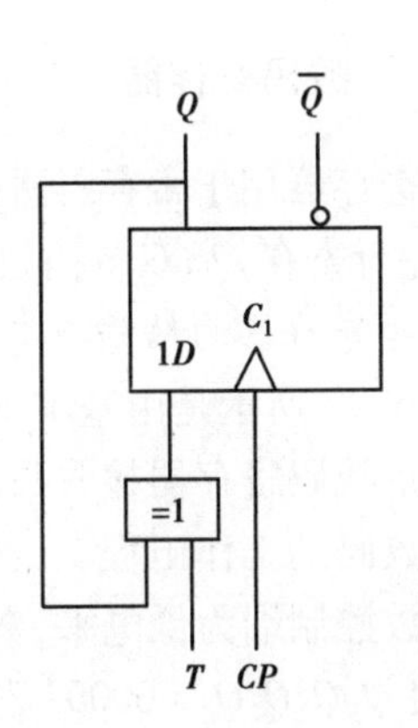

图 6.25　D 触发器转换为 T 触发器的逻辑图

4)D 触发器转换为 T 触发器

T 触发器的特性方程为 $Q^{n+1}=T\overline{Q^n}+\overline{T}Q^n$，将它与 D 触发器特性方程 $Q^{n+1}=D$ 进行比较，可得 $D=T\overline{Q^n}+\overline{T}Q^n=T\oplus Q^n$，其转换图如图 6.25 所示。

6.2　寄存器

寄存器在触发脉冲的作用下能够实现多位二进制信息寄存和移位等功能。它被广泛用于各类数字系统中。

如图 6.26 所示是寄存器的结构示意框图。

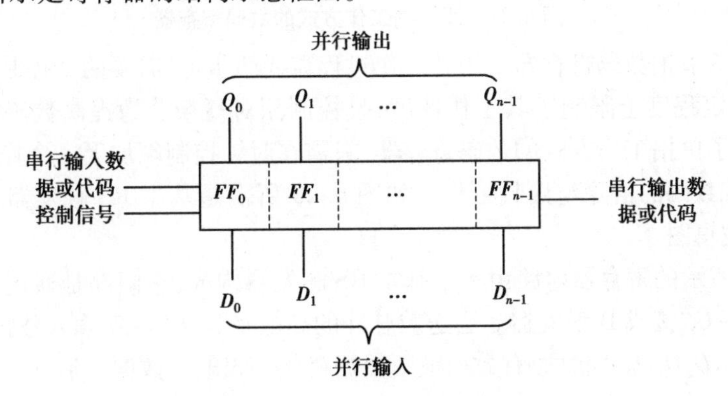

图 6.26　n 位寄存器结构示意框图

寄存器是由具有存储功能的触发器构成的，一个触发器能存储一位二进制，用 n 个触发器组成的寄存器能存储一组 n 位二进制代码。

寄存器的主要任务是暂时存储二进制数据或代码，一般情况下，不对存储内容进行处理，逻辑功能比较单一。寄存器按功能差别可分为数码寄存器和移位寄存器。移位寄存器中存储的数据或代码，在移位脉冲的操作下，可以依次逐位右移或左移，数据或代码的输入或输出既可以并行，也可以串行，使用更加灵活。

6.2.1 数码寄存器

数码寄存器用于寄存二进制信息。根据寄存二进制信息的方式不同，有单节拍数码寄存器（也称并行寄存）和双节拍数码寄存器等不同类型。

1）数码寄存器的结构与工作原理

如图 6.27 所示是由基本 RS 触发器构成的双节拍工作方式的数码寄存器，所谓双节拍工作方式是指数码寄存器接收数码的过程分为两步完成：第一步进行数码寄存器清零操作；第二步是接收数码的工作工程。

当送数控制端为低电平，数码清零控制端加入低电平信号时，触发器 $FF_0 \sim FF_3$ 处于复位状态，输出 $Q_3Q_2Q_1Q_0=0000$，数码寄存器清零。复位控制端恢复为高电平时，送数控制端加上高电平信号，则

$$Q_i^{n+1}=S+\overline{R}Q^n=\overline{\overline{D_i}}+1\cdot 0=D_i(i=0\sim 3)$$

即将输入数据输入数码寄存器中暂存。

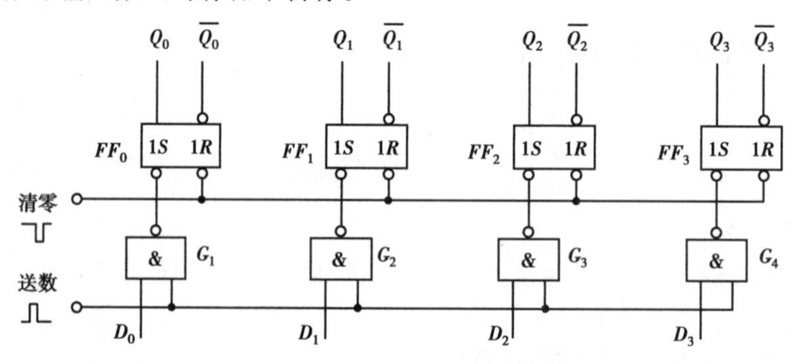

图 6.27 双节拍工作方式的数码寄存器

不难看出，双节拍数码寄存器由于其工作过程需要两步走、需要两个控制脉冲信号才能可靠工作，这在一定程度上限制了其工作速度，且控制相对复杂。为提高数码寄存器的工作速度，人们设计出了单拍工作方式的数码寄存器，只需在时钟控制端加上一个控制接受数据的脉冲信号即可完成数码的清除与接收工作。如图 6.28 所示是基于 RS 触发器进行工作的单拍数码寄存器的逻辑图。

如图 6.28 所示的寄存器电路由 4 个基本 RS 触发器构成，它们都是通过对应的输入端的控制逻辑门 $G_1 \sim G_8$ 接成 D 触发器。当送数脉冲的高电平到达时，新输入数据即送入寄存器，即 $Q_3Q_2Q_1Q_0=D_3D_2D_1D_0$，同时原有数据被新数据替代。该电路数据的清除与数据的存入是一步完成的，即属于单拍工作方式，较好地克服了双拍工作方式的不足。

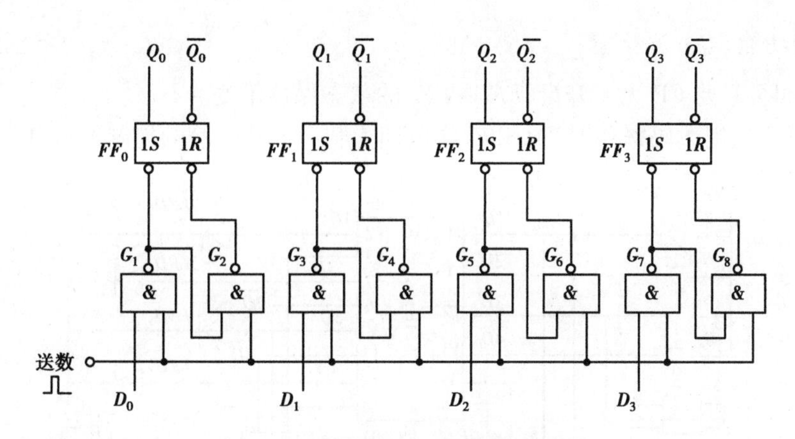

图 6.28　单拍工作方式的数码寄存器

2)集成数码寄存器

如图 6.29 所示是集成数码寄存器 74LS175 的逻辑图。$D_3 \sim D_0$ 是并行数码输入端,$\overline{CR}$ 是清零端,CP 是时钟输入端,$Q_3 \sim Q_0$ 是并行数码输出端。由表可知,它具有以下主要功能。

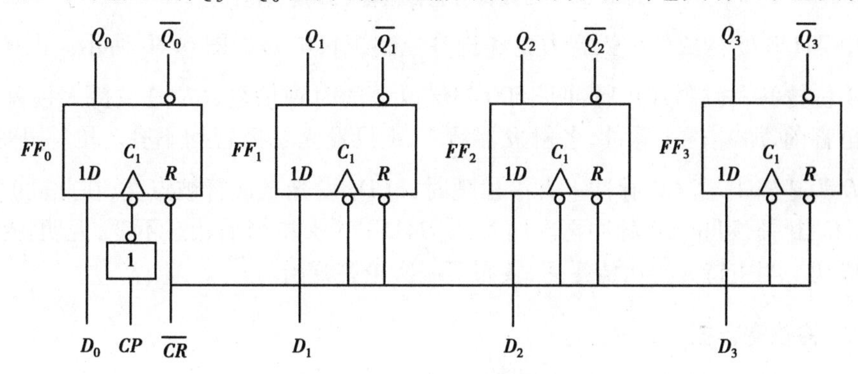

图 6.29　74LS175 的逻辑图

74LS175 的功能表,见表 6.8。

表 6.8　74LS175 的功能表

输入						输出			
$\overline{CR}$	CP	D_3	D_2	D_1	D_0	Q_3	Q_2	Q_1	Q_0
0	×	×	×	×	×	0	0	0	0
1	↑	d_3	d_2	d_1	d_0	d_3	d_2	d_1	d_0
1	0	×	×	×	×	保持			

由表 6.8 可知,74LS175 具有以下主要功能。

(1)清零

当$\overline{CR}=0$ 时,异步清零。触发器 $FF_3 \sim FF_0$ 都被置 0,即 $Q_3Q_2Q_1Q_0=0000$。

(2)并行置数

当$\overline{CR}=1$ 时,CP 上升沿置数,即 $Q_3^{n+1}Q_2^{n+1}Q_1^{n+1}Q_0^{n+1}=d_3d_2d_1d_0$。

(3)保持功能

当$\overline{CR}=1$ 时,只要 CP 无上升沿,$FF_3 \sim FF_0$ 的状态保持不变。

【例 6.6】 试用数码寄存器 74LS175 构成四人智力竞赛抢答的控制逻辑电路。

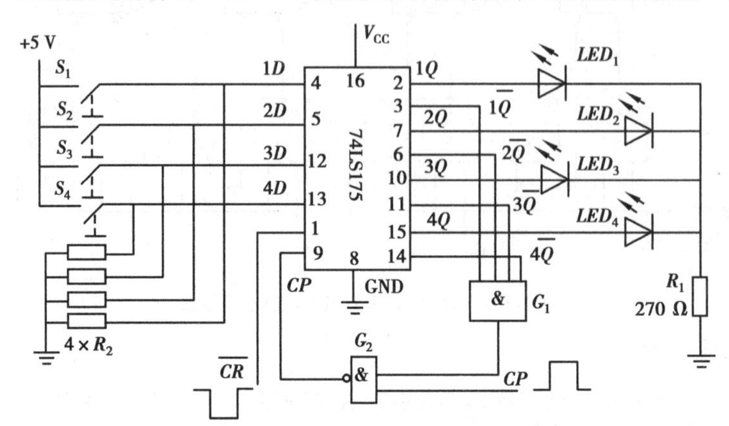

图 6.30 四人智力竞赛抢答控制逻辑电路

解 由 74LS175 构成的四人智力竞赛抢答控制逻辑电路如图 6.30 所示。图中 $S_4 \sim S_1$ 4 只开关由 4 位抢答者控制,CP 脉冲是 500 kHz 以上的时钟信号,$\overline{CR}$ 是主持人控制的总清零端。开始抢答前,加“清零”脉冲,各触发器清零,4 只发光二极管均不亮。抢答开始后,假设 S_1 先按,1D 为逻辑 1,当 CP 脉冲上升沿出现时,LED_1 发光二极管被点亮,在此同时,$1\overline{Q}$ 输出低电平,将 G_2 封锁,阻止 CP 脉冲再次加入,使 74LS175 保持当前状态不变,说明控制 S_1 的抢答者抢答成功。当主持人再次清零后,宣布下一次抢答开始。

6.2.2 移位寄存器

移位寄存器主要实现串入并出(SIPO)(串行输入并行输出)或并入串出(PISO)(并行输入串行输出)操作,当然还有串入串出(SISO)和并入并出(PIPO)操作。数码寄存器属于并行输入寄存器。当待寄存的二进制数位较长时,需要较多的数据输入,在一些场合为了满足该要求,需要付出较大的代价。例如,常见 IC 卡的内置芯片中存储着用户信息,IC 卡与读卡器的连接需要通过一组数据线相连,为保证连接可靠性,其接口线采用 18K 镀金引脚,若采用并行读写方式,对 16 位数据的宽度,仅数据线就需要 16 个镀金引脚,这不但增加了成本,而且增加了 IC 卡的体积。而移位寄存器能较好地解决这个问题。

按照移位方式的不同,移位寄存器分为单向移位寄存器和双向移位寄存器。

(1)单向移位寄存器

图 6.31 是由边沿 D 触发器构成的 4 位单向移位寄存器。

在图 6.31(a)所示的右移移位寄存器中,第一个触发器 FF_0 的输入端接收输入信号 D_i,其余的每个触发器输入端均与前一个触发器的输出端 Q 相连。假设各个触发器的初始状态均为 0,即 $Q_3^n Q_2^n Q_1^n Q_0^n = 0000$,可以通过画时序图的方法分析。当移位寄存器中要寄存一组串行输入的 4 位数据时,需要通过 4 个 CP 脉冲才能将 4 位数字移入寄存器。移出一组数据时同样需要 4 个 CP 脉冲。例如,要寄存 $D_3D_2D_1D_0 = 1011$ 数据时,D_0 位数据先行,并相继以 D_1,D_2,D_3 的顺序,每加一位数据送 1 个 CP 脉冲,第 4 个 CP 上升沿后,4 位数据 1011 存入数码寄存器中。若要将存入的数据1011移出移位寄存器,同样需要加4个CP脉冲。存入1011和移出这4位数据的时序图如图6.32所示。

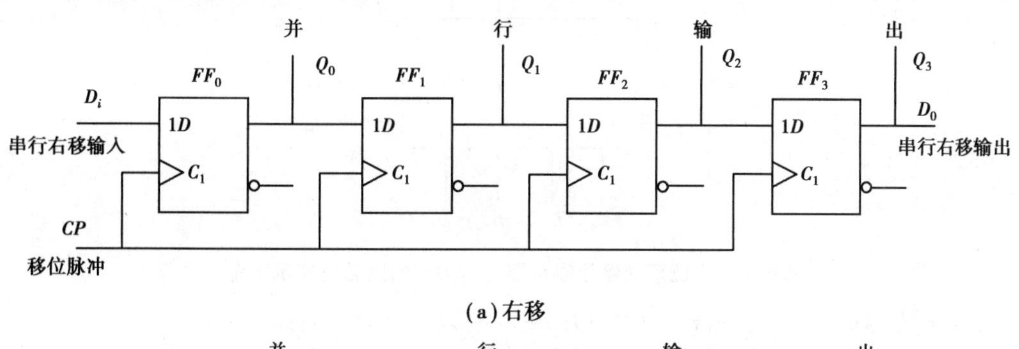

(a)右移

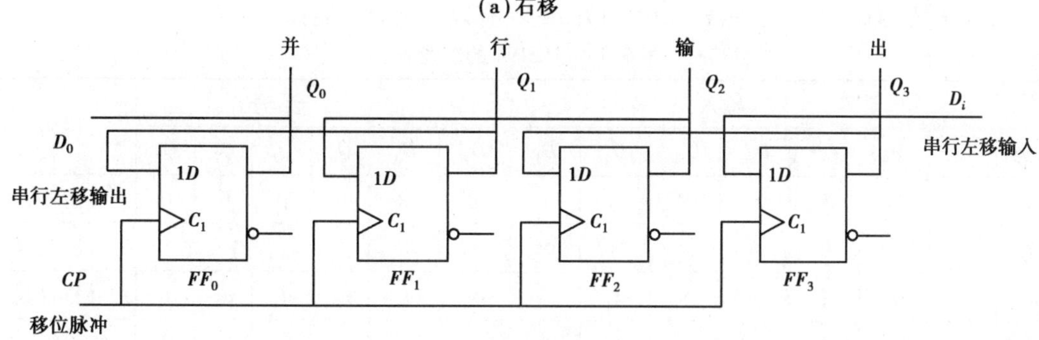

(b)左移

图6.31　由边沿D触发器构成的4位单向移位寄存器

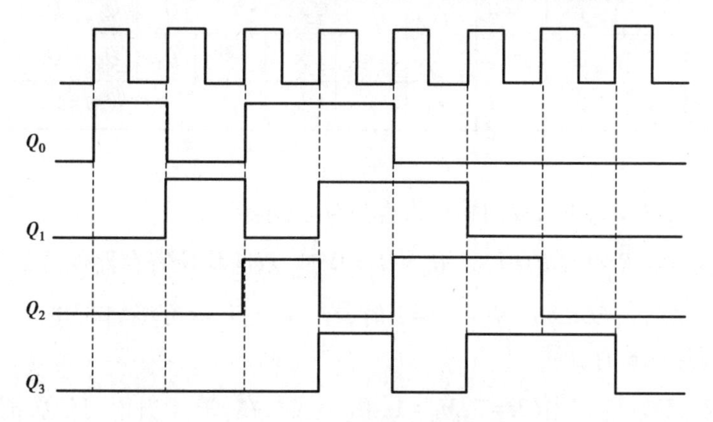

图6.32　存入1011和移出该数据的时序图

如图6.31(b)所示为左移移位寄存器,其工作原理与右移移位寄存器并无本质区别,只是移位方向变了。

(2)双向移位寄存器

把左移和右移移位寄存器组合起来,加上移位方向控制,便可构成双向移位寄存器。集成移位寄存器的产品较多,现以典型的4位双向移位寄存器74LS194为例,说明其工作原理。

图6.33是4位双向移位寄存器74LS194的逻辑功能示意图。$\overline{CR}$是清零端,M_0和M_1是工作状态控制端,D_{SR}和D_{SL}分别是右移和左移串行数码输入端,$D_0 \sim D_3$是并行数码输入端,$Q_0 \sim Q_3$是并行数码输出端,CP是移位时钟脉冲。

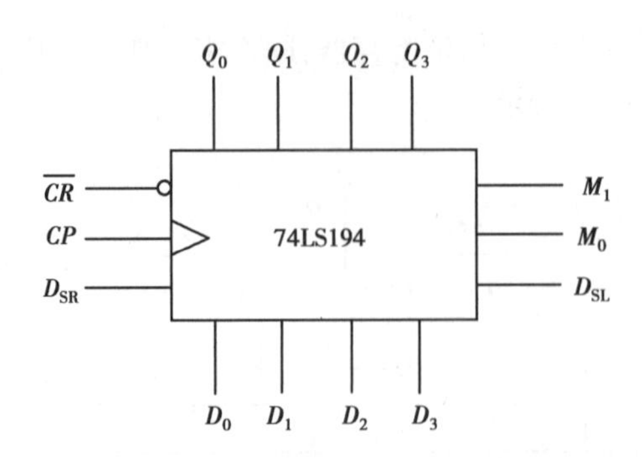

图 6.33　4 位双向移位寄存器 74LS194 的逻辑功能示意图

表 6.9 是 74LS194 的功能表,由表可知,它具有以下主要功能:

表 6.9　74LS194 的功能表

输入										输出				说明
$\overline{CR}$	M_1	M_0	CP	D_{SL}	D_{SR}	D_0	D_1	D_2	D_3	Q_0	Q_1	Q_2	Q_3	
0	×	×	×	×	×	×	×	×	×	0	0	0	0	清零
1	×	×	0	×	×	×	×	×	×	保持				
1	1	1	↑	×	×	d_0	d_1	d_2	d_3	d_0	d_1	d_2	d_3	并行置数
1	0	1	↑	×	1	×	×	×	×	1	Q_0	Q_1	Q_2	右移输入 1
1	0	1	↑	×	0	×	×	×	×	0	Q_0	Q_1	Q_2	右移输入 0
1	1	0	↑	1	×	×	×	×	×	Q_1	Q_2	Q_3	1	左移输入 1
1	1	0	↑	0	×	×	×	×	×	Q_1	Q_2	Q_3	0	左移输入 0
1	0	0	×	×	×	×	×	×	×	保持				

①清零功能。当$\overline{CR}=0$ 时,双向移位寄存器异步清零。

②保持功能。当$\overline{CR}=1$,$CP=0$,或 $M_0=M_1=0$ 时,双向移位寄存器保持状态不变。

③并行置数功能。当$\overline{CR}=1$,$M_0=M_1=1$ 时,在 CP 上升沿可将加在并行输入端 $D_0 \sim D_3$ 的数码 $d_0 \sim d_3$ 并行送入寄存器中。

④右移串行送数功能。当$\overline{CR}=1$,$M_0=1$,$M_1=0$ 时,在 CP 上升沿可依次把加在 D_{SR} 端的数码从触发器 FF_0 串行输入寄存器中。

⑤左移串行送数功能。当$\overline{CR}=1$,$M_0=0$,$M_1=1$ 时,在 CP 上升沿可依次把加在 D_{SL} 端的数码从触发器 FF_3 串行输入寄存器中。

【例 6.7】　并串转换电路是通信系统中的重要组成部分,在远距离传输时,数据的发送端往往是并行信号,而传输时常用串行信号,试用两片 74LS194 实现 8 位数据的并串转换。

解　设 8 位数据的前 7 位为信息数据,最后 1 位数据为本字节传送结束标志“0”。在 M_0 和 M_1 的控制下将 8 位并行数据输入,通过左移控制将并行数据从第 1 位至第 8 位依次输出变换成 8 位串行数据。电路设计如图 6.34 所示,该电路的工作原理是:首先通过启动脉冲(低电平有效),将第一个需要转换的 8 位数据载入,随着启动信号恢复到高电平,门 G_1 输出低电平,移位寄存器进入左移工作状态,由于第二片移位寄存器的左移输入信号为“0”,当 8 位数据全部串行移位输出后,内部触发器的输出全部变为“1”,进行下一个 8 位数据的转换。

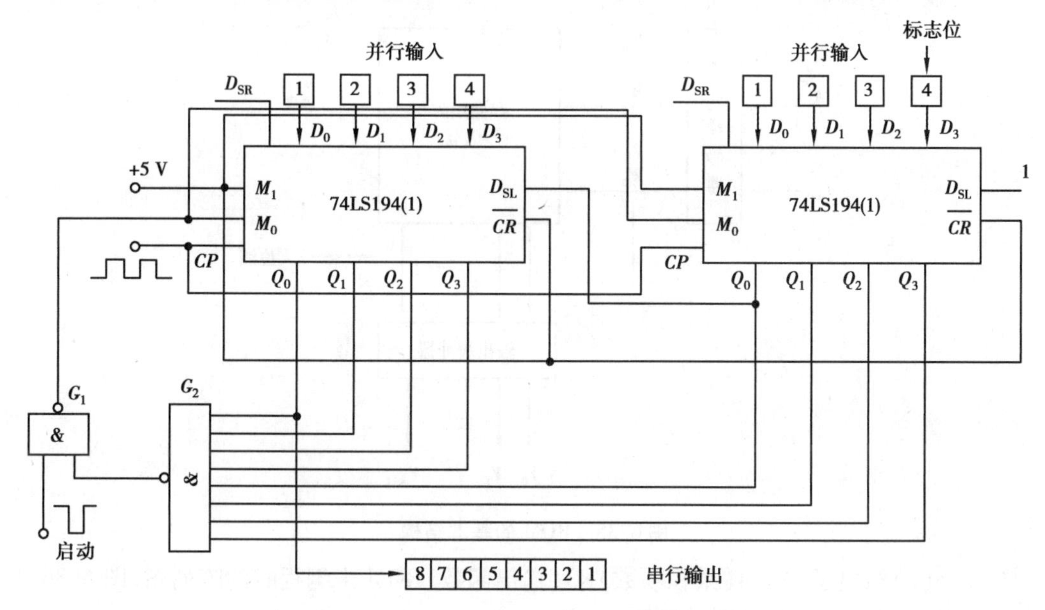

图 6.34　74LS194 实现 8 位数据的并串转换

6.3　半导体存储器

数字信号的一个很大优点是信息容易存储,且可以不失真地读出(复原)。存储大量二进制信息的设备和器件有软磁盘、硬磁盘、磁带机、光盘及半导体存储器等。其中,半导体存储器具有存取速度快、集成度高、体积小、功耗低、容量扩充方便等优点,是微处理器系统中不可缺少的一部分。半导体存储器通常与微处理器直接相连,用于存放微处理器的指令和数据。微处理器在工作过程中,不断对半导体存储器中的数据进行存取操作。

半导体存储器从存、取功能上可分为只读存储器(Read Only Memory,ROM)和随机存储器(Random Access Memory,RAM)两大类。

6.3.1　只读存储器(ROM)

只读存储器在正常工作状态下只能从中读取数据,不能快速地随时修改或重新写入数据。ROM 的优点是电路结构简单,而且在断电后数据不会丢失。其缺点是只适用于存储固定数据的场合。只读存储器中有掩模 ROM、可编程 ROM(Programmable Read-Only Memory,PROM)和可擦除的可编程 ROM(Erasable Programmable Read-Only Memery,EPROM)几种不同类型,掩模 ROM 中的数据在制作时已经确定,无法更改。PROM 中的数据可以由用户根据自己的需要写入,但一经写入后就不能再修改了。EPROM 中的数据则不但可以由用户根据自己的需要写入,而且还能擦除重写,因此具有更大的使用灵活性。

ROM 的基本结构如图 6.35 所示。图中 $A_{n-1} \sim A_0$ 是与阵列的 n 个输入变量,经不可编程的与阵列产生输入变量的 2^n 个最小项(乘积项)$W_{2^n-1} \sim W_0$。可编程的或阵列可按编程的结果产生 m 个输出函数 $Y_{m-1} \sim Y_0$。

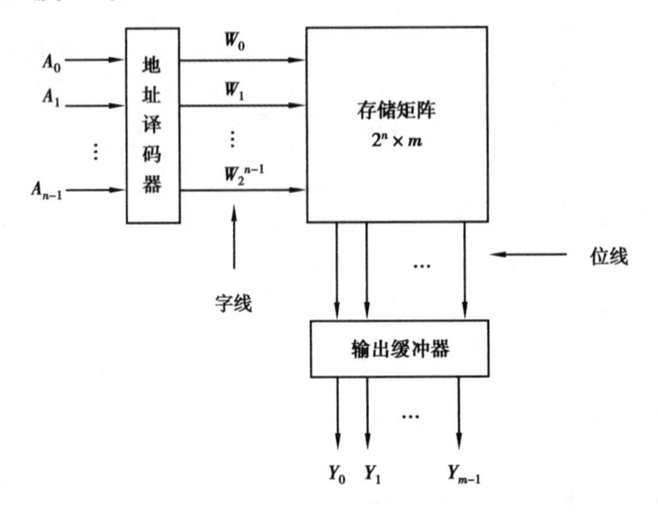

图 6.35　ROM 的基本结构

图 6.36(a)给出了一个 4(乘积项数)×3(输出函数)ROM 未编程时的阵列图,图 6.36(b)是 4×3 ROM 经编程后的阵列图。显然

$$\begin{cases} W_0 = \overline{A_1}\,\overline{A_0} \\ W_1 = \overline{A_1}A_0 \\ W_2 = A_1\,\overline{A_0} \\ W_3 = A_1A_0 \end{cases}$$

从而该 ROM 实现了 3 个二输入变量的逻辑函数。

$$\begin{cases} Y_0 = \overline{A_1}A_0 + A_1\overline{A_0} \\ Y_1 = \overline{A_1}\,\overline{A_0} + A_1\overline{A_0} + A_1A_0 \\ Y_2 = \overline{A_1}A_0 + A_1\overline{A_0} + A_1A_0 \end{cases}$$

显然,对如图 6.36(a)所示的 ROM,只要对或阵列进行适当的编程,就可以实现任意二输入 3 输出逻辑函数。因此 ROM 是一个可编程逻辑器件。

现从另一个角度考察如图 6.36(b)所示的 ROM,并把 A_1A_0 看作地址信号,输出 $Y_2Y_1Y_0$ 看作某一信息。显然,当 $A_1A_0=00$ 时,输出 $Y_2Y_1Y_0=010$,也就是说,在地址为 00 时,可以从 ROM 的输出取得信息 010,也可以说在 ROM 的 00 这个信息单元内存储有信息 010;同理,当地址码分别为 01,10,11 时,可依次读出相应信息单元中存储的信息 101,111 和 110。因此,从这个意义上讲,ROM 是一个存储器,图 6.36(c)给出了该 ROM 各信息单元存储的信息示意图。因为对存储单元存入信息,实质上就是在可编程或阵列中接入或者不接入耦合元件,这是在编程时决定的,因此,在 ROM 运行过程中只能“读出”,不能“写入”,它与既可“读出”又可“写入”的 RAM 是不同的,因此称为只读存储器。

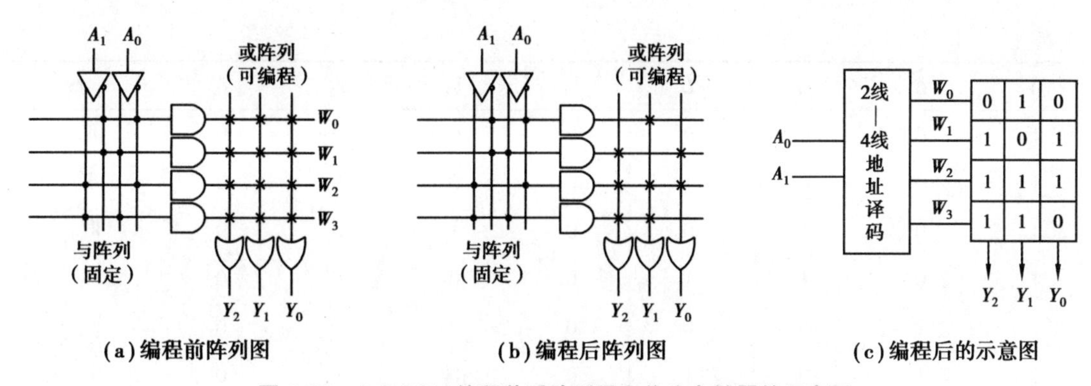

(a)编程前阵列图　(b)编程后阵列图　(c)编程后的示意图

图6.36　4×3 ROM编程前后阵列图和作为存储器的示意图

若从存储器的角度来分析ROM的结构，又可以发现，不可编程的与阵列可以看作全地址译码器，可编程的或阵列可视为信息存储阵列，从而有如图6.35所示ROM结构图。这里的$A_{n-1}\sim A_0$就是ROM的n位地址输入，经地址译码产生2^n根字线$W_{2^n-1}\sim W_0$，它们分别指向存储阵列中的2^n个信息单元(字)，存储阵列中每个存储单元有m位。共有$2^n\times m$个记忆单元，每个记忆单元中存放有0或1信息。当某个字线W_i有效时，对应信息单元被选中，该单元的m位二进制信息经m根位线$Y_{m-1}\sim Y_0$输出。

人们用存储阵列中记忆单元的个数$2^n\times m$表示ROM的存储容量，它表征了ROM能够存储信息的数量，也恰好等同于作为PLD的与门数和或门数的乘积。

【例6.8】　用适当存储容量的ROM实现下列一组逻辑函数。

$$\begin{cases} Y_1=\bar{A}BC+\bar{A}\,\bar{B}C \\ Y_2=A\bar{B}C\bar{D}+BC\bar{D}+\bar{A}BCD \\ Y_3=ABC\bar{D}+\bar{A}B\bar{C}\,\bar{D} \\ Y_4=\bar{A}\,\bar{B}C\bar{D}+ABCD \end{cases}$$

解　(1)列出函数的真值表。按A,B,C,D排列变量，列出上述4个函数的真值表，见表6.10。为了便于画阵列图，表中还列出了被选中的字线。

表6.10　例6.8的真值表

A	B	C	D	Y_1	Y_2	Y_3	Y_4	字线
0	0	0	0	0	0	0	0	W_0
0	0	0	1	0	0	0	0	W_1
0	0	1	0	1	0	0	1	W_2
0	0	1	1	1	0	0	0	W_3
0	1	0	0	0	0	1	0	W_4
0	1	0	1	0	0	0	0	W_5
0	1	1	0	1	1	0	0	W_6
0	1	1	1	1	1	0	0	W_7

续表

A	B	C	D	Y_1	Y_2	Y_3	Y_4	字线
1	0	0	0	0	0	0	0	W_8
1	0	0	1	0	0	0	0	W_9
1	0	1	0	0	1	0	0	W_{10}
1	0	1	1	0	0	0	0	W_{11}
1	1	0	0	0	0	0	0	W_{12}
1	1	0	1	0	0	0	0	W_{13}
1	1	1	0	0	1	1	0	W_{14}
1	1	1	1	0	0	0	1	W_{15}

(2)选择合适的 ROM,对照真值表画出逻辑函数的阵列图。用 ROM 实现这 4 个逻辑函数时,只要将 4 个变量 A,B,C,D 作为 ROM 的输入地址代码,而将 4 个逻辑函数作为 ROM 中存储单元存放的数据。显然,该 ROM 的存储容量为 16×4 位,即存储 16 个字,每字四位。

根据表 6.10 可以画出用 ROM 来实现这 4 个逻辑函数的阵列图,如图 6.37 所示。

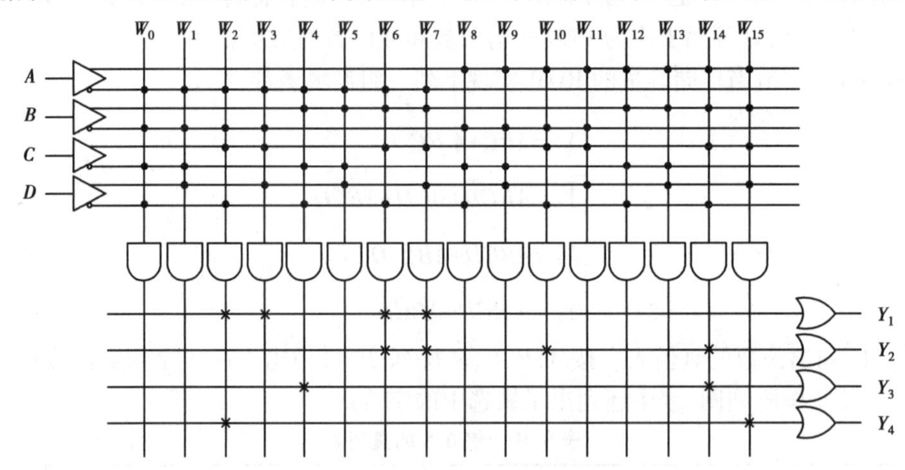

图 6.37　例 6.8 的阵列图

地址译码器输出 16 条字线 $W_0 \sim W_{15}$,被选中的字线为高电平。存储矩阵有 4 条位线 Y_1,Y_2,Y_3,Y_4。在 Y_1 线与字线 W_2,W_3,W_6,W_7 交叉点上打上叉(存 1)。同样,在 Y_2 线与字线 W_6,W_7,W_{10},W_{14} 交叉点上也打上叉(存 1),在 Y_3 线与字线 W_4 和 W_{14} 交叉点上也打上叉(存 1),在 Y_4 线与字线 W_2 和 W_{15} 交叉点上也打上叉(存 1),即得到由 ROM 实现这 4 个逻辑函数的阵列图。

对照表 6.10 和图 6.37 可知,用 ROM 实现组合逻辑函数的本质就是将待实现函数的真值表存入 ROM 中,即将输入变量的值对应存入 ROM 的地址译码器(与阵列)中,将输出函数的值对应存入 ROM 的存储单元(或阵列)中。电路工作时,根据输入信号(即 ROM 的地址信号)从 ROM 中将所存函数值再读出来,这种方法称为查表法。

6.3.2　随机存储器(RAM)

随机存储器也称为随机读/写存储器,简称 RAM。它在工作时可以随时从任何一个指定的地址读取数据,也可以随时将数据写入任何一个指定的存储单元中。其主要优点是读、写方便,使用灵活;主要缺点是它的易失性,当断电时,存储器会丢失所有的信息。根据制造工艺的不同,可分为 TTL 型和 MOS 型存储器。根据工作原理的不同,又可分为静态 RAM(Static RAM,SRAM)和动态 RAM(Dynamic RAM,DRAM)。SRAM 的存储单元是以双稳态锁存器或触发器为基础构成的,在供电电源维持不变的情况下,信息不会丢失,缺点是集成度较低。DRAM 的存储原理是以 MOS 管栅极电容为基础的,电容中电荷由于漏电会逐渐丢失,故 DRAM 需要定时刷新,否则信息会丢失,其优点是电路简单、集成度较高。

RAM 的电路由存储器矩阵、地址译码器和读/写控制电路 3 部分组成,其结构如图 6.38 所示。存储矩阵是由大量存储单元排列组成的,每个存储单元存储一位二进制数据(0 或 1),在地址译码和读/写控制电路的控制下可以实现对数据的写入和读出。

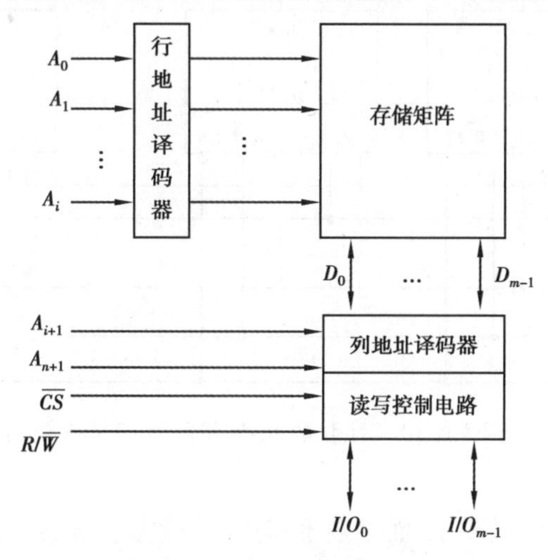

图 6.38　RAM 结构框图

地址译码器有行地址译码器和列地址译码器两部分。行地址译码器将输入地址代码的若干位译成某一条字线的输出高、低电平信号,从存储矩阵中选中一行存储单元;列地址译码器将输入地址代码的其余几位译成某一条输出线上的高、低电平信号,从字线选中的一列存储单元中再选 1 位(或几位),使这些被选中的单元在读/写控制电路的控制下与输入/输出端(I/O)接通,实现对这些单元的读/写操作。读/写控制电路的读写操作由信号 $R/\overline{W}$ 控制。当读写控制信号 $R/\overline{W}=1$ 时,执行读操作,将存储单元中的数据送到 I/O 端;当读/写控制信号 $R/\overline{W}=0$ 时,执行写操作,将 I/O 端上的数据写入存储单元中;读/写控制电路中的 $\overline{CS}$ 为片选信号端。当 $\overline{CS}=0$ 时,RAM 可以进行正常的读/写操作;当 $\overline{CS}=1$ 时,RAM 所有的 I/O 端均为高阻态,不能对 RAM 进行读/写操作。片选信号端常用于系统 RAM 的扩展应用中。数字系统中经常有多片 RAM 芯片进行扩展,而系统一次只选其中的一片或几片进行读/写操作,系统可以通过 $\overline{CS}$ 的作用对各芯片进行控制。当 $\overline{CS}=0$ 时,该芯片被选中;当 $\overline{CS}=1$ 时,该芯片被禁止工作,其数据 I/O 端为高阻状态,呈现与数据总线脱离状态。

6.3.3 存储器的扩展

存储器的种类繁多,而且存储容量也各不相同。对于一片存储器来说,容量是有限的,当一片存储器不能满足系统对存储容量的要求时,则可将若干片存储器组合起来,构成满足存储容量要求的存储器。存储器扩展的方法分为位扩展和字扩展两种。

1)位扩展

当一片存储器的字数满足要求,而位数不够用时,就需要进行位扩展,将多片存储器组合成为位数更多的存储器。位扩展的方法是将各片存储器的地址线、读写控制线、片选线分别并接在一起,而各片的数据线作为扩展后的整个存储器的数据线。如图 6.39 所示为用 8 片 1024×1 位的 ROM 扩展为 1024×8 位的 RAM 的连接图。

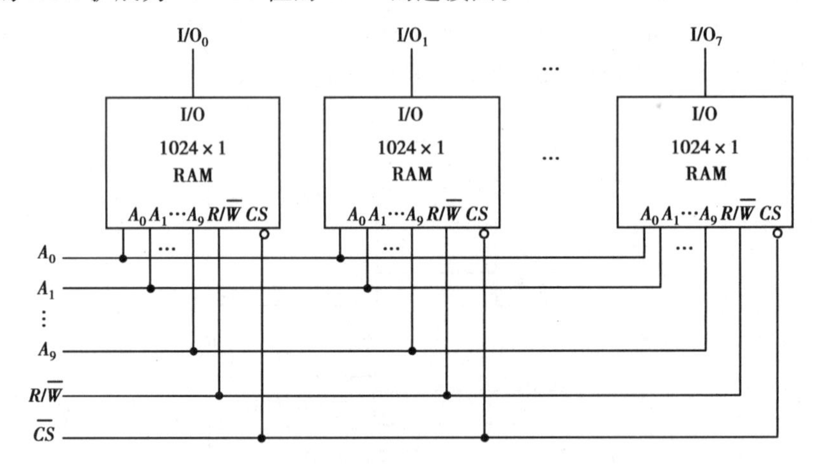

图 6.39 用 8 片 1024×1 位的 RAM 扩展为 1024×8 位的 RAM

2)字扩展

当一片存储器的位数满足要求,而字数不够用时,就需要进行字扩展,将多片存储器组合成字数更多的存储器。字扩展后,字数增加,相应的地址线增加,而每增加一位地址,可寻址单元数就增加 1 倍。字扩展的方法是将各片存储器的地址线、读写控制线、地址线分别并接在一起,用高位地址经过地址译码后产生的不同状态分别控制各芯片的片选控制线$\overline{CS}$。如图 6.40 所示为用 4 片 256×8 位的 RAM 扩展为 1024×8 位的 RAM 的连接图。表 6.11 为图 6.40 中各片 RAM 的地址分配。

表 6.11 图 6.40 中各片 RAM 的地址分配

器件编号	A_9	A_8	$\overline{Y_0}$	$\overline{Y_1}$	$\overline{Y_2}$	$\overline{Y_3}$	地址范围 $A_9\ A_8\ A_7\ A_6\ A_5\ A_4\ A_3\ A_2\ A_1\ A_0$
RAM(1)	0	0	0	1	1	1	00 00000000 ~ 00 11111111(000H ~ 0FFH)
RAM(2)	0	1	1	0	1	1	01 00000000 ~ 01 11111111(100H ~ 1FFH)

续表

器件编号	A_9	A_8	$\overline{Y_0}$	$\overline{Y_1}$	$\overline{Y_2}$	$\overline{Y_3}$	地址范围 $A_9\ A_8\ A_7\ A_6\ A_5\ A_4\ A_3\ A_2\ A_1\ A_0$
RAM(3)	1	0	1	1	0	1	10 00000000 ~ 10 11111111(200H ~ 2FFH)
RAM(4)	1	1	1	1	1	0	11 00000000 ~ 11 11111111(300H ~ 3FFH)

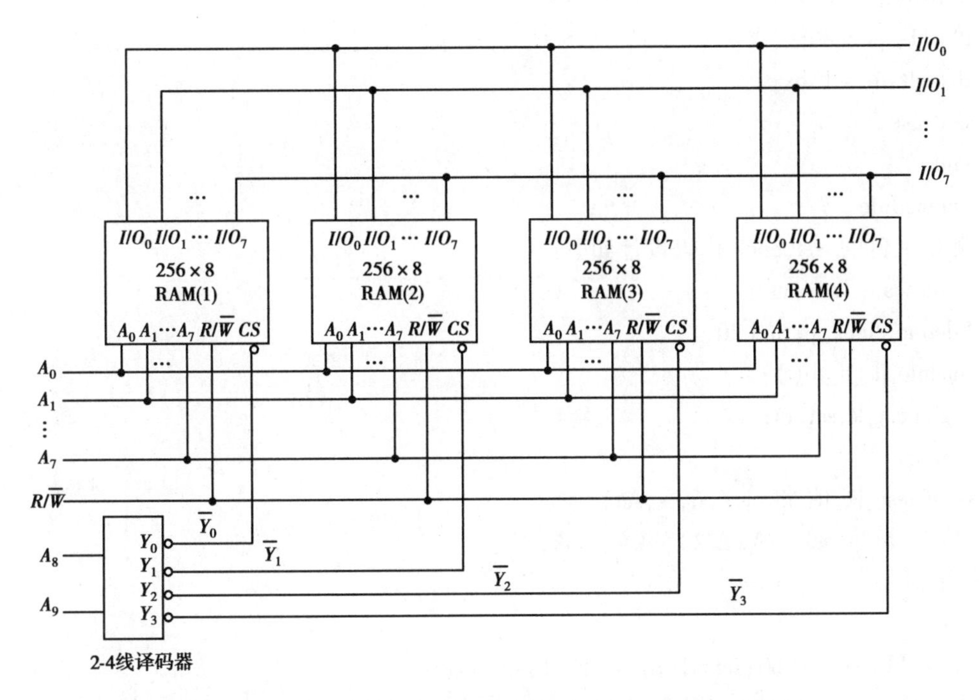

图6.40　用4片256×8位的RAM扩展为1024×8位的RAM

6.4　触发器的Verilog HDL描述及其仿真

JK触发器中J和K端是数据输入端，CLR端是异步复位控制输入端，低电平有效，当CLR=0时，触发器的状态被置为0态；LD端是异步置位控制输入端，低电平有效，当LD=0时，触发器的状态被置为1态；CLK是时钟输入端；Q是触发器的输出端。

【例6.9】　设计一个JK触发器。

解　假设JK触发器中J和K端是数据输入端，RS端是异步复位控制输入端，低电平有效，当rs=0时，触发器的状态被置为0态；set端是异步置位控制输入端，低电平有效，当set=0时，触发器的状态被置为1态；clk是时钟输入端；q是触发器的输出端。其Verilog HDL设计程序代码如下：

```
module jk_ff(clk,j,k,q,rs,set);
```

```
input clk,j,k,set,rs;
output reg q;
always@ (posedge clk,negedge rs,negedge set)
begin if(! rs) q<=1'b0;
else if(! set) q<=1'b1;
else case({j,k})
2'b00:q<=q;
2'b01:q<=1'b0;
2'b10:q<=1'b1;
2'b11:q<= ~q;
default:q<=1'bx;
endcase
end
endmodule
```

测试平台的 testbench 代码设计如下:

```
'timescale 1ns/1ns
'define clock_period 20
module jk_ff_tb();
reg clk,j,k,set,rs;
wire q;
jk_ff test_jk_ff(clk,j,k,q,rs,set);
always #('clock_period/2) clk= ~clk;
initial
begin
clk=1'b0;rs=1'b0;set=1'b1;j=1'b1;k=1'b0;
#('clock_period)   rs=1'b1;j=1'b1;k=1'b1;
#('clock_period*2) set=1'b0;j=1'b0;k=1'b1;
#('clock_period) set=1'b1;j=1'b1;k=1'b1;
#('clock_period*2)j=1'b0;k=1'b1;
#('clock_period*2)   j=1'b0;k=1'b0;
#('clock_period) j=1'b1;k=1'b0;
#('clock_period*2)j=1'b1;k=1'b1;
#('clock_period)
$stop;
end
endmodule
```

通过仿真验证功能设计是否正确,如图 6.41 所示。

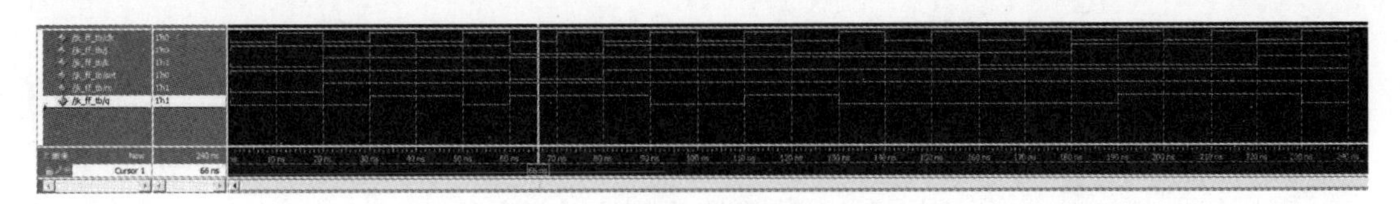

图6.41　例6.9的仿真波形图

由图6.41可知,当set=0时,q=1,说明触发器被异步置1。当rs=0时,q=0,说明触发器被异步置0。当set=rs=1,j=k=1时,触发器在CLK上升沿翻转;当set=rs=1,j=0,k=1时,触发器在CLK上升沿置0;当set=rs=1,j=0,k=0时,触发器的状态保持不变;当set=rs=1,j=1,k=0时,触发器在CLK上升沿置1。由此验证了例6.9给出的程序代码实现了上升沿触发的JK触发器的功能。

本章小结

(1)触发器是具有记忆功能的基本逻辑单元,它有两个稳定状态,在外界信号的作用下,可以从一个稳态转变为另一个稳态;无外界信号作用时状态保持不变。根据逻辑功能不同,触发器可分为RS触发器、JK触发器、D触发器、T触发器和T′触发器等几种类型。

(2)基本RS触发器可由两个与非门或两个或非门输出和输入交叉耦合构成,输出状态由输入信号的电平控制。由与非门组成的基本RS触发器的特性方程为:

$$\begin{cases}Q^{n+1}=S_{\mathrm{D}}+\overline{R_{\mathrm{D}}}Q_n\\ \overline{S_{\mathrm{D}}}+\overline{R_{\mathrm{D}}}=1\end{cases}$$

(3)同步触发器是在基本RS触发器的输入端增加了两个控制门,触发器的输出状态由R和S端输入信号决定,输入时钟脉冲控制其翻转时刻。

同步RS触发器的特性方程为:

$$\begin{cases}Q^{n+1}=S_{\mathrm{D}}+\overline{R_{\mathrm{D}}}Q_n\\ RS=0\end{cases}\quad (CP=1\text{ 期间有效})$$

同步JK触发器的特性方程为:

$$Q^{n+1}=J\overline{Q^n}+\overline{K}Q^n\quad (CP=1\text{ 期间有效})$$

同步D触发器的特性方程为:

$$Q^{n+1}=D\quad (CP=1\text{ 期间有效})$$

同步T触发器的特性方程为:

$$Q^{n+1}=T\overline{Q^n}+\overline{T}Q^n\quad (CP=1\text{ 期间有效})$$

同步T′触发器的特性方程为:

$$Q^{n+1}=\overline{Q^n}\quad (CP=1\text{ 期间有效})$$

(4)边沿触发器主要有边沿JK触发器和边沿D触发器两种,它们输出状态的改变只发生在时钟脉冲的下降沿或上升沿时刻。触发器的输出状态由CP下降沿或上升沿到达前一瞬间的输入信号决定。因此,边沿触发器具有很强的抗干扰能力。

边沿 JK 触发器的特性方程为：

$$Q^{n+1}=J\overline{Q^n}+\overline{K}Q^n \quad (CP\text{ 下降沿到达时刻有效})$$

边沿 D 触发器的特性方程为：

$$Q^{n+1}=D \quad (CP\text{ 下降沿到达时刻有效})$$

(5)寄存器是由触发器构成的,可分为数码寄存器和移位寄存器两种。移位寄存器中输入或输出代码既可以并行,也可以串行。74LS194 是典型的 4 位双向移位寄存器。

(6)半导体存储器是一种能存储大量二值数据的半导体器件,按照存取方式的不同,可分为只读存储器 ROM 和随机存储器 RAM。只读存储器按照编程方式可分为掩膜只读存储器 ROM、可编程只读存储器 PROM、可擦除可编程只读存储器 EPROM、电可擦除可编程只读存储器 EEPROM 以及快闪存储器。随机存储器可分为静态随机存储器 SRAM 和动态随机存储器 DRAM。

(7)不同类型的存储器具有不同的应用场合。使用时可以根据存储器的不同扩展方式由存储容量较小的存储器芯片扩展为更大的存储容量空间。

习　题

1. 如何消除键盘机械抖动的干扰是一个重要技术问题,目前有软件与硬件两种手段消除机械抖动干扰,如图 6.42 所示是一种 RS 触发器构成的硬件去抖动电路,请画出图示开关由 A 向 B 转接过程中输出端 Q 的波形?

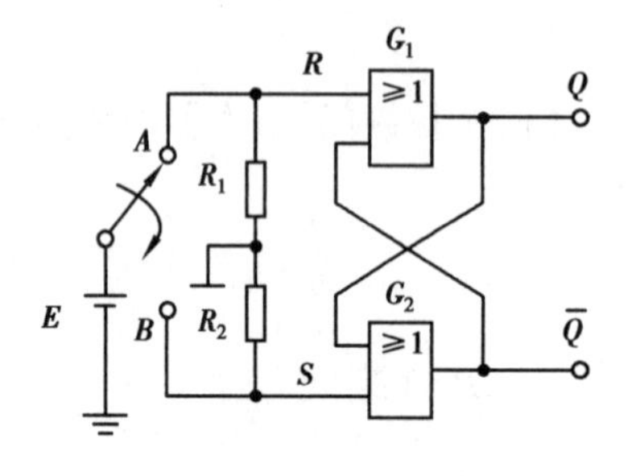

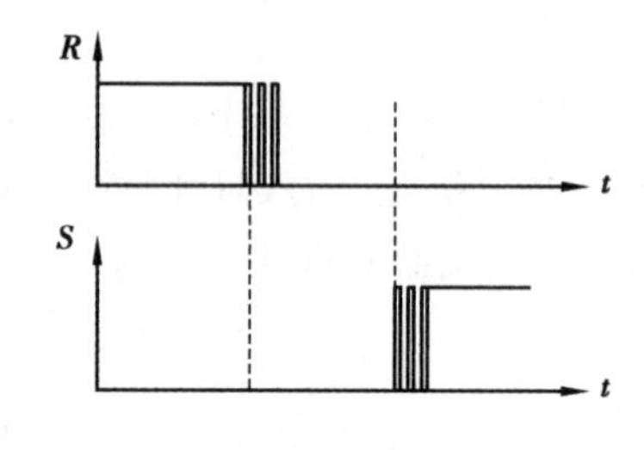

图 6.42　习题 1 电路图

2. 设 D 触发器的初始状态为 $Q^n=0$,请画出图 6.43 中在输入和时钟 CP 作用下的 Q 和 $\overline{Q}$ 端的波形。

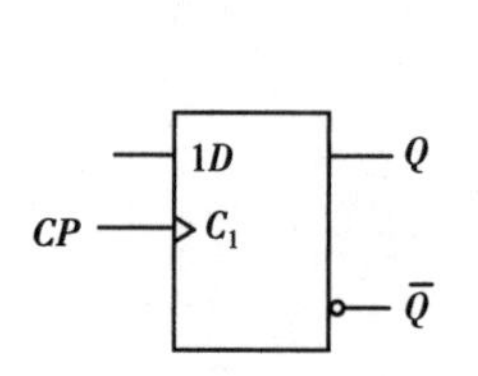

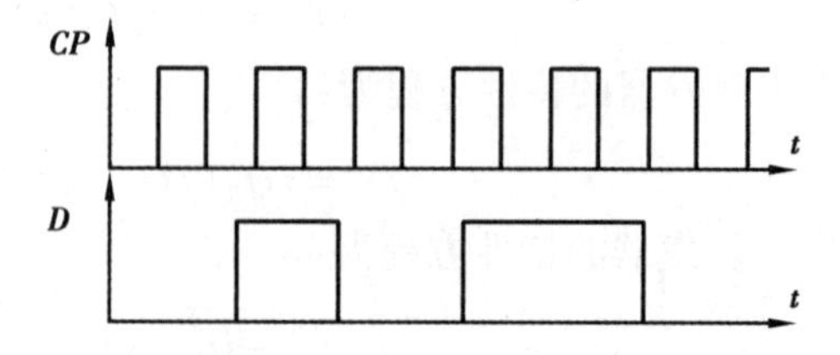

图 6.43　习题 2 电路图

3. 写出图 6.44 中触发器的特征方程,分析该触发器完成哪一类触发器的逻辑功能。

4. 已知 TT 边沿 JK 触发器,初始状态为 0,试画出图 6.45 中在时钟作用下的输出 Q 端的波形。

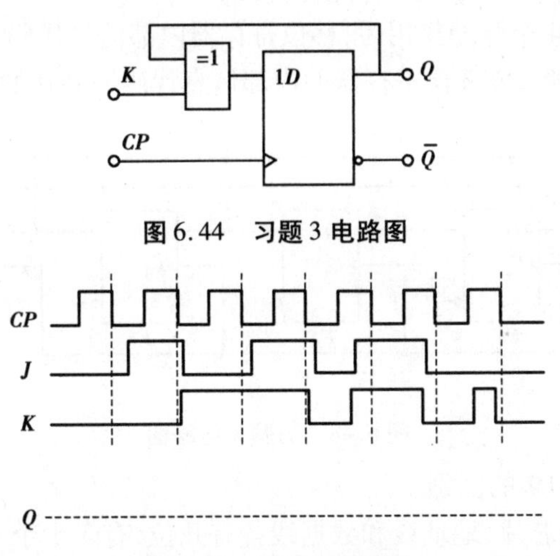

图6.44　习题3电路图

图6.45　习题4波形图

5. 设触发器的初始状态为0，画出图6.46中各触发器在时钟的作用下，输出 Q 和 $\overline{Q}$ 端的波形。

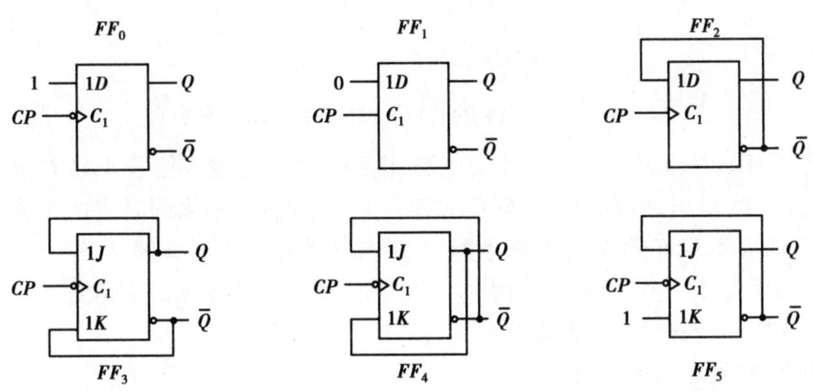

图6.46　习题5电路图

6. 试用四位双向移位寄存器74LS194构成八位双向移位寄存器，画出逻辑图。

7. 设图6.47中的触发器的初始状态为 $Q_3Q_2Q_1Q_0=0000$：

(1)分析在 CP 的第4个脉冲作用后，移位寄存器内部信息代码 $Q_3Q_2Q_1Q_0=?$

(2)经过多少个脉冲后，移位寄存器的内部信息代码回到初始状态 $Q_3Q_2Q_1Q_0=0000$。

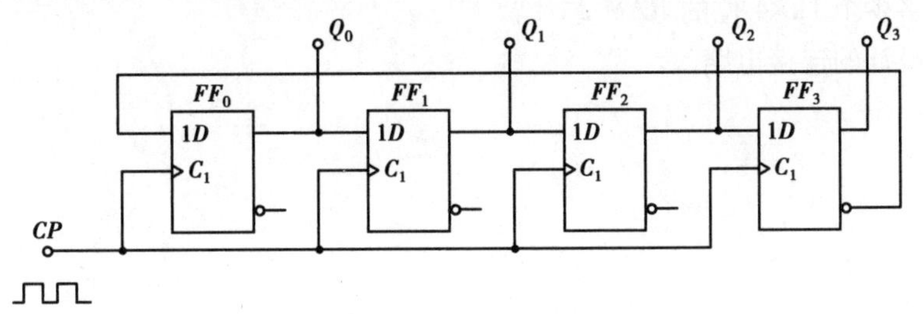

图6.47　习题7电路图

8. 设图 6.48 中的触发器初始状态为 $Q_3Q_2Q_1Q_0=0000$：

(1)分析在 CP 的第 4 个脉冲作用后，移位寄存器内部信息代码 $Q_3Q_2Q_1Q_0=?$

(2)经过多少个脉冲后，该移位寄存器的内部信息代码回到初始状态 0000。

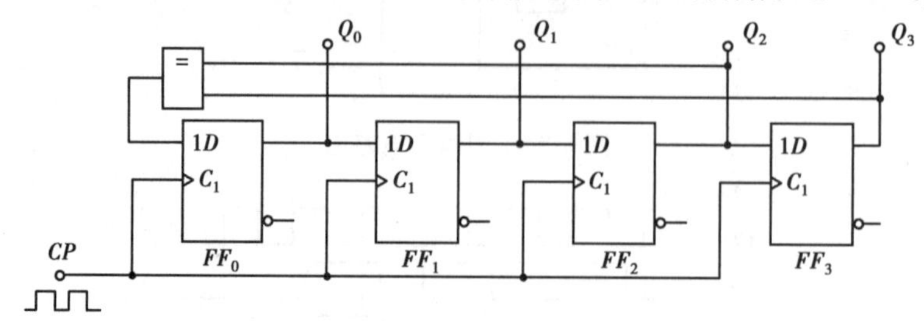

图 6.48 习题 8 电路图

9. 试说明 RAM 和 ROM 的区别。

10. 2048×8 位的存储芯片，地址线和数据线各有几位，有多少个基本存储单元？

11. 用 PROM 实现下列多输出函数：

$$\begin{cases} Y_1=\overline{A}BC+\overline{A}\,\overline{C}+\overline{B}C \\ Y_2=A+B+C \\ Y_3=\overline{A}B+\overline{A}\,\overline{B}+\overline{C} \\ Y_4=(A+B+C)(\overline{A}+B+\overline{C})+\overline{ABC} \end{cases}$$

12. 试用 2^3×4ROM 实现一个排队组合电路，电路的功能是输入信号 A,B,C 通过排队电路后分别由 Y_A,Y_B,Y_C 输出，但在同一时刻只能有一个信号通过，如果同时有两个或两个以上的信号输入时。则按 A,B,C 的优先顺序通过。信号输入为逻辑 1 时有效。

13. 用 PROM 设计一个判别电路，判别一个四位二进制数 $x_3x_2x_1x_0$ 的状态。

(1)能被 3 整除，若能整除，则输出 $Y_1=1$；

(2)若为奇数，则输出 $Y_2=1$；

(3)若大于 10，则输出 $Y_3=1$；

(4)若有偶数个 1，则输出 $Y_4=1$。

14. 试用 2048×2 位的 RAM 扩展为 2048×8 位的 RAM，并画出连接图。

15. 试用 2k×8 位的 RAM 扩展为 8k×8 位的 RAM，并画出连接图。

16. 现有 1k×4 位的 RAM 芯片若干，因设计需要 4k×8 位的 RAM 电路，试问：

(1)需要多少个 1k×4 位的 RAM 芯片？

(2)画出设计的连接电路。

第 7 章 时序逻辑电路

【本章目标】

(1)掌握同步、异步时序逻辑电路的特点、功能描述和分析方法;

(2)掌握同步时序逻辑电路的设计方法;

(3)理解计数器的工作特点、分类方法及有关概念;

(4)掌握用中规模集成计数器实现任意模值计数器的方法;

(5)了解异步时序逻辑电路的设计方法、计数器的 VHDL 描述方法;

(6)了解序列信号发生器的设计方法。

所谓时序逻辑电路,是一类在任何时刻的稳定输出不仅取决于该时刻电路的输入,而且还取决于该电路的原始状态,即与输入的历史过程有关的数字逻辑电路,通常将其简称为时序电路。它是构成实际应用的复杂数字模块或数字系统不可缺少的重要组成部分。

7.1 时序逻辑电路的特点及功能描述

具有记忆能力的逻辑电路称为时序逻辑电路,简称时序电路。它必须含有记忆元件和必要的反馈回路,因此,它和组合逻辑电路在电路特性、逻辑功能和描述方法上都有本质的不同,属逻辑电路中的另一大类。时序逻辑电路的一般结构模型如图 7.1 所示。

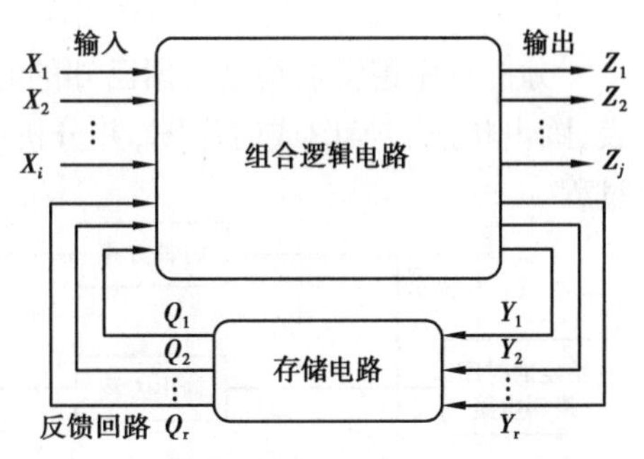

图 7.1 时序逻辑电路的一般结构模型

由图可知,时序逻辑电路的输出不仅取决于该时刻的输入,而且与上一个时刻的输入有关,具有记忆能力,电路在结构上必须包含存储元件,既有从输入到输出的通路,也有从输出到输入的反馈路径。时序电路的状态是由存储电路记忆和表示的,因此电路可以没有组合电路,但一定不能没有作为存储单元的触发器。这是与组合电路的区别所在。

图 7.1 中的时序电路是一个多输入、多输出结构。它有 i 个输入变量 $X_1 \sim X_i$,有 j 个输出

变量 $Z_1 \sim Z_j$,存储电路中有 r 个存储单元(触发器),描述时序电路功能的逻辑式一般有以下3组:

①输出方程:$Z=F_1(X,Q^n)$。

②驱动方程:$Y=F_2(X,Q^n)$。

③状态方程:$Q^{n+1}=F_3(Y,Q^n)$。

其中,Q^n 是存储电路的现态,也是时序电路的现态,Q^{n+1} 是次态。由此可见,时序电路的逻辑功能需要用输出方程、驱动方程和特性方程三者描述。为了更直观地描述时序电路的工作过程和逻辑功能,还要列出状态转换表、状态转换图和时序波形图,具体做法将在后面结合具体电路进行说明。

时序逻辑电路有多种类型,通常根据时序逻辑电路存储单元的状态触发转换时钟的关系,可以将时序逻辑电路划分为同步时序逻辑电路(Synchronous Sequential Logic Circuit)和异步时序逻辑电路(Asynchronous Sequential Logic Circuit)两种。

①同步时序逻辑电路:时序逻辑电路中的存储单元具有相同的时钟信号,并在同一时刻进行各自状态的转换。

②异步时序逻辑电路:时序逻辑电路中的存储单元有不完全相同的时钟信号,即包含两个以上的时钟,各存储单元状态转换在不同时刻进行。

实际工作中,还可以根据时序逻辑电路的输出 Z、现态 Q^n、输入 X 的关系将时序逻辑电路划分为米里(Mealy)型和摩尔(Moore)型时序逻辑电路两种。

米里型时序逻辑电路的特点是其任意时刻的稳定输出不仅与现态 Q^n 有关,而且还取决于电路当前的输入 X。而摩尔型时序逻辑电路的特点是其任意时刻的输出仅决定于电路的现态 Q^n,与电路当前的输入 X 无关;或者根本就不存在独立设置的输出,而以电路的状态 Q 直接作为输出。因此,通常可以将米里型时序逻辑电路看作时序逻辑电路的一般形式,而将摩尔型时序逻辑电路看作米里型时序逻辑电路的一个特例。

7.2 时序逻辑电路的分析方法

分析时序逻辑电路是根据已知的时序逻辑电路图,写出描述电路的逻辑式,列出状态转换表,画出状态转换图或时序图,并分析电路的逻辑功能。图 7.2 给出了分析时序电路的一般过程。

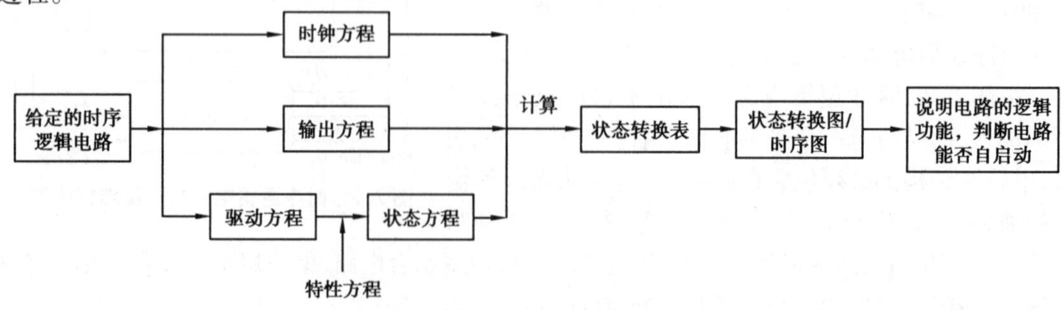

图 7.2 时序电路分析过程示意图

由图7.2可知,分析时序电路的具体步骤如下:

(1)写方程式,分析给定时序逻辑电路,逐一写出

①时钟方程:各个触发器时钟信号的逻辑表达式。

②输出方程:时序电路各个输出的逻辑表达式。

③驱动方程:各个触发器输入端信号的逻辑表达式。

(2)求状态方程,列状态转换表,画状态转换图和时序图

将驱动方程代入相应触发器的特性方程,即求出时序电路的状态方程,也就是各个触发器的次态输出逻辑表达式。当输入连续脉冲时,电路的现态会有多种取值组合,将其分别代入状态方程进行计算,求出相应的次态,从而列出状态转换表。

(3)电路功能说明

一般情况下,用状态转换图或状态转换表就可以反映电路的工作特性。但是,在实际应用中,需要进一步说明电路的具体功能。

下面通过具体的同步时序逻辑电路与异步时序逻辑电路分析实例加以阐述。

【例7.1】　判断图7.3时序逻辑电路是同步时序逻辑电路还是异步时序逻辑电路,说明该逻辑电路使用的触发器类型并说明该逻辑电路实现的功能。

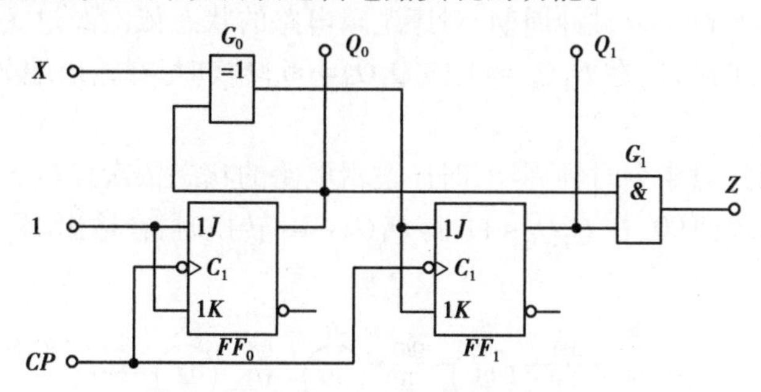

图7.3　例7.1时序逻辑电路图

解　因为图中触发器的时钟是共用时钟 CP 的,即 $CP_0=CP_1=CP$,所以所有触发器是在同一时刻触发的,因此该电路属于同步时序逻辑电路。由触发器逻辑符号可知,该逻辑电路使用的是下降沿触发的边沿JK触发器。

(1)写出各逻辑方程式

驱动方程:

$$\begin{cases} J_0 = K_0 = 1 \\ J_1 = K_1 = X \oplus Q_0^n \end{cases}$$

输出方程:

$$Z = Q_1^n Q_0^n$$

触发器特征方程:

$$Q^{n+1} = J\overline{Q^n} + \overline{K}Q^n$$

(2)将驱动方程代入相应的JK触发器的特征方程,得到状态方程

$$\begin{cases} Q_0^{n+1} = 1 \cdot \overline{Q_0^n} + \overline{1} \cdot Q_0^n = \overline{Q_0^n} \\ Q_1^{n+1} = J_1 \cdot \overline{Q_1^n} + \overline{K} \cdot Q_1^n = X \oplus Q_0^n \oplus Q_1^n \end{cases}$$

(3)列状态转换表(表 7.1)

表 7.1　例 7.1 时序逻辑电路状态表

$Q_1^n Q_0^n$ \ X ($Q_1^{n+1} Q_0^{n+1}/Z$)	0	1
0　0	01/0	11/0
0　1	10/0	00/0
1　0	11/0	01/0
1　1	00/1	10/1

根据表 7.1 可以绘制该时序逻辑电路的状态转换图,如图 7.4 所示。

(4)逻辑功能分析

从图 7.4 中不难发现该时序逻辑电路的状态转换在 CP 的作用下符合以下规律。

①当 $X=0$ 时,每经过 4 个时钟周期,时序逻辑电路的状态依次经过 S_0,S_1,S_2,S_3 回到 S_0,Q_1Q_0 的数值从 00 增加到 11,在 $Q_1Q_0=11$ 向 $Q_1Q_0=00$ 转换时,在输出端 Z 输出一个进位脉冲信号。

②当 $X=1$ 时,每经过 4 个时钟周期,时序逻辑电路的状态依次经过 S_0,S_3,S_2,S_1 回到 S_0,Q_1Q_0 的数值从 11 递减到 00,在 $Q_1Q_0=11$ 向 $Q_1Q_0=10$ 转换时,在输出端 Z 输出一个借位脉冲信号。

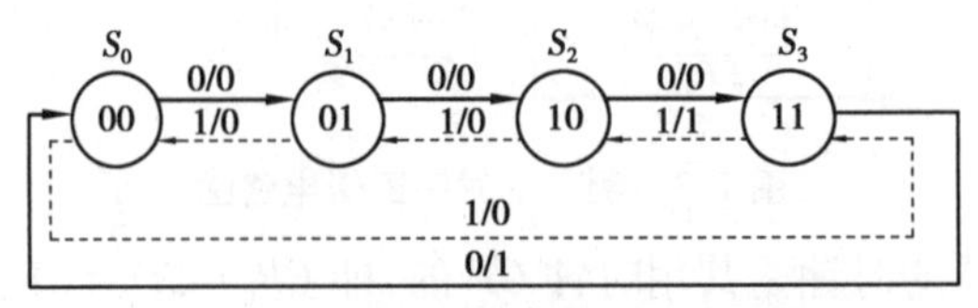

图 7.4　例 7.1 时序逻辑电路状态转换图

因此,可以得出以下结论:该时序逻辑电路是一个在 X 控制作用下的可逆计数装置。通过以上分析还可以发现,该时序逻辑电路的所有状态的可能性只有 S_0,S_1,S_2,S_3 这 4 种,都处于有效循环的环内,所以该电路可以自启动。

该时序逻辑电路的时序图如图 7.5 所示。

【例 7.2】　判断图 7.6 中的时序逻辑电路是同步时序逻辑电路还是异步时序逻辑电路,说明该逻辑电路是米里型时序逻辑电路还是摩尔型时序逻辑电路,并分析其实现的逻辑功能。

解　由于该时序逻辑电路共用了 3 个下降沿触发的 JK 触发器,其中 $CP_0=CP_2=CP$,$CP_1=Q_0^n \neq CP$,因此该电路属于异步时序逻辑电路。根据输出 $Z=Q_2^n$,不难得出结论:该时序逻辑电路是摩尔型的。

(1)写出各逻辑方程

驱动方程:

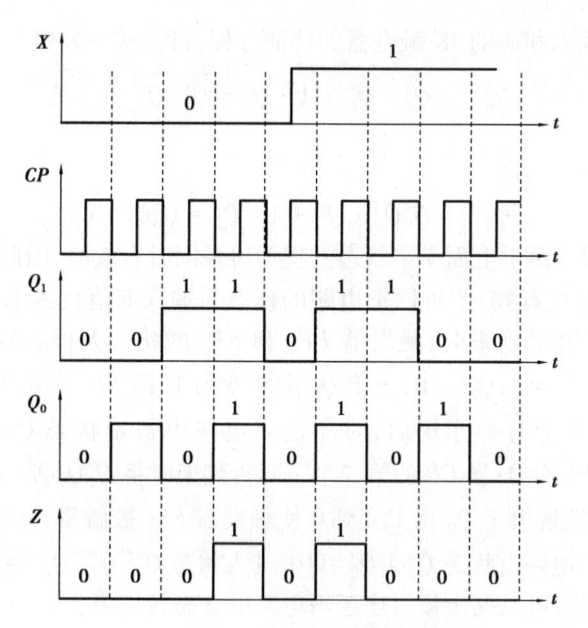

图 7.5　例 7.1 时序逻辑电路时序图

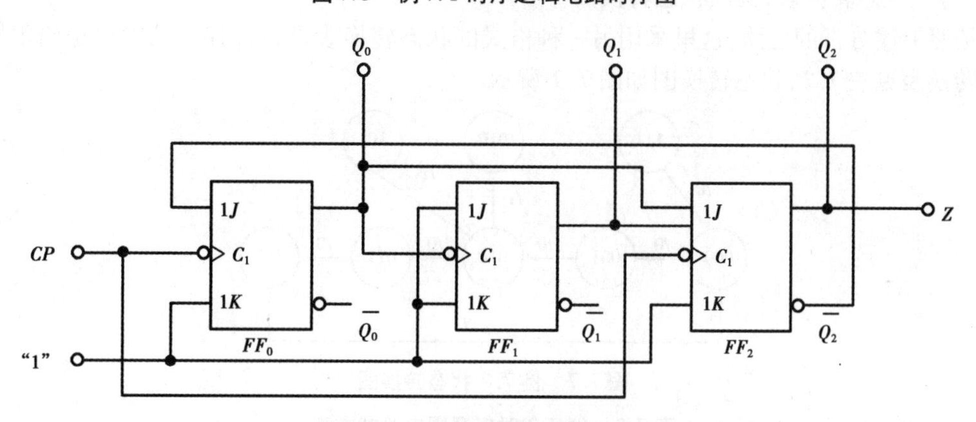

图 7.6　例 7.2 时序逻辑电路图

$$\begin{cases} J_0 = \overline{Q_2^n}, K_0 = 1 \\ J_1 = K_1 = 1 \\ J_2 = Q_0^n Q_1^n, K_1 = 1 \end{cases}$$

输出方程：

$$Z = Q_2^n$$

触发器特征方程：

$$Q^{n+1} = J\overline{Q^n} + \overline{K}Q^n$$

时钟方程：

$$\begin{cases} CP_0 = CP_2 = CP \\ CP_1 = Q_0^n \end{cases}$$

(2)将驱动方程代入相应的 JK 触发器的特征方程,得到状态方程

$$\begin{cases} Q_0^{n+1} = \overline{Q_2^n} \cdot \overline{Q_0^n} + \overline{1} \cdot Q_0^n = \overline{Q_2^n}\ \overline{Q_0^n} \\ Q_1^{n+1} = 1 \cdot \overline{Q_1^n} + \overline{1} \cdot Q_1^n = \overline{Q_1^n} \\ Q_2^{n+1} = Q_0^n Q_1^n \cdot \overline{Q_2^n} + \overline{1} \cdot Q_2^n = Q_0^n Q_1^n \cdot \overline{Q_2^n} \end{cases}$$

需要大家注意的是,由于上面 3 个状态方程不再是同时有效的,因此分析异步时序逻辑电路时,只有确定状态方程有效,才可以把电路的现态与输入取值代入求取次态。对于本例而言,当 CP 的第一个下降沿到来时,触发器 FF_0 和 FF_2 的状态方程有效,将电路的初始状态 $Q_2^nQ_1^nQ_0^n=000$ 代入得 $Q_0^{n+1}=1$,$Q_2^{n+1}=0$,由于 Q_0 由 0 变为 1,即 FF_1 不触发,因此其输出仍然保持 0 状态,这样在第一个时钟作用后,时序逻辑电路由初始状态 $Q_2^nQ_1^nQ_0^n=000$ 进入状态 $Q_2^{n+1}Q_1^{n+1}Q_0^{n+1}=001$,输出 $Z=0$;当 CP 的第二个下降沿到来时将 $Q_2^nQ_1^nQ_0^n=001$ 代入状态方程,得 $Q_0^{n+1}=0$,$Q_2^{n+1}=0$,此时发现由于 Q_0 由 1 变到 0 使触发器 FF_1 被触发,其状态方程有效,代入得 $Q_1^{n+1}=1$,则该时序逻辑电路由状态 $Q_2^nQ_1^nQ_0^n=001$ 进入状态 $Q_2^{n+1}Q_1^{n+1}Q_0^{n+1}=010$,输出 $Z=0$。通过上述办法依次进行分析,可以列出该时序逻辑电路的状态转换表。

(3)列状态转换表,画出状态转换图

按照上述分析的思路,这里采用另一种格式的状态转换表进行描述。该时序逻辑电路的状态转换表见表 7.2,状态转换图如图 7.7 所示。

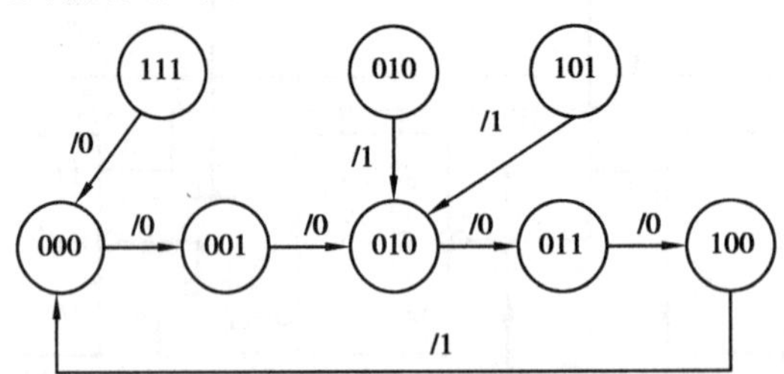

图 7.7 例 7.2 状态转换图

表 7.2 例 7.2 时序逻辑电路状态表

CP 顺序	Q_2^n	Q_1^n	Q_0^n	Q_2^{n+1}	Q_1^{n+1}	Q_0^{n+1}	CP_2	CP_1	CP_0	Z
1	0	0	0	0	0	1	↓		↓	0
2	0	0	1	0	1	0	↓	↓	↓	0
3	0	1	0	0	1	1	↓		↓	0
4	0	1	1	1	0	0	↓	↓	↓	0
5	1	0	0	0	0	0	↓		↓	1
	1	0	1	0	1	0	↓	↓	↓	1
	1	1	0	0	1	0	↓		↓	1
	1	1	1	0	0	0	↓	↓	↓	1

从状态转换表中可知，有3个状态111,110,101处于有效循环的圈外，这里把它称为无效状态。电路启动后，无论该时序逻辑电路的初始状态处于有效状态还是无效状态，都能最终进入有效的循环圈内工作。数字电路中把时序逻辑电路的这种在 CP 作用下自动回到有效循环的能力称为时序逻辑电路的自启动能力。时序逻辑电路的自启动设计问题将在下一节讨论。

(4)逻辑功能分析

由状态转换图和状态转换表可知，该时序逻辑电路是一个五进制的加法计数器，其中输出端 Z 是进位信号。

7.3　时序逻辑电路的设计方法

在设计时序逻辑电路时，要求设计者根据给出的具体逻辑问题，求出实现这一逻辑功能的逻辑电路。所得的设计结果应力求简单。一般题目给定的是设计要求、文字描述或是状态转换图。设计的一般步骤如下：

(1)进行逻辑抽象，建立原始状态图

①分析给定设计要求，确定输入变量、输出变量、电路内部状态之间的关系和状态数。

②定义输入变量、输出变量的逻辑状态含义，进行状态赋值，对电路各个状态进行编号。

③按照题意建立原始状态转换图。

(2)进行状态简化，画最简状态转换图

①确定等价状态。原始状态转换图中，凡是在输入相同时，输出相同、要转换到的次态也相同的状态，都是等价状态。

②合并等价状态，画最简状态转换图。

(3)进行状态分配，画出用二进制数进行编码后的状态转换图

①确定二进制代码的位数。如果用 M 表示状态数，用 n 表示要使用的二进制代码的位数，那么根据编码的概念，应根据下列不等式来确定 n：$2^{n-1} \leqslant M \leqslant 2^n$。

②对电路进行状态编码。n 位二进制代码有 2^n 种不同取值，用来对 M 个状态进行编码，其方案有很多。如果选择恰当，则可得到比较简单的设计结果；反之，若方案选得不好，设计出来的电路就会比较复杂。至于如何才能获得最佳方案，目前尚无普遍有效的方法，常常要经过仔细研究，反复比较才会得到较好的方案，这里既有技巧问题，也与经验有关。

③画出编码后的状态转换图。状态编码方案确定后，便可画出用二进制代码表示电路状态的状态转换图。

(4)选择触发器、求时钟方程、输出方程和状态方程

①可供选择的是JK触发器和D触发器。JK触发器功能齐全、使用灵活；D触发器控制简单、设计容易，在中、大规模集成电路中应用广泛。至于触发器的个数，当然应等于用于对电路状态进行编码的二进制代码的位数，即 n。

②求时钟方程。如果采用同步方案，那么情况十分简单，各个触发器的时钟信号都选用输入CP脉冲。如果采用异步方案，则要根据以下两个原则来选择各级触发器的时钟。原则一，在该级触发器的状态发生翻转时，必须要有时钟信号触发沿的到来；原则二，在满足第一原则的条件下，其他时刻到达该级触发器的时钟信号触发沿越少越好，这样有利于该级触发器驱动

函数的简化。

③求输出方程。可由状态转换图画出输出信号的卡诺图,化简得到最简表达式。注意,无效状态对应的最小项应当做约束项处理。

④求状态方程。

a. 采用同步方案时,由状态转换图求次态的最简逻辑函数表达式。

b. 采用异步方案时,若注意一些特殊约束项的确认和处理,则可以得到更加简单的状态方程。

(5)求驱动方程

①变换状态方程,使之具有和触发器特性方程一致的表达形式。

②与特性方程进行比较,按照变量相同、系数相等、两个方程必等的原则,求出驱动方程,即各个触发器输入端信号的逻辑表达式。

(6)画逻辑电路图

①画出触发器,并进行必要的编号,标出有关的输入端和输出端。

②按照时钟方程、驱动方程和输出方程连线。有时还需要对驱动方程和输出方程作适当的变换,以便利用规定的或已有的门电路。

(7)检查设计的电路能否自启动

①将电路无效状态依次代入状态方程进行计算,看其是否能回到有效状态。检查电路能否自启动。

②若电路不能自启动,则应采取措施予以解决。可以修改设计重新进行状态分配,也可利用触发器的异步输入端强行预置到有效状态。

【例7.3】 试使用D触发器设计一个具有与例7.1相同逻辑功能的四进制可逆加减计数器。

解 (1)根据设计要求,首先进行逻辑抽象。

①取X作为可逆计数器的控制端,$X=0$加计数,$X=1$减计数。

②取Z作为输出进位或借位信号端,$Z=1$表示有进位或借位、$Z=0$表示无进位或借位。

③四进制计数器应该有4个状态,分别用S_0,S_1,S_2,S_3表示。

(2)绘制状态转换图与状态转换表。

根据题意,所抽象出的原始状态转换图和状态转换表分别如图7.8和表7.3所示。

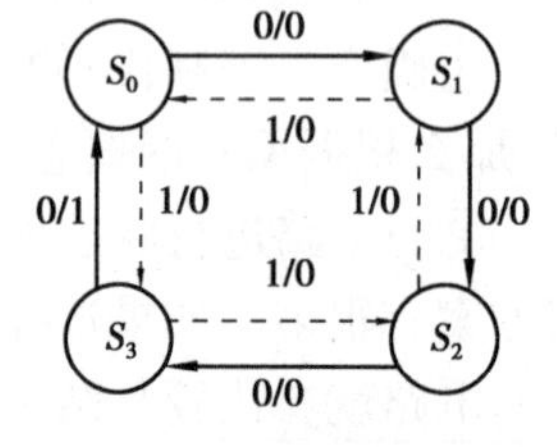

图7.8 例7.3状态转换图

表7.3 例7.3时序逻辑电路状态表

X	CP	$Q_1^n Q_0^n$	$Q_1^{n+1} Q_0^{n+1}$	Y
0	↓	S_0(00)	S_1(01)	0
0	↓	S_1(01)	S_2(10)	0
0	↓	S_2(10)	S_3(11)	0
0	↓	S_3(11)	S_4(00)	1

续表

X	CP	$Q_1^n Q_0^n$	$Q_1^{n+1} Q_0^{n+1}$	Y
1	↓	$S_0(00)$	$S_3(11)$	0
1	↓	$S_3(11)$	$S_2(10)$	1
1	↓	$S_2(10)$	$S_1(01)$	0
1	↓	$S_1(01)$	$S_0(00)$	0

(3)状态编码。

由于该计数器共有 $M=4$ 个有效状态，根据 $2^{n-1}<M<2^n$，可以确定只要使用 $n=2$ 个触发器即可满足状态数量的要求，而且没有无效状态，因此，也就不需要考虑时序逻辑电路设计状态化简与自启动设计问题。

按照一般要求，这里采用顺序编码，即 S_0, S_1, S_2, S_3 采用00-01-10-11的顺序进行编码。则对应的编码状态见表7.4。

表7.4　例7.3编码状态转换表

$Q_1^n Q_0^n$ \ X \ $Q_1^{n+1} Q_0^{n+1}/Z$	0	1
00	01/0	11/0
01	10/0	00/0
10	11/0	01/0
11	00/1	10/1

(4)确定触发器的类型和触发器的驱动方程、输出方程。

考虑要求使用D触发器来进行设计，这里使用 FF_0, FF_1 两个D触发器，因此根据表7.4，可以画出所要设计的时序逻辑电路驱动信号与输出信号的次态卡诺图，如图7.9所示，到此依据次态卡诺图写逻辑函数表达式与前面所学习的组合逻辑电路的设计是一样的，这里不再赘述。

由图7.9可以写出输出方程，FF_0, FF_1 的状态方程和驱动方程如下。

输出方程：

$$Z = Q_1^n Q_0^n$$

状态方程：

$$\begin{cases} Q_1^{n+1} = X \oplus Q_1^n \oplus Q_0^n \\ Q_0^{n+1} = \overline{Q_0^n} \end{cases}$$

驱动方程：

$$\begin{cases} D_1 = X \oplus Q_1^n \oplus Q_0^n \\ D_0 = \overline{Q_0^n} \end{cases}$$

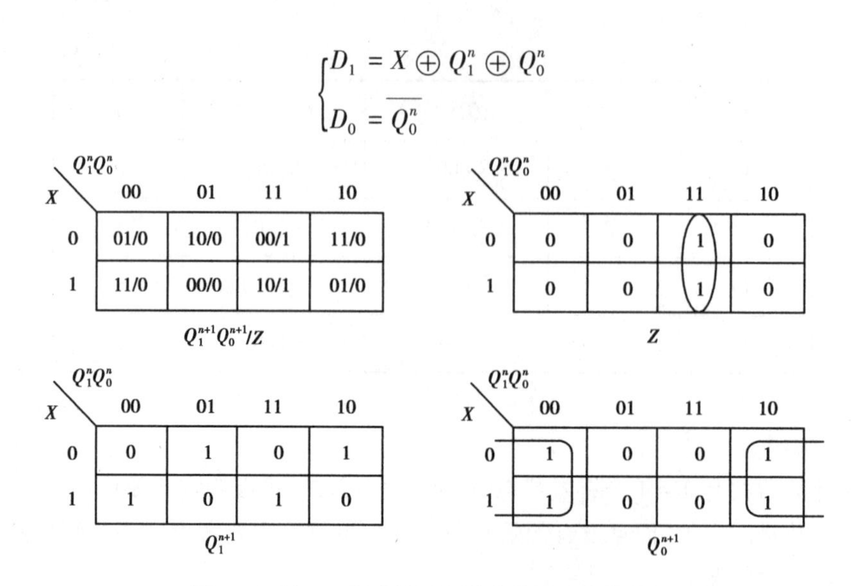

图 7.9　例 7.3 驱动信号与输出信号次态卡诺图

(5)绘制时序逻辑图。

根据求得的输出方程和驱动方程绘制的时序逻辑图,如图 7.10 所示。

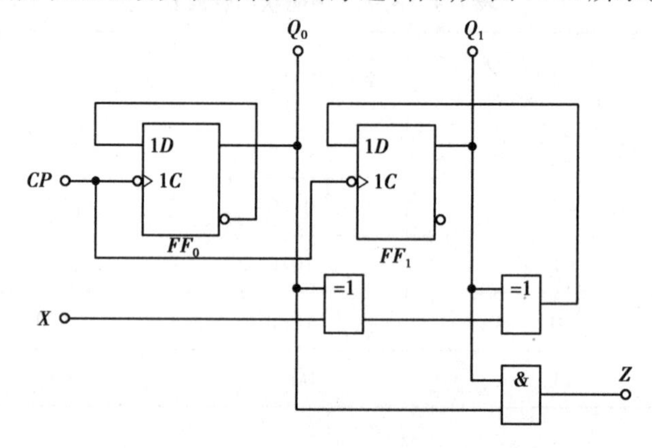

图 7.10　例 7.3 设计结果

由图 7.10 可以看出,这里所设计的时序逻辑电路与例 7.1 中图 7.3 具有相同的功能,这里使用的是 D 触发器设计,而前面则使用的是 JK 触发器完成的。

【例 7.4】　试设计一个用于检测通信线路中数据信息是否存在连续序列“110”的检测电路。

解　所谓序列检测器就是在时钟的作用下,通过连续检测输入变量 X 是否出现特定的序列,如本例中的“110”,若出现则输出逻辑“1”;反之,输出逻辑“0”的检测装置,其模型如图 7.11 所示。

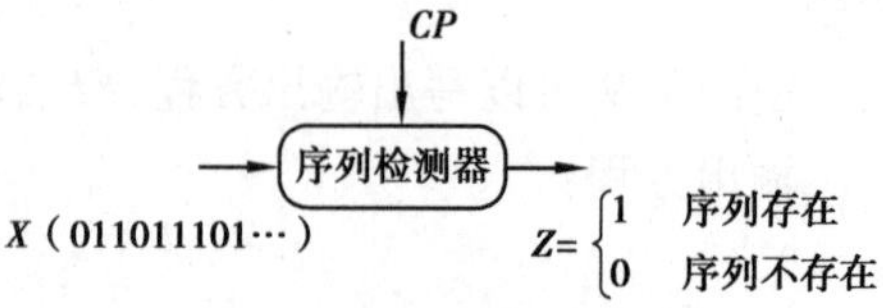

CP
序列检测器
X（011011101…）
$Z=\begin{cases}1 & \text{序列存在} \\ 0 & \text{序列不存在}\end{cases}$

图 7.11　序列检测器模型

(1)根据设计要求,进行逻辑抽象。

设序列检测器未接收数据状态为初始状态 S_0,由初始状态输入 1 进入状态 S_1,输入 0 则进入状态 S_2;由状态 S_1 输入 1 进入状态 S_3,输入 0 则进入状态 S_4;由状态 S_2 输入 1 进入状态 S_5,输入 0 则进入状态 S_6,因为需要连续检测 3 位数据,所以以上这些状态都是需要记忆的。

再往下推,由于只需要记录本次输入前两个数据就可以知道是不是连续的“110”,是就输出1,否则始终输出0,因此要记录这样一个序列检测过程需要$S_0,S_1,S_2,S_3,S_4,S_5,S_6$共7个原始的状态信息。上述分析过程可以采用图7.12表示。

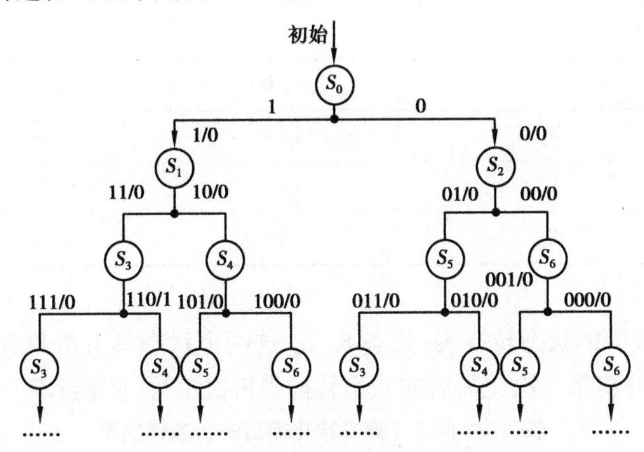

图7.12　序列检测状态变化规律分析

(2)绘制状态转换图与状态转换表。

根据上述分析,可以绘制出原始状态转换表,见表7.5。

表7.5　例7.4原始状态转换表

S^n \ S^{n+1}/Z \ X	0	1
S_0	$S_2/0$	$S_1/0$
S_1	$S_4/0$	$S_3/0$
S_2	$S_6/0$	$S_5/0$
S_3	$S_4/1$	$S_3/0$
S_4	$S_6/0$	$S_5/0$
S_5	$S_4/0$	$S_3/0$
S_6	$S_6/0$	$S_5/0$

根据两个状态在相同输入下有相同的输出,且都向同一个次态转换,那么这两个状态就具有“等价性”,就可以合并成一个状态的化简原则,对原始的状态转换表进行化简。表7.5中S_2,S_4,S_6 3个状态可以合并成一个状态,这里用$S_2(S_2,S_4,S_6)$替代;S_1,S_5两个状态可以合并成一个状态,这里用$S_1(S_1,S_5)$替代,因此剩下S_0,S_1,S_2,S_3 4个状态就可以表达序列检测的状态关系,现将经过第一次状态化简的结果重写状态转换表见表7.6。

表 7.6　例 7.4 第一次化简后的状态转换表

S^n \ S^{n+1}/Z \ X	0	1
S_0	$S_2/0$	$S_1/0$
S_1	$S_2/0$	$S_3/0$
S_2	$S_2/0$	$S_1/0$
S_3	$S_2/1$	$S_3/0$

表 7.6 并不是最简的状态转换表,状态 S_0,S_2 这两个状态具有等价性,可以合并,这里用 $S_0(S_0,S_2)$替代。这样将第一次化简后的状态转换表再次重写,见表 7.7。

表 7.7　例 7.4 第二次化简后的状态转换表

S^n \ S^{n+1}/Z \ X	0	1
S_0	$S_0/0$	$S_1/0$
S_1	$S_0/0$	$S_3/0$
S_3	$S_0/1$	$S_3/0$

经过这一轮化简,得到最简的状态转换表。以上根据状态转换表进行的若干次化简方法在数字电路中称为"K 次划分法",具有简单实用的特点。根据最简状态转换表可以绘制状态转换图,如图 7.13 所示。

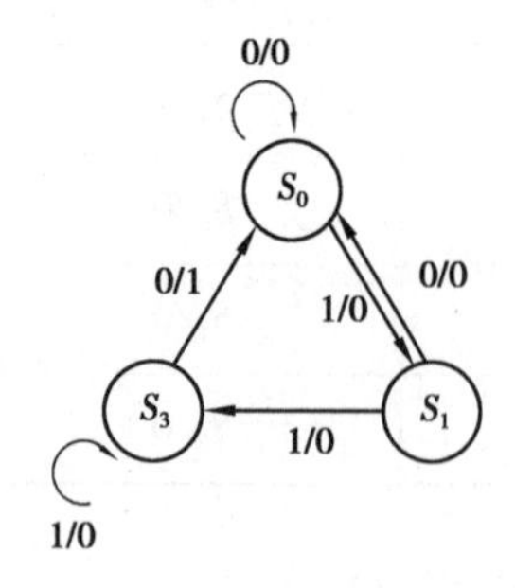

图 7.13　序列检测器状态转换图

(3)状态编码。

由于需要 $M=3$ 个有效状态,根据 $2^{n-1}<M<2^n$,可以确定要使用 $n=2$ 个触发器来设计才能满足状态数量的要求,考虑到 $n=2$,所能表达的最大状态数为 4 个,因此必存在一个无效的状态,这就需要考虑时序逻辑电路设计的自启动问题。

本例采用格雷码对 S_1,S_2,S_3 进行编码,则对应的格雷码编码状态表见表 7.8。选用不同的编码,电路的逻辑结构不同,使逻辑电路结构简单实用是考虑编码方案的重要因素。

表7.8　例7.4第二次化简后的状态编码表

S^n \ S^{n+1}/Z \ X	0	1
00	00/0	01/0
01	00/0	11/0
11	00/1	11/0

(4)确定触发器的类型和触发器的驱动方程、输出方程。

本例选用下降沿触发的边沿JK触发器 FF_0,FF_1 进行设计,根据表7.8,可以画出所要设计的时序逻辑电路驱动信号与输出信号的次态卡诺图,如图7.14所示。

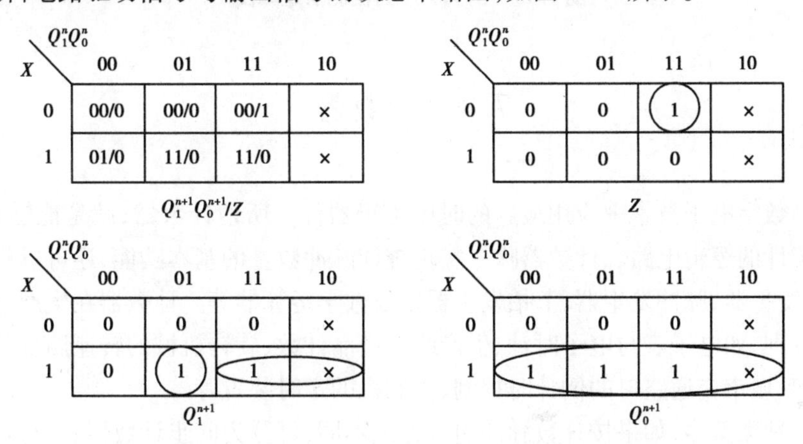

图7.14　例7.4驱动信号与输出信号次态卡诺图

由图7.14可以写出输出方程,FF_0,FF_1 的状态方程和驱动方程如下。

输出方程:

$$Z = \overline{X}Q_1^nQ_0^n$$

状态方程:

$$\begin{cases} Q_1^{n+1} = XQ_0^n\overline{Q_1^n} + XQ_1^n \\ Q_0^{n+1} = X \end{cases}$$

将状态方程与JK触发器的特征方程进行比较,则得到驱动方程:

$$\begin{cases} J_1 = XQ_0^n, K_1 = \overline{X} \\ J_0 = X, K_0 = \overline{X} \end{cases}$$

(5)绘制逻辑图。

确定触发器的类型和触发器的驱动方程、输出方程。

根据上述导出的输出方程与驱动方程就能进行逻辑图绘制,本例的设计结果如图7.15所示。

需要注意的是，当电路进入无效状态 10 后，必须考虑在输入 1 或 0 的条件下都能进入有效循环 00→01→11→00 的圈内，而且输出不能错误。通过如图 7.14 所示的有效圈进行适当化简，不但能够保证电路处于无效状态 10 时能进入 11 状态，即具有自启动能力，同时也保证输出为 0，从而确保工作结果的正确性。在实际电路设计过程中需要积累一定的工作经验才能做得更好，这也验证了最简不一定最好的道理；实际工作中，也要充分考虑电路的性能参数对电路预期结果的影响，才能最终设计出性能良好的电路以满足实际工作的要求。

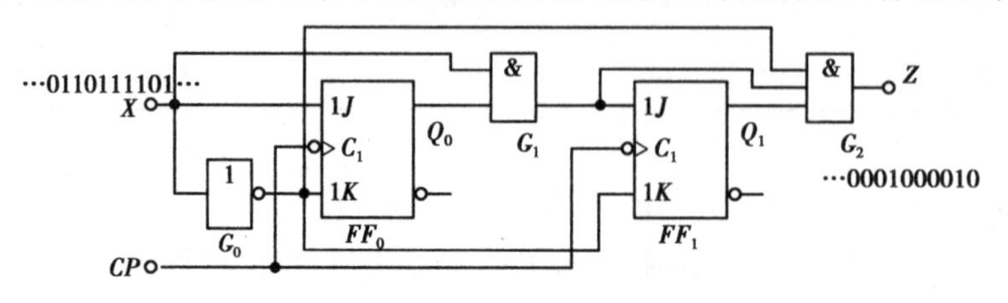

图 7.15　例 7.4 序列检测器逻辑图

7.4　计数器

计数器是数字电子技术中应用最广的时序逻辑器件。所谓计数器，就是能够对输入脉冲的数量进行统计的逻辑电路。计数器除了实现统计脉冲数量的基本功能，还可以作为定时器、分频器、地址发生器、脉冲发生器、节拍发生器以及数学运算器等。计数器在生产、生活中的应用处处都能看到，如电子表与电子时钟、生产线的产品计数、旋转机械的转速测量与控制、庆典用的倒计时牌、城市交通路口的倒计时控制、洗衣机的定时装置等。

计数器的种类繁多，如果按计数脉冲引入方式不同，可分为同步计数器和异步计数器两大类。根据计数器在计数过程中数字的增减趋势，分为加法计数器、减法计数器和加/减（可逆）计数器。根据计数器中数字的编码方式不同，分为二进制计数器、十进制计数器和循环码计数器等。此外，也用计数容量来区分各种不同的计数器，称为 N 进制计数器，如二十四进制计数器、六十进制计数器等。

本节分类讨论二进制计数器、十进制计数器和 N 进制计数器的工作原理及分析方法。

7.4.1　二进制计数器

二进制计数器是指按照计数的“基数 = 2”进行进位的计数器，包括同步二进制计数器和异步二进制计数器两种主要类型。

1）同步二进制计数器

（1）同步四位二进制加法计数器

表 7.9 为同步四位二进制加法计数器的状态转换表。表 7.9 中每来一个 CP 脉冲，根据二进制递增规律，计数器状态码依次加 1，第 16 个 CP 脉冲到来时，计数器归零，同时送出进位信号 $CO=1$。

表7.9　同步四位二进制加法计数器

CP 的顺序	Q_3	Q_2	Q_1	Q_0	进位输出 CO
0	0	0	0	0	0
1	0	0	0	1	0
2	0	0	1	0	0
3	0	0	1	1	0
4	0	1	0	0	0
5	0	1	0	1	0
6	0	1	1	0	0
7	0	1	1	1	0
8	1	0	0	0	0
9	1	0	0	1	0
10	1	0	1	0	0
11	1	0	1	1	0
12	1	1	0	0	0
13	1	1	0	1	0
14	1	1	1	0	0
15	1	1	1	1	1
16	0	0	0	0	0

仔细观察表7.9的状态转换表,每次到来一个计数脉冲 CP,Q_0 的状态就要翻转一次,故 FF_0 可接成T′触发器,即 $T_0=J_0=K_0=1$;而当 Q_0 的现态为1时,Q_1 的次态翻转,即 FF_1 可接成T触发器,令 $T_1=J_1=K_1=Q_0^n$;同理,当 Q_0,Q_1 的现态同时为1时,Q_2 的次态翻转,即 FF_2 也可接成T触发器,令 $T_2=J_2=K_2=Q_1^nQ_0^n$;FF_3 同样也可接成T触发器,令 $T_3=J_3=K_3=Q_2^nQ_1^nQ_0^n$。进位输出 $CO=Q_3^nQ_2^nQ_1^nQ_0^n$。据此,画出同步四位二进制加法计数器的逻辑电路图和波形图,如图7.16所示。

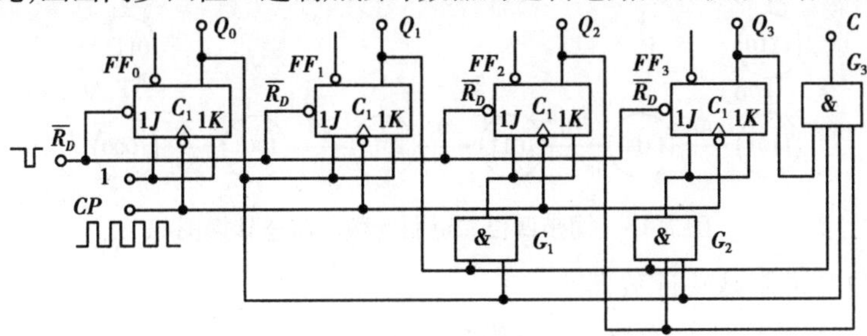

图7.16　同步四位二进制加法计数器逻辑图

对四位二进制同步加法计数器,可推论到:

$$T_i = Q_{i-1}^n Q_{i-2}^n \cdots Q_1^n Q_0^n = \prod_{j=0}^{i-1} Q_j^n (i = 1,2,\cdots,n)$$

$$CO = Q_{n-1}^n Q_{n-2}^n \cdots Q_1^n Q_0^n$$

式中,T_i 是第 i 位触发器 FF_i 的驱动信号。

计数器能够记忆输入脉冲的数目也称为计数器的计数容量、长度或模。例如,如图 7.16 所示的电路也可称为模 16 计数器。如果用 n 表示计数器中触发器的个数,用 M 表示计数器的容量、长度或模,则在二进制计数器中有 $M=2^n$。在任意进制计数器中要求:$2^n \geq M$。

图 7.17 和图 7.18 分别为如图 7.16 所示电路的工作时序波形图和状态转换图,由图 7.17 可知,Q_0,Q_1,Q_2,Q_3 端输出脉冲的频率分别为计数脉冲 CP 频率的 $\frac{1}{2}$,$\frac{1}{4}$,$\frac{1}{8}$,$\frac{1}{16}$,故该计数器可作为 2,4,8,16 分频器使用。

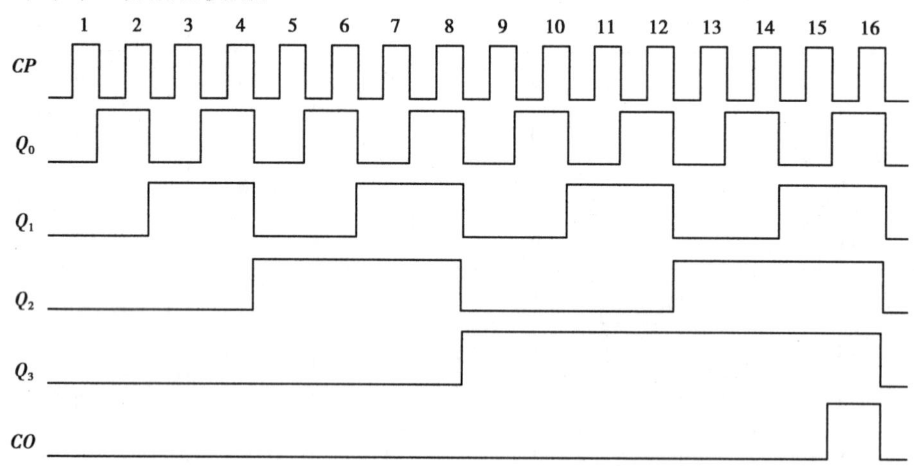

图 7.17　同步四位二进制加法计数器工作时序波形图

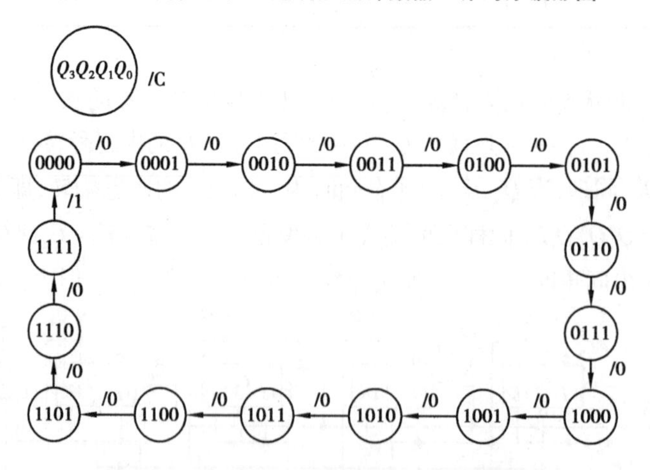

图 7.18　同步四位二进制计数器状态转换图

(2)同步四位二进制减法计数器

同步四位二进制减法计数器与加法计数器原理类似。表 7.10 为四位二进制减法计数器的状态转换表。

观察表7.10中每位触发器的输出状态可得，FF_0 依然为T′触发器，其余每一位输出状态的翻转总是发生在上一时刻比它低的触发器输出 Q 端都为0时，因此，$FF_1 \sim FF_3$ 同理可接成T触发器，且：

$$T_i = \overline{Q_{i-1}^n} \cdot \overline{Q_{i-2}^n} \cdots \overline{Q_1^n} \cdot \overline{Q_0^n} = \prod_{j=0}^{i-1} \overline{Q_j^n} (i = 1,2,\cdots,n)$$

$$BO = \overline{Q_{n-1}^n} \cdot \overline{Q_{n-2}^n} \cdots \overline{Q_1^n} \cdot \overline{Q_0^n}$$

由JK触发器组成的四位二进制同步减法计数器电路图和工作时序波形图，如图7.19所示。

表7.10 同步四位二进制减法计数器

CP 的顺序	Q_3	Q_2	Q_1	Q_0	借位输出 BO
0	0	0	0	0	1
1	1	1	1	1	0
2	1	1	1	0	0
3	1	1	0	1	0
4	1	1	0	0	0
5	1	0	1	1	0
6	1	0	1	0	0
7	1	0	0	1	0
8	1	0	0	0	0
9	0	1	1	1	0
10	0	1	1	0	0
11	0	1	0	1	0
12	0	1	0	0	0
13	0	0	1	1	0
14	0	0	1	0	0
15	0	0	0	1	1
16	0	0	0	0	1

(3)同步二进制计数器的一般特点

通过对图7.16和图7.19的分析，可以发现同步二进制计数器具有以下基本特点。

①N 位同步二进制计数器的模为 2^N，没有无效状态，具有最高状态利用效率。

②利用T′触发器的翻转特性，很容易构成 N 位同步二进制计数器，只要将所有低位输出的“与”作为高一级触发器的 J,K 输入就可以实现。

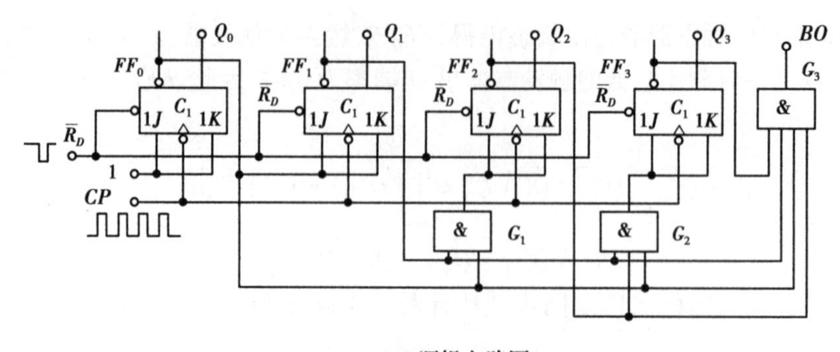

(a)逻辑电路图

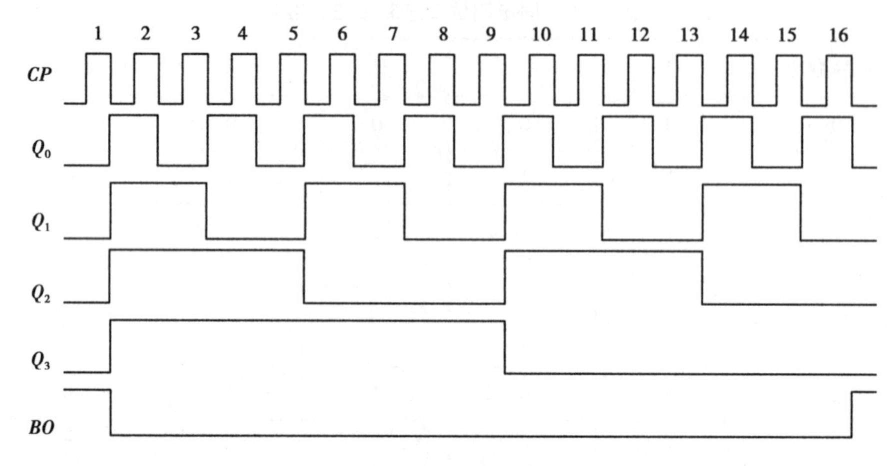

(b)工作时序波形图

图 7.19　同步四位二进制减法计数器

③同步二进制计数器具有较高的工作速度,根据以上触发器级联的原则,需要翻转的触发器的输入信号平均延时时间为一级触发器的延时时间 t_{PF} 与一级与门延时时间 t_{PG} 之和,因此,能够得到此类结构的同步二进制计数器的最高工作频率为:

$$f_{max} = \frac{1}{t_{PF} + t_{PG}}$$

2)异步二进制计数器

(1)异步二进制计数器工作原理

异步四位二进制加法计数器的状态转换表与同步四位二进制加法计数器一样,见表 7.9,工作时序波形图也与同步四位二进制加法计数器一样,如图 7.17 所示。从图 7.17 中可以看出,最低输出端 Q_0 的翻转发生在 CP 的下降沿,其余每个输出端的状态翻转正好发生在它相邻低位的下降沿边沿时刻。

异步四位加法计数器各触发器的时钟选择为:

$$\begin{cases} CP_0 = CP\downarrow \\ CP_1 = Q_0\downarrow \\ CP_2 = Q_1\downarrow \\ CP_3 = Q_2\downarrow \end{cases}$$

因此,每个触发器可接成 T′触发器,时钟条件满足时,各个输出状态发生翻转。四位二进制异步加法计数器的逻辑电路图,如图7.20所示。

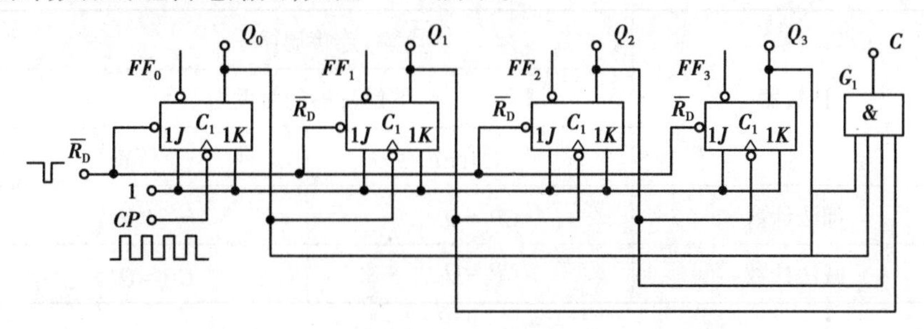

图7.20　JK触发器构成的四位异步二进制计数器

如果选用D触发器构成四位二进制异步加法计数器,同样需要将D触发器接成T′触发器,即 $D=\overline{Q}$。若选用上升沿触发的边沿触发器构成四位二进制异步加法计数器,则应将低位触发器的 $\overline{Q}$ 端和相邻高位触发器的时钟端相连(CP_0 除外,$CP_0=CP$)。图7.21为由边沿D触发器构成的四位二进制异步加法计数器。

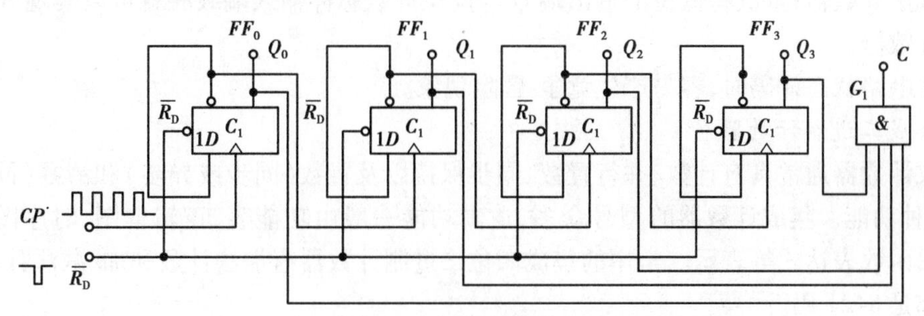

图7.21　D触发器构成的四位异步加法二进制计数器

异步四位二进制减法计数器的状态转换表与同步二进制减法计数器一样,见表7.10。由表可知,最低输出端 Q_0 的翻转发生在 CP 的下降沿,其余每个输出端状态的翻转正好发生在它相邻低位的上升沿时刻,这与异步二进制加法计数器刚好相反,因此,作为异步减法计数器各触发器的时钟选择为:

$$\begin{cases} CP_0 = CP\downarrow \\ CP_1 = Q_0\uparrow \\ CP_2 = Q_1\uparrow \\ CP_3 = Q_2\uparrow \end{cases}$$

综上所述:n 位二进制异步加法计数器和减法计数器时钟端连接的规律,见表7.11($i=1\sim n-1$)。

(2)异步二进制计数器的一般特点

①具有相对较低的工作速度,不适宜于高速计数;与同步二进制计数器相比,由于异步计数器的时钟是逐级级联的,因此逻辑图中的后级触发器的翻转需要更多的时钟时间延时,速度较低;级联的触发器的位数越多,速度越慢。

表 7.11　n 位二进制异步计数器时钟连接规律表

计数器	连接规律	
	T′触发器的触发沿	
	上升沿	下降沿
加法计数	$CP_i=\overline{Q_{i-1}}$	$CP_i=Q_{i-1}$
减法计数	$CP_i=Q_{i-1}$	$CP_i=\overline{Q_{i-1}}$

②触发器处于 T′触发器功能模式，结构简单，触发器的级联关系清晰。对下降沿触发的触发器，依次将低位的输出端 Q 与高位计数脉冲输入端级联就可以实现 N 位二进制加法计数器；依次将低位的输出端 $\overline{Q}$ 与高位计数脉冲输入端级联就可以实现 N 位二进制减法计数器。对上升沿触发的触发器，依次将低位的输出端 Q 与高位计数脉冲输入端级联就可以实现 N 位二进制减法计数器；依次将低位的输出端 $\overline{Q}$ 与高位计数脉冲输入端级联就可以实现 N 位二进制加法计数器。

③在电路状态译码时，容易产生竞争-冒险现象。

3）集成二进制计数器

集成计数器通常具有计数、并行置数、同步保持以及置数（同步或异步）和清零（同步或异步）等多种功能。集成计数器的型号众多，逻辑功能一般由功能表、逻辑框图、时序图和部分输出逻辑函数表达式等表示。常用的集成四位二进制计数器有加法计数和加/减法计数两类，采用的都是 8421 码。

（1）集成四位同步二进制计数器 74LS161

74LS161 是比较典型的四位同步二进制加法计数器，其工作原理和逻辑电路与前面介绍的同步四位二进制加法计数器类似，只是为了使用和扩展功能方便，在制作集成电路时，增加了一些辅助功能。图 7.22 是集成计数器 74LS161 的双列直插式封装的引脚排列和逻辑功能示意图。

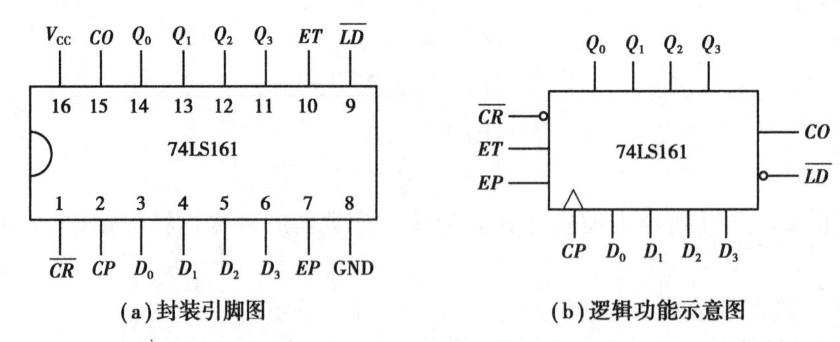

(a)封装引脚图　　(b)逻辑功能示意图

图 7.22　集成计数器 74LS161

图 7.22 中，CP 是计数脉冲，也就是加到各个触发器的时钟脉冲；$\overline{CR}$ 是清零端；$\overline{LD}$ 是置数控制端；ET，EP 是计数控制端；$D_0 \sim D_3$ 是并行数码输入端；$Q_0 \sim Q_3$ 是计数状态输出端；CO 是进位信号输出端。表 7.12 给出了集成计数器 74LS161 的功能表。

表7.12　74LS161的功能表

输入									输出					说明
$\overline{CR}$	$\overline{LD}$	EP	ET	CP	D_3	D_2	D_1	D_0	Q_3	Q_2	Q_1	Q_0	CO	
0	×	×	×	×	×	×	×	×	0	0	0	0	0	异步清零
1	0	×	×	↑	d_3	d_2	d_1	d_0	d_3	d_2	d_1	d_0		同步并行置数
1	1	1	1	↑	×	×	×	×	计数					$CO=ET\cdot Q_3Q_2Q_1Q_0$
1	1	0	×	×	×	×	×	×	保持					$CO=Q_3Q_2Q_1Q_0$
1	1	×	0	×	×	×	×	×	保持				0	$CO=ET\cdot Q_3Q_2Q_1Q_0$

由表7.12可知,74LS161有以下主要功能:

①异步清零功能:当$\overline{CR}=0$,计数器异步清零。其异步输入信号是优先的。

②同步并行置数功能:当$\overline{CR}=1$,$\overline{LD}=0$,在CP上升沿时,输入端数码$d_0\sim d_3$并行送入计数器中,即$Q_3Q_2Q_1Q_0=d_3d_2d_1d_0$。

③四位二进制同步加法计数功能:当$\overline{CR}=\overline{LD}=1$时,若$ET=EP=1$,则计数器对$CP$信号按照8421码进行加法计数。

④保持功能:当$\overline{CR}=\overline{LD}=1$时,若$ET\cdot EP=0$,则计数器将保持原来的状态不变。

⑤进位输出信号有两种情况:如果$ET=0$,则$CO=0$;如果$ET=1$,则$CO=Q_3Q_2Q_1Q_0$。

综上所述,74LS161是一个具有异步清零、同步置数的四位同步二进制加法计数器,模值为16。

74LS161的工作时序如图7.23所示。

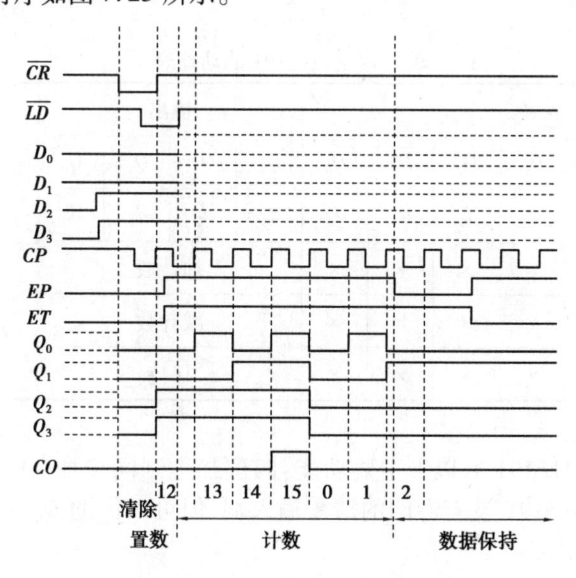

图7.23　74LS161的工作时序图

(2)集成计数器74LS163

74LS163也是四位二进制同步加法计数器,其逻辑功能、计数工作原理和引脚排列与

74LS161 都相同,74LS163 与 74LS161 的区别仅在于 74LS163 采用同步清零方式。74LS163 的功能表见表 7.13。

表 7.13 74LS163 的功能表

输入									输出					说明
$\overline{CR}$	$\overline{LD}$	EP	ET	CP	D_3	D_2	D_1	D_0	Q_3	Q_2	Q_1	Q_0	CO	
0	×	×	×	↑	×	×	×	×	0	0	0	0	0	同步清零
1	0	×	×	↑	d_3	d_2	d_1	d_0	d_3	d_2	d_1	d_0		同步并行置数
1	1	1	1	↑	×	×	×	×	计数					$CO=ET\cdot Q_3Q_2Q_1Q_0$
1	1	0	×	×	×	×	×	×	保持					$CO=Q_3Q_2Q_1Q_0$
1	1	×	0	×	×	×	×	×	保持				0	$CO=ET\cdot Q_3Q_2Q_1Q_0$

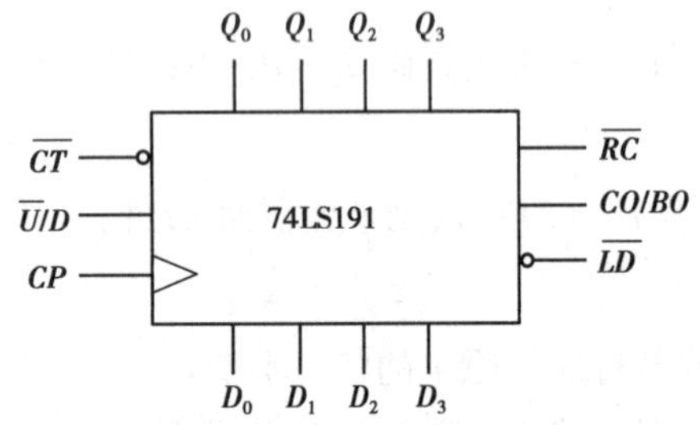

图 7.24 74LS191 的逻辑功能示意图

(3)单时钟集成四位可逆计数器 74LS191

集成四位二进制同步可逆计数器,有单时钟和双时钟两种类型,图 7.24 所示为单时钟集成四位同步二进制可逆计数器 74LS191 的逻辑功能示意图。

在图 7.24 中,$\overline{U}/D$ 是加减计数控制端;$\overline{CT}$ 是计数控制端;$\overline{LD}$ 是异步置数端,低电平有效;$D_0\sim D_3$ 是并行数码输入端;$Q_0\sim Q_3$ 是计数状态输出端;CO/BO 是进位/借位信号输出端;$\overline{RC}$ 是多个芯片级联时串行计数使能端。表 7.14 是集成计数器 74LS191 的功能表。

表 7.14 74LS191 的功能表

输入								输出				说明
$\overline{LD}$	$\overline{CT}$	$\overline{U}/D$	CP	D_3	D_2	D_1	D_0	Q_3	Q_2	Q_1	Q_0	
0	×	×	×	d_3	d_2	d_1	d_0	d_3	d_2	d_1	d_0	并行异步置数
1	0	0	↑	×	×	×	×	加计数				$CO/BO=Q_3Q_2Q_1Q_0$
1	0	1	↑	×	×	×	×	减计数				$CO/BO=\overline{Q_3}\cdot\overline{Q_2}\cdot\overline{Q_1}\cdot\overline{Q_0}$
1	1	×	×	×	×	×	×	保持				

由表 7.14 可知,74LS191 有以下主要功能:四位二进制同步加/减计数功能;并行异步置数功能;保持功能。74LS191 没有专门的清零输入端,但可以借助 $D_0\sim D_3$ 异步并行置入数据 0000,间接实现清零功能。

$\overline{RC}$ 的作用:多个加/减法计数器级联时使用,其表达式为:

$$\overline{RC}=\overline{\overline{CP}\cdot\frac{CO}{BO}\cdot CT}$$

当$\overline{CT}=0$，即$CT=1$，$CO/BO=1$时，$\overline{RC}=CP$，因此由$\overline{RC}$端产生的输出进位脉冲的波形与输入计数脉冲的波形是相同的。

(4)双时钟集成四位可逆计数器74LS193

双时钟四位二进制同步可逆计数器74LS193逻辑功能示意图，如图7.25所示。

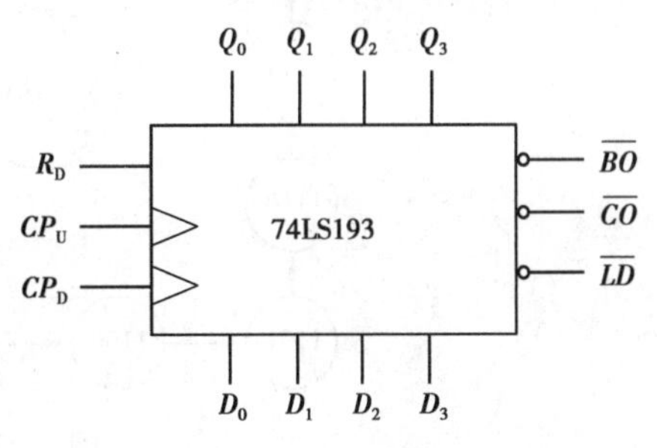

图7.25　74LS193逻辑功能示意图

在图7.25中，CP_U是加计数控制端；CP_D是减计数控制端；R_D是清零端，高电平有效；$\overline{LD}$是异步置数端，低电平有效；$D_0\sim D_3$是并行数码输入端；$Q_0\sim Q_3$是计数状态输出端；$\overline{BO}$是借位信号输出端；$\overline{CO}$是进位信号输出端。表7.15是集成计数器74LS193的功能表。

表7.15　74LS193的功能表

输入								输出				说明
$\overline{LD}$	R_D	CP_U	CP_D	D_3	D_2	D_1	D_0	Q_3	Q_2	Q_1	Q_0	
0	0	×	×	d_3	d_2	d_1	d_0	d_3	d_2	d_1	d_0	并行异步置数
×	1	×	×	×	×	×	×	0	0	0	0	异步清零
1	0	↑	1	×	×	×	×	加计数				$\overline{CO}=\overline{Q_3Q_2Q_1Q_0}$
1	0	1	↑	×	×	×	×	减计数				$\overline{BO}=\overline{\overline{Q_3}\cdot\overline{Q_2}\cdot\overline{Q_1}\cdot\overline{Q_0}}$
1	0	1	1	×	×	×	×	保持				

由表7.15可知，74LS193在$R_D=0$、$\overline{LD}=1$的条件下，作加计数时，令$CP_D=1$，计数脉冲从CP_U输入；作减计数时，令$CP_U=1$，计数脉冲从CP_D输入。74LS193的清零方式和预置数方式均采用异步方式进行。当清零信号$R_D=1$时，不管时钟脉冲的状态如何，计数器的输出将被直接置零；当$R_D=0$，$\overline{LD}=0$时，不管时钟脉冲的状态如何，将立即把预置数数据输入端$d_0\sim d_3$的状态置入计数器的$Q_0\sim Q_3$端。

(5)集成计数器74LS393

74LS393是一种功能比较简单的计数器产品，其引脚排列如图7.26所示。

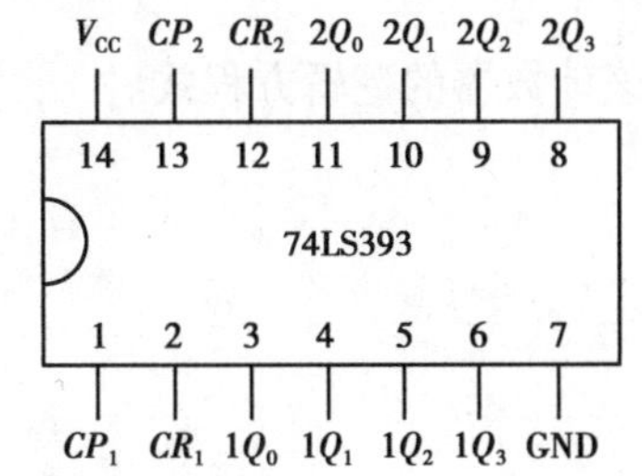

图7.26　74LS393的引脚排列图

74LS393由两组同样的四位异步加法计数器组成，由两个异步清零控制端CR_1，CR_2分别控制，高电平有效；两个时钟脉冲输入端分别是CP_1，CP_2，下降沿有效。

当各自的异步清零信号有效时，集成电路内部的触发器统一清零；在清零信号为低电平期间，时钟脉冲有效进行计数。对应的状态转换图如图7.27所示。

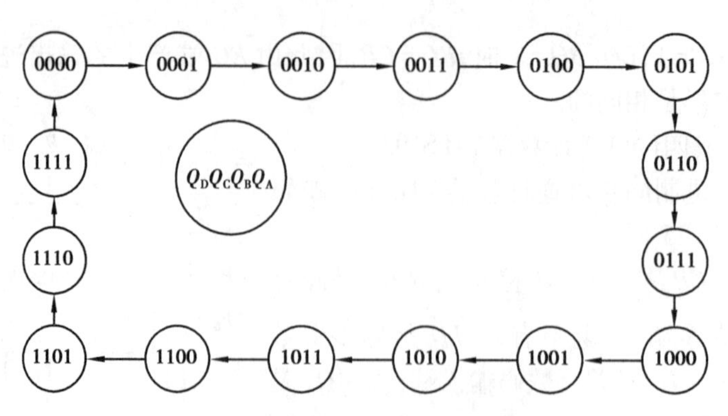

图 7.27　74LS393 的状态转换图

7.4.2　十进制计数器

在实际工作中,计数的结果往往要通过现场的显示装置显示给工作人员看,人们一般习惯于十进制计数体制,因此为了满足实际需要又设计出了一系列的十进制计数器产品。

1)十进制计数器工作原理

十进制计数器又称为 BCD 码计数器,其实际结构具有多种形式,常见的是 8421BCD 编码格式的十进制计数器,采用 0000 ~ 1001 代表十进制数码 0 ~ 9。图 7.28 给出了一种 8421BCD 编码十进制计数器的逻辑图,其实质是在四位二进制计数器的基础上通过一定的手段使计数器只在"0000" ~ "1001"这 10 个有效状态之间循环,即构成"逢十进一"的计数器。

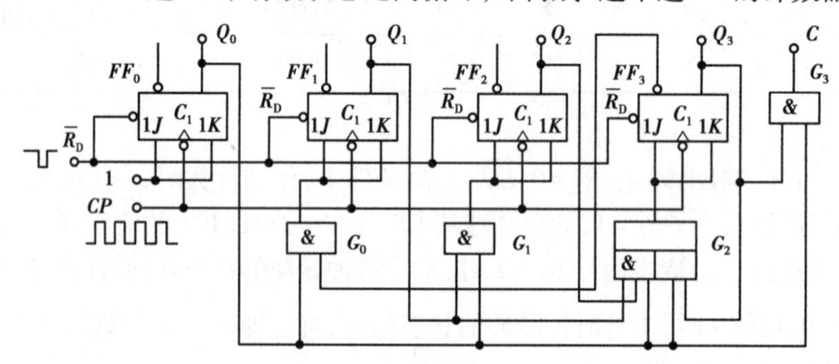

图 7.28　十进制计数器逻辑图

由图 7.28 不难看出这是一个同步计数器,根据逻辑图写出该计数器的逻辑方程式。

驱动方程:

$$\begin{cases} J_0 = K_0 = 1 \\ J_1 = K_1 = Q_0^n \overline{Q_3^n} \\ J_2 = K_2 = Q_1^n Q_0^n \\ J_3 = K_3 = Q_2^n Q_1^n Q_0^n + Q_3^n Q_0^n \end{cases}$$

输出方程:

$$C = Q_3^n Q_0^n$$

状态方程:

$$
\begin{cases}
Q_0^{n+1} = \overline{Q_0^n} \\
Q_1^{n+1} = Q_0^n \overline{Q_3^n}\ \overline{Q_1^n} + \overline{Q_0^n \overline{Q_3^n}} Q_1^n \\
Q_2^{n+1} = Q_1^n Q_0^n \overline{Q_2^n} + \overline{Q_1^n Q_0^n} Q_2^n \\
Q_3^{n+1} = (Q_2^n Q_1^n Q_0^n + Q_3^n Q_0^n) \oplus Q_3^n
\end{cases}
$$

由上述方程可以绘制该计数器的状态转换图,如图7.29所示。

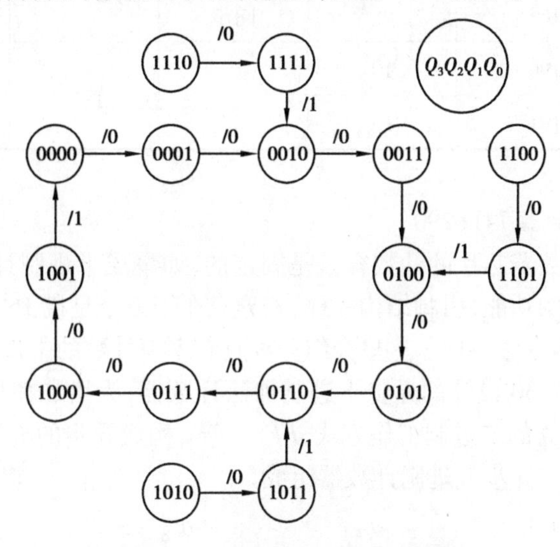

图7.29　十进制计数器状态转换图

由图7.29可以看出,计数器处于初始状态"0000",当第1个计数脉冲到来时,进入"0001"状态,依次类推,当第9个脉冲到来时,进入"1001"状态,第10个计数脉冲到达后,计数器又回到了初始状态"0000",产生一个进位脉冲,即逢10进1。该电路具有自启动能力,即处于无效状态时,一般经过1~2个计数脉冲都能自动回到计数有效循环圈内工作。

2)集成同步十进制计数器

常用的集成同步十进制计数器有加法计数器和加/减计数器两大类。现以74LS160,74LS162为例进行简单说明。

74LS160,74LS162的逻辑符号与74LS161,74LS163是相同的,如图7.22所示。它们的逻辑功能基本相同,区别在于74LS160,74LS162是十进制加法计数,采用的是8421BCD码,而74LS161,74LS163是四位二进制(模16)加法计数;当正常计数时,74LS160,74LS162的进位输出 $CO = Q_3 Q_0$,而74LS161,74LS163的进位输出 $CO = Q_3 Q_2 Q_1 Q_0$;74LS160与74LS161为异步清零,而74LS162与74LS163为同步清零。

集成十进制同步加/减计数器,也有单时钟和双时钟两种类型。这里以单时钟的74LS190为例作简单说明。74LS190的逻辑功能示意图与74LS191相同,其工作原理和内部电路也与74LS191类似,区别只在于计数的模值不同。当进行加计数时,74LS190的 $CO/BO = Q_3 Q_0$;进行减计数时,$CO/BO = \overline{Q_3} \cdot \overline{Q_0}$。

表7.16对74LS160,74LS161,74LS162,74LS163,74LS190和74LS191作对比分析,以便更好地了解和使用各个集成同步计数器。

表 7.16　各种集成同步计数器功能对照表

同步集成计数器		模值	清零端	置数端	进位输出
加计数	74LS160	10	异步	同步	$CO=Q_3Q_0$
	74LS162		同步		
	74LS161	16	异步		$CO=Q_3Q_2Q_1Q_0$
	74LS163		同步		
加/减计数	74LS190	10		异步	$CO=Q_3Q_0$
	74LS191	16			$CO=Q_3Q_2Q_1Q_0$

3)二-五-十进制计数器 74LS290

前面介绍的集成计数器芯片的计数容量是固定的,如集成十进制计数器 74160 与前面所讲的 74LS161 具有相同的功能,引脚结构一样,差异只在于一个是模 16 的二进制计数器,一个是十进制计数器,其使用方法一样。这里介绍一种具有多模计数的十进制计数器 74LS290。

74LS290 是按照图 7.30 设计的异步十进制加法计数器,为增加使用的灵活性,该芯片内部的触发器 FF_0 构成独立的二进制工作方式,$FF_1 \sim FF_3$ 构成异步的五进制计数器,即由一个一位二进制计数器和一个异步五进制计数器组成。

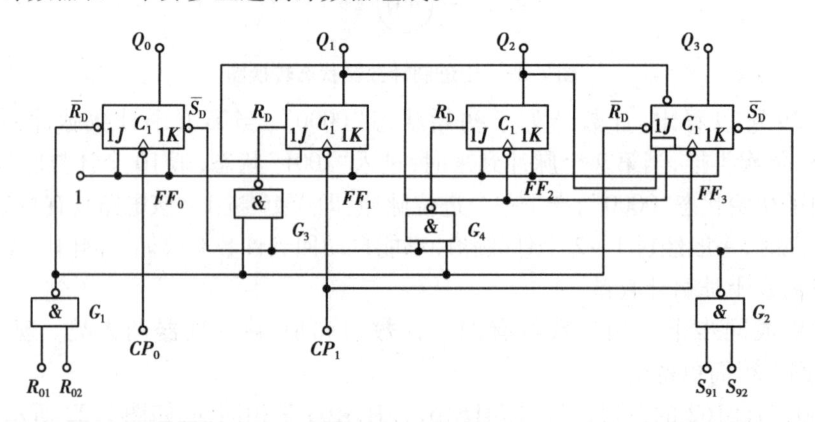

(a)74LS290逻辑图

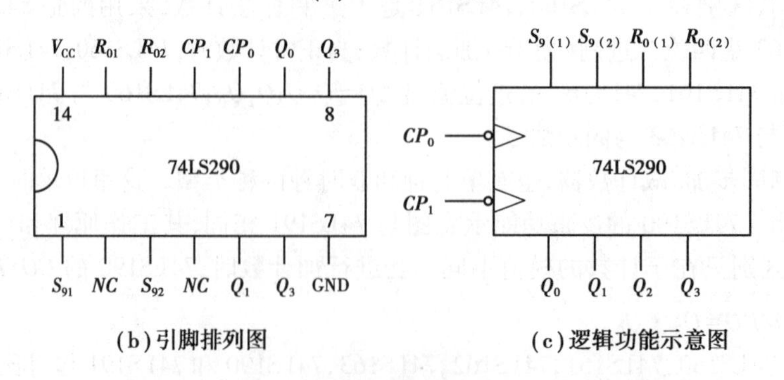

(b)引脚排列图　　(c)逻辑功能示意图

图 7.30　74LS290 逻辑图、引脚排列图和逻辑功能示意图

74LS290的功能表见表7.17，由表可知，74LS290有以下几种功能。

①异步清零功能：当复位输入 $R_{01}=R_{02}=1$ 且置位输入 $S_{91}\cdot S_{92}=0$ 时，74LS290的输出被直接置零。

②异步置9功能：当置位输入 $S_{91}=S_{92}=1$，则74LS290的输出将被直接置9，即输出“1001”。

③计数功能：当 $R_{01}\cdot R_{02}=0$ 和 $S_{91}\cdot S_{92}=0$ 时，74LS290处于计数工作状态。在时钟脉冲下降沿作用下进行加法计数，有4种情况。

a.输入计数脉冲 CP 加在 CP_0 端，即 $CP=CP_0$，Q_0 输出，则构成一位二进制计数器（$M_1=2$），也称为2分频，即 Q_0 变化频率是 CP 频率的1/2，FF_1，FF_2，FF_3 不工作。

b.输入计数脉冲 CP 加在 CP_1 端，即 $CP=CP_1$，$Q_3Q_2Q_1$ 为计数输出端，则构成异步五进制加法计数器（$M_2=5$），显然，FF_0 不工作。

c.输入计数脉冲 CP 加在 CP_0 端，将 Q_0 与 CP_1 连接，输出从高到低为 $Q_3Q_2Q_1Q_0$，电路对 CP 按照8421BCD码进行异步十进制加法计数。

d.输入计数脉冲 CP 加在 CP_1 端，Q_3 接 CP_0，输出从高到低为 $Q_0Q_3Q_2Q_1$，则构成5421BCD码异步十进制加法计数器。

74LS290可以工作在二进制计数、五进制计数和十进制计数的工作模式下，因此，又称为二-五-十进制计数器，同时可以从 Q_0，Q_3 分别得到2分频、5分频或10分频的分频脉冲信号。

表7.17　74LS290的功能表

输入				输出				说明
CP_0	CP_1	$R_{01}\cdot R_{02}$	$S_{91}\cdot S_{92}$	Q_3	Q_2	Q_1	Q_0	
×	×	1	0	0	0	0	0	异步清零
×	×	×	1	1	0	0	1	异步置9
CP	0	0	0	计数				二进制计数
0	CP	0	0	计数				五进制计数
CP	Q_0	0	0	计数				8421码十进制计数

7.4.3　N 进制计数器

从降低成本考虑，集成电路的定型产品必须有足够大的批量。因此，目前常见的计数器芯片在计数进制上只做成应用较广的几种类型，如十进制、十六进制等，但在不同的场合可能需要其他进制的计数器进行工作，如电子时钟中用到十二、二十四、六十进制计数器等。在需要其他任意一种进制计数器时，只能用已有的计数器产品经过外电路的不同连接方式得到。

集成计数器一般都设置有清零端和置数输入端，无论是清零端还是置数端都有异步和同步之分，有的集成计数器采用同步方式——当CP触发沿到来时才能完成清零或置数任务，有的则采用异步方式，通过异步清零输入端或置数输入端实现清零或置数操作，而与CP信号无关。

用清零端和置数端实现清零和置数，从而获得按自然态序进行计数的任意 N 进制计数器是以下要介绍的主要内容。假设已有的是 M 进制计数器,而需要得到的是 N 进制计数器。这时有 $N<M$ 和 $N>M$ 两种情况。下面分别讨论两种情况下构成任意 N 进制计数器的方法。

1)$N<M$ 的情况

对已存在 M 进制集成计数器,它在计数过程中存在 M 个有效的计数状态,如果采取一定的技术措施,让 M 进制计数器自动跳过 $M\sim N$ 个状态,自然就得到所需的 N 进制计数器。实现这种状态截断跳变的技术方法有两种。

(1)反馈清零法

①适用范围:在需要构成 N 进制计数器中,初态必须为 0。

②工作原理:需要得到的 N 进制计数器有效循环状态是 $S_0\sim S_{N-1}$。设原来的计数器为 M 进制,当它从全 0 状态 S_0 开始计数并接收 N 个计数脉冲后,电路进入 S_{N-1} 状态。

③清零端是同步清零:将 S_{N-1} 输出状态译码产生一个清零信号加到计数器的同步清零端,计数器等到下一个脉冲 CP 到来时完成清零任务,即 S_N 被置成 0 态,这样就跳过了 $M\sim N$ 个状态而得到 N 进制计数器(或分频器)。

④清零端是异步清零:将 S_N 状态译码产生一个清零信号加到计数器的异步清零端,则电路一旦进入 S_N 状态后立即被置成 S_0,即 0 态,这样同样实现了 $M\sim N$ 个状态的跳越,而得到 N 进制计数器。此时,S_N 状态仅在极短的瞬间出现,为暂态,在稳定的主循环中不包括 S_N 状态。

图 7.31 为反馈清零法将 M 进制计数器接成任意 N 进制计数器的原理示意图,其中,虚线表示的状态并不存在,实线表示的状态都处于有效计数的循环之中。

反馈清零法实现的主要步骤如下:

第一步:若为同步清零,则写出状态 S_{N-1} 的二进制代码;异步清零则写出状态 S_N 的二进制代码。

第二步:求反馈清零函数。根据代码和清零端的有效电平,写出逻辑表达式。

第三步:画逻辑图。根据反馈清零函数画逻辑图。

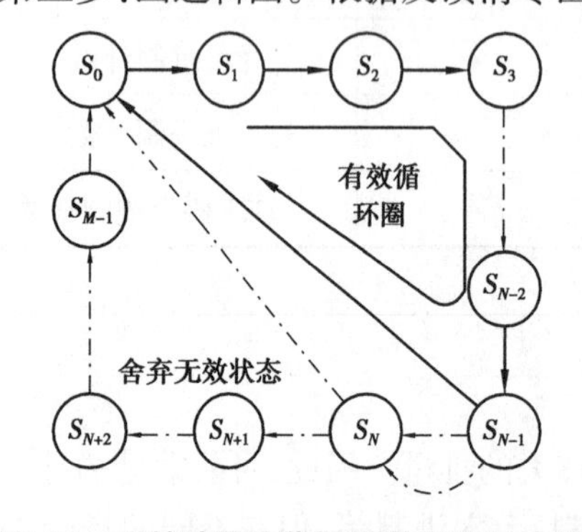

图 7.31 反馈清零法获得任意 N 进制计数器

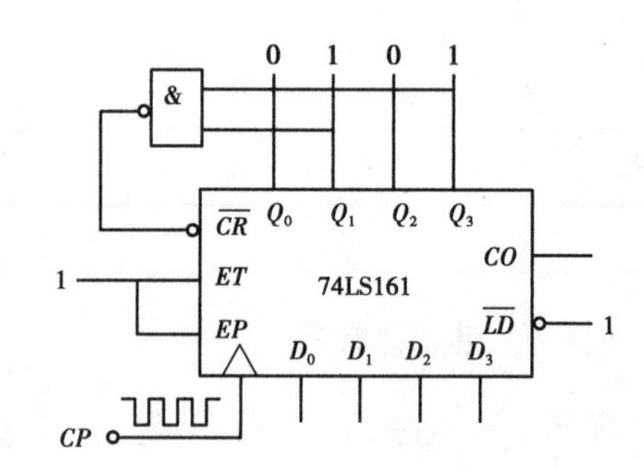

图 7.32 例 7.5 的逻辑图

【例 7.5】 试用 74LS161 反馈清零法构成十进制计数器。

解 十进制计数器,即 $N=10$,有效状态循环为 $S_0\sim S_9$,因为 74LS161 的 $\overline{CR}$ 是异步清零,所以:

(1)写出 S_N 的二进制代码:$S_N=S_{10}=Q_3Q_2Q_1Q_0=1010$。

(2)求反馈清零函数,取 S_N 所对应的二进制代码中状态为 1 的各个触发器 Q 端的与非表达式。因为 $S_{10}=Q_3Q_2Q_1Q_0=1010$,所以 $\overline{CR}=\overline{Q_3Q_1}$。

(3)画逻辑图,如图7.32所示。需要注意的是,由于清零信号持续的时间较短,集成电路内部触发器的时延不一致可能导致复位不可靠。想想用什么方法可以将置零信号锁定并维持一定的时间,保证可靠复位?

(2)反馈置数法

反馈置数法的工作原理:设原有的M进制计数器的有效状态为$S_0,S_1,\cdots,S_{i-1},S_i,S_{i+1},\cdots,S_{j-1}S_jS_{j+1},\cdots,S_{M-1},S_M$,当计数器从初始状态出发进入$S_i$,利用必要的译码电路捕捉到该状态,进行预置数控制,通过置入S_j状态,使得计数器跳过$j-i=M-N+1$个状态获得N进制计数器。

置数端是异步置数,则需要从S_{i+1}状态译码预置为S_j,即将计数器的有效状态截断为N个。由于是异步预置,实际上S_{i+1}状态只是极短时间出现,在计数器的稳定状态并不出现,也就是S_{i+1}状态代表的计数结果并不在实际的计数结果中出现。

置数端是同步置数,在预置信号到来时,必须还要等下一个时钟有效才能起到预置数的作用,这样为得到所需N进制计数器,必须从S_i状态译码输出控制预置,在下一个时钟预置为S_j状态,S_i代表的计数结果将在实际的稳定计数结果中出现,这样就得到N进制计数的结果。上述过程可以用图7.33表示,其中虚线表示的状态并不存在,实线表示的状态都处于有效计数的循环之中。

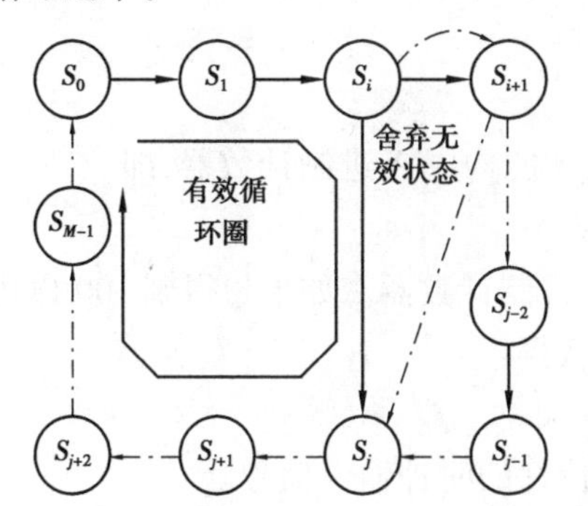

图7.33　反馈置数法获得任意N进制计数器

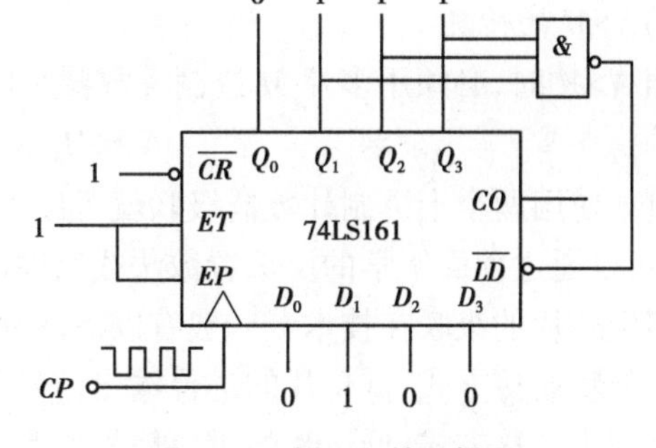

图7.34　例7.6的逻辑图

【例7.6】　试用74LS161构成十三进制计数器,初态为0010。

解　十三进制计数器,即$N=13$,初态为0010,则$D_3D_2D_1D_0=0010$,主循环中有效状态是$S_2\sim S_{14}$,由于初态不为0,因此只能用反馈置数法。74LS161的$\overline{LD}$是同步置数,因此计数到$S_{14}=Q_3Q_2Q_1Q_0=1110$状态时给$\overline{LD}$一个置数信号,$\overline{LD}=\overline{Q_3Q_2Q_1}$,电路如图7.34所示。

【例7.7】　试用74LS191接成减法计数器,有效状态为1001~0100。

解　初态不为0,只能用反馈置数法。由于74LS191的$\overline{LD}$为异步置数,因此计到0100的下一个状态$S_3=Q_3Q_2Q_1Q_0=0011$时给置数端一个置数信号,此后S_3作为暂态消失,被置为初态1001。取$S_3=Q_3Q_2Q_1Q_0=0011$所对应的二进制代码中状态为0的各个输出端的或表达式,所以$\overline{LD}=Q_3+Q_2$,逻辑图如图7.35所示。

综上所述:

①要构成N进制计数器,若没有特别指明,初态为0态。

②如果置数端或清零端是同步的,则由N进制计数器有效循环状态中的最后一个状态译码产生反馈信号,进行清零或置数。

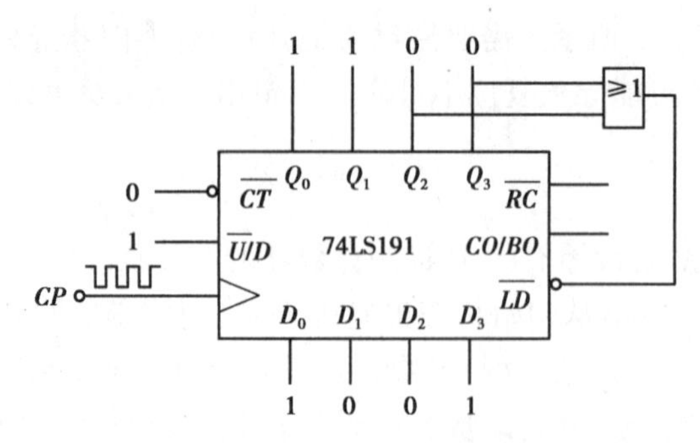

图 7.35 例 7.7 的逻辑图

如果置数端或清零端是异步的,则由 N 进制计数器有效循环状态中最后一个状态的下一个状态译码产生反馈信号,进行清零或置数。

③如清零端或置数端低电平有效,则写反馈函数时:

若构成的是加法计数器,则取反馈状态所对应的二进制代码中状态为 1 的各个触发器 Q 端的与非表达式。

若构成的是减法计数器,则取反馈状态所对应的二进制代码中状态为 0 的各个触发器 Q 端的或表达式。

2) $N>M$ 的情况

当 $N>M$ 时,必须用多片 M 进制计数器级联起来,才能构成 N 进制计数器,即

$$N = M_1 \times M_2 \times M_3 \cdots$$

例如使用两个十进制计数器级联就可以得到 100 进制计数器。如果想得到 100 以内的计数器,可以通过前面所学的反馈置数法或反馈清零法获得。

多级芯片的级联在技术上一般有以下两种进位方式。

①异步连接方式:低位片的进位输出信号作为高位片的时钟输入信号。

②同步连接方式:低位片的进位信号作为高位片的计数控制信号,各芯片的 CP 时钟输入端同时接入计数脉冲信号。

【例 7.8】 使用四位同步二进制计数器 74LS161 构成 256 进制计数器。

解 例中 $N=256$,74LS161 是十六进制计数器,所以需要两片 74LS161 级联构成。既可用异步连接方式也可用同步连接方式实现。

(1)异步连接方式

图 7.36 所示为异步连接方式。第(1)片为低位片,第(2)片为高位片。两片 74LS161 的 ET 和 EP 恒为 1,都处于计数工作状态。因为 74LS161 的 CP 是上升沿触发,因此低位片的进位输出 CO 反相后作为高位片时钟端输入。每当低位片计数到 1111 时 CO 输出 1,下一个计数脉冲 CP 到来时,高位片时钟产生一个上升沿,因此高位片计数一次,依次循环下去。

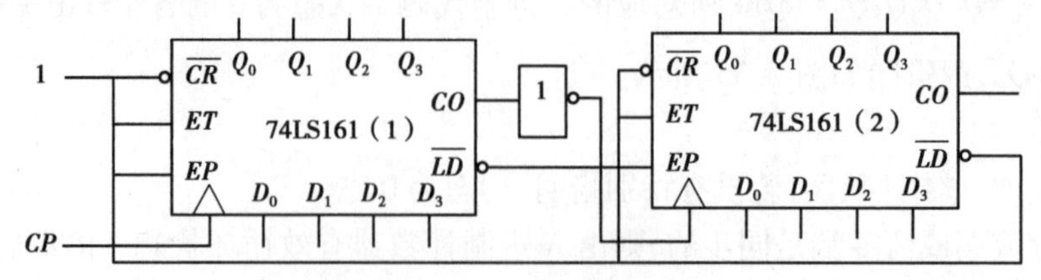

图 7.36 例 7.8 异步连接方式

(2)同步连接方式

图7.37所示为同步连接方式,两片 *CP* 端连在一起。低位片的进位 *CO* 作为高位片 *ET* 和 *EP* 的输入。低位片始终处于计数工作状态,每当低位片计数到1111时 *CO* 输出1,下一个 *CP* 信号到达时高位片计数一次。

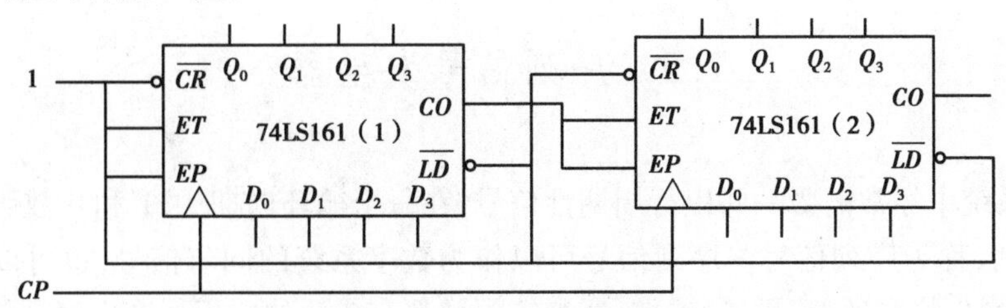

图7.37　例7.8同步连接方式

【例7.9】　试用74LS160接成一个二十四进制计数器。要求计数器从0态开始。

解　先将两片74LS160连接成100进制计数器,再用整体反馈清零法接成二十四进制计数器。因为74LS160是异步清零,所以计数第24个脉冲时,经过与非门译码产生低电平信号将两片74LS160同时异步清零。

第24个计数脉冲到来时,计数器的输出状态为00100100,于是$\overline{CR}=\overline{Q_1'Q_2}$,电路如图7.38所示。

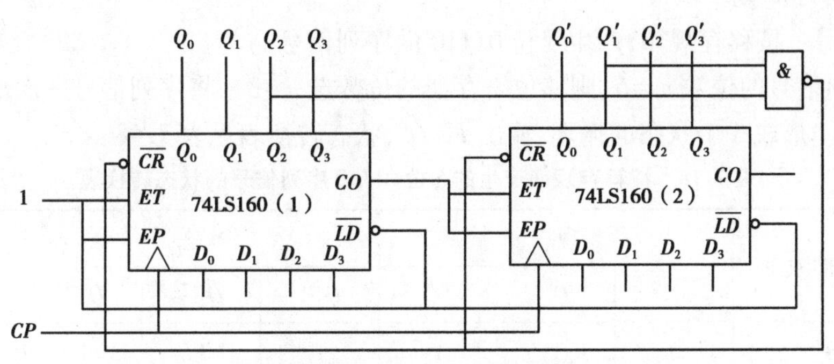

图7.38　例7.9的逻辑图

【例7.10】　使用十进制计数器74LS290构成五十进制计数器。

解　74LS290是一片二-五-十进制计数器芯片,因此为得到五十进制计数器,可以使用两片74LS290芯片,第一片工作于十进制状态,第二片工作于五进制状态即可,如图7.39所示。

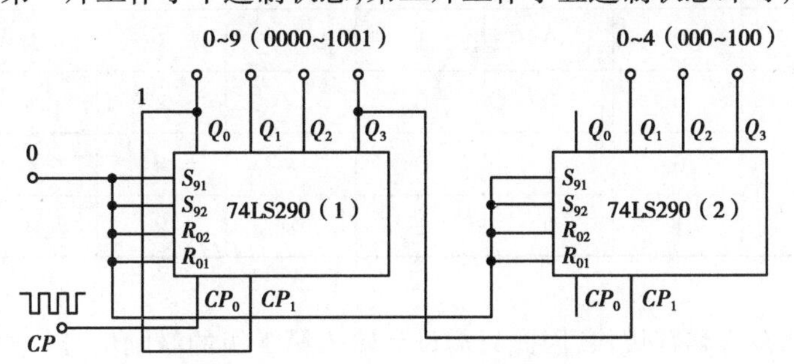

图7.39　使用74LS290获得五十进制计数器

由于74LS290是下降沿触发的计数器,因此只需从第一片的最高位 Q_3 取出进位信号送到第二片的 CP_1 即可,当第一片工作状态由 1001 转换为 0000 时,Q_3 由 1 变为 0,输出进位有效触发计数脉冲,第二片计数器加 1 计数。

7.5 序列信号发生器

在数字系统中经常需要一些串行周期性信号,在每个循环周期中,1 和 0 数码按照一定的规则顺序排列,称为序列信号。序列信号可以作为数字系统的同步信号,也可以作为地址码等。因此,序列信号在通信、雷达、遥控、遥测等领域都有广泛的应用。产生序列信号的电路称为序列信号发生器。

序列信号发生器的构成一般有 3 种形式:移存型序列信号发生器、计数型序列信号发生器、计数器和数据选择器组成的序列信号发生器。下面通过例题分别加以说明。

7.5.1 移存型序列信号发生器

移存型序列信号发生器以移位寄存器作为主要存储部件,如果序列信号的位数为 m,移位寄存器的位数为 n,则 $2^n \geq m$。

【例 7.11】 按移存规律,产生 5 位 01110 的序列信号。

解 序列信号的位数 $m=5$,则移位寄存器的位数选 $n=3$。将序列信号一次取 3 位序列码元,按移存规律形成 5 个状态的循环,输出 $F=Q_2^n$,状态转换表见表 7.18。

表 7.18 按移存规律产生的 5 位 01110 序列信号的状态转换表

CP 脉冲顺序	现态			次态			输出
	Q_2^n	Q_1^n	Q_0^n	Q_2^{n+1}	Q_1^{n+1}	Q_0^{n+1}	F
0	0	1	1	1	1	1	0
1	1	1	1	1	1	0	1
2	1	1	0	1	0	0	1
3	1	0	0	0	0	1	1
4	0	0	1	0	1	1	0
无效态	0	0	0	×	×	×	0
	0	1	0	×	×	×	0
	1	0	1	×	×	×	1

由于状态转移符合移存规律,因此只需设计输入第 1 级的激励信号。通常采用 D 触发器构成移位寄存器。Q_0^{n+1} 卡诺图,如图 7.40 所示。

由图 7.40 可得:$Q_0^{n+1}=D_0=\overline{Q_2^n}+\overline{Q_1^n}=\overline{Q_2^nQ_1^n}$。

最后检验是否具有自启动特性：有效状态 5 个，尚有 3 个无效状态 000，010，101。根据 $Q_0^{n+1}=\overline{Q_2^n Q_1^n}$ 及移存规律，不难求得无效状态的转移为 000→001，010→101→011，具有自启动特性。完整状态转换图如图 7.41 所示。信号发生器电路如图 7.42 所示。

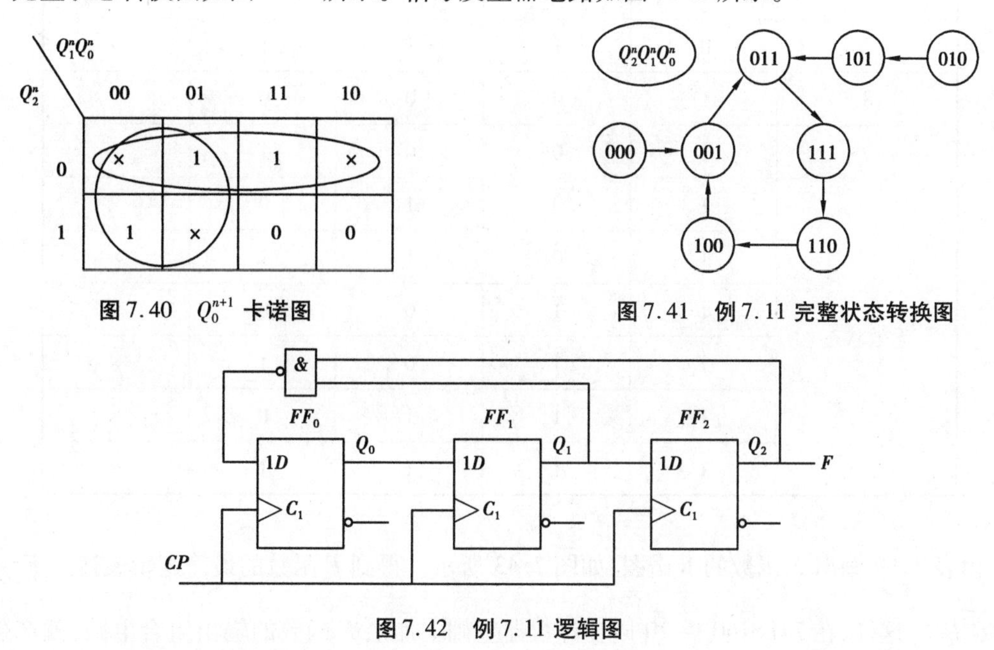

图 7.40　Q_0^{n+1} 卡诺图

图 7.41　例 7.11 完整状态转换图

图 7.42　例 7.11 逻辑图

7.5.2　计数型序列信号发生器

计数型序列信号发生器是按照计数规律产生序列信号的电路。

【例 7.12】　设计一个产生序列信号 1010110011 的计数型序列信号发生器。

解　由于给定序列长 $m=10$，可选用一个模 10 的同步计数器，如 74LS160，令其在状态转移过程中，每一状态稳定时输出给定序列要求的信号，因此可列出其输出 F 的真值表，见表 7.19。

表 7.19　例 7.12 的状态转换表

CP 脉冲顺序	输出状态				输出
	Q_3	Q_2	Q_1	Q_0	F
0	0	0	0	0	1
1	0	0	0	1	0
2	0	0	1	0	1
3	0	0	1	1	0
4	0	1	0	0	1
5	0	1	0	1	1
6	0	1	1	0	0

续表

CP 脉冲顺序	输出状态				输出
	Q_3	Q_2	Q_1	Q_0	F
7	0	1	1	1	0
8	1	0	0	0	1
9	1	0	0	1	1
无效状态	1	0	1	0	×
	1	0	1	1	×
	1	1	0	0	×
	1	1	0	1	×
	1	1	1	0	×
	1	1	1	1	×

由表 7.19 画出 F 函数的卡诺图,如图 7.43 所示。得到 F 函数的最简逻辑表达式 $F=Q_3^n+\overline{Q_0^n}=\overline{Q_3^n Q_0^n}$。这样,在 74LS160 模 10 同步计数器基础上加上 F 函数的输出组合电路,就产生了计数型序列信号 1010110011,电路如图 7.44 所示。

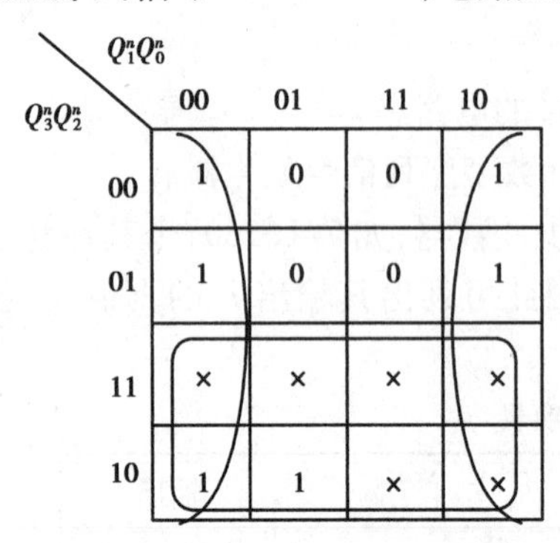

图 7.43　例 7.12 输出卡诺图

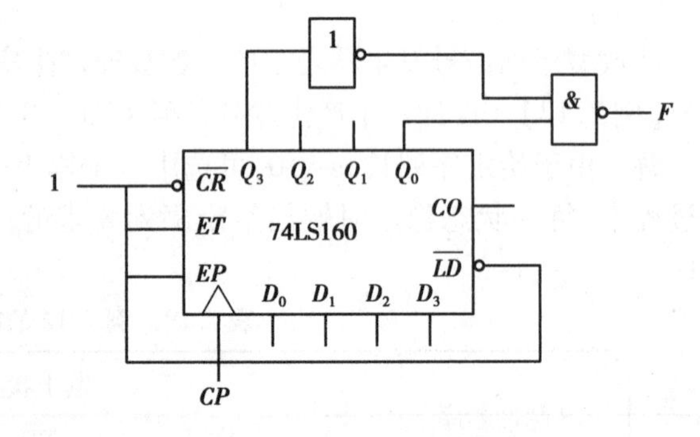

图 7.44　例 7.12 的逻辑图

对计数型序列信号发生电路,在同一计数器的基础上,加上不同的输出电路,可以得到循环长度 m 相同的多组序列信号输出,由于输出是组合电路,因此在输出的序列中有可能有“冒险”毛刺。

7.5.3　计数器和数据选择器组成的序列信号发生器

【例 7.13】　由计数器和数据选择器,产生一个 8 位序列信号 11101000 发生器,时间顺序为自左而右。

解　由于序列长度 $m=8$,因此可用一个八进制计数器和一个 8 选 1 数据选择器组成电路,电路如图 7.45 所示。其中,八进制计数器取自 74LS161 的低 3 位,74LS151 是 8 选 1 数据选择器。

状态转换表见表7.20，当 CP 信号连续输入时，只要令 $D_0=D_1=D_2=D_4=1,D_3=D_5=D_6=D_7=0$，便可在 F 端得到不断循环的序列信号11101000。当需要修改序列信号时，只要修改加到 $D_0\sim D_7$ 的高、低电平即可，而不需要对电路结构作任何更改，因此，使用这种电路既灵活又方便。

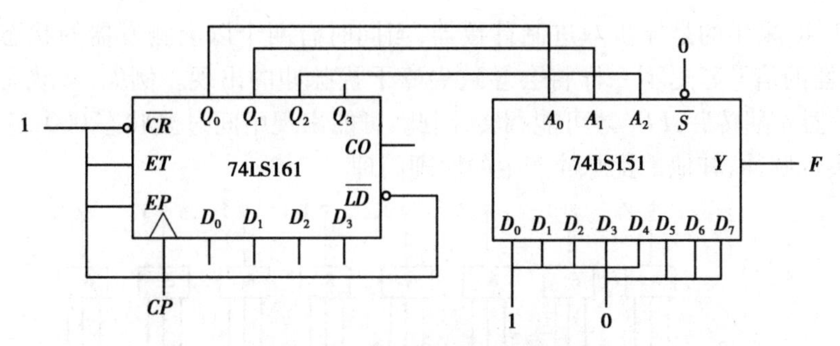

图7.45　例7.13的逻辑图

表7.20　例7.13的状态转换表

CP 脉冲顺序	Q_2	Q_1	Q_0	输出 F
	A_2	A_1	A_0	
0	0	0	0	1
1	0	0	1	1
2	0	1	0	1
3	0	1	1	0
4	1	0	0	1
5	1	0	1	0
6	1	1	0	0
7	1	1	1	0
8	0	0	0	1

7.6　顺序脉冲发生器

顺序脉冲发生器又称为节拍脉冲发生器，是一种能够产生一组在时间上存在先后顺序的脉冲信号的逻辑电路。它是复杂数字系统的控制器形成各种控制信号的基础，通过它可以让控制器按照事先规定的时序关系进行一系列的操作，实现相应的控制功能和操作。

顺序脉冲发生器常见的有计数型和移位型两种结构。

7.6.1 计数型顺序脉冲发生器

计数器和译码器是构成计数型顺序脉冲发生器的主要逻辑单元,图 7.46 是由异步计数器和 3-8 线译码器构成的顺序脉冲发生器的逻辑电路。从译码器输出得到的顺序脉冲信号波形如图 7.47 所示。

由于图 7.46 采用的是异步八进制计数器,当同时有两个以上触发器的状态都发生改变时,由于触发器的信号延迟不一样将会导致尖峰干扰脉冲的出现。例如,从状态 001 变换到 010,FF_0 触发器先翻转后,FF_1 才可能翻转,因此,可能出现中间过渡状态 000,这就导致了 Y_0 会出现一个尖峰脉冲,其他干扰脉冲产生的原理同理。

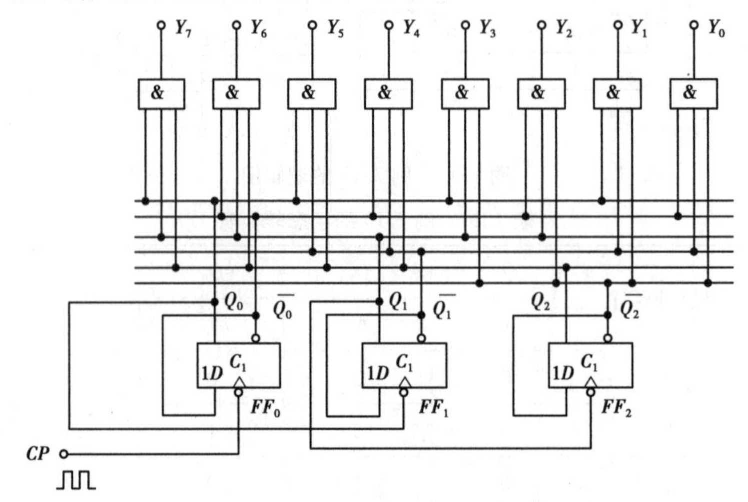

图 7.46　计数型顺序脉冲发生器

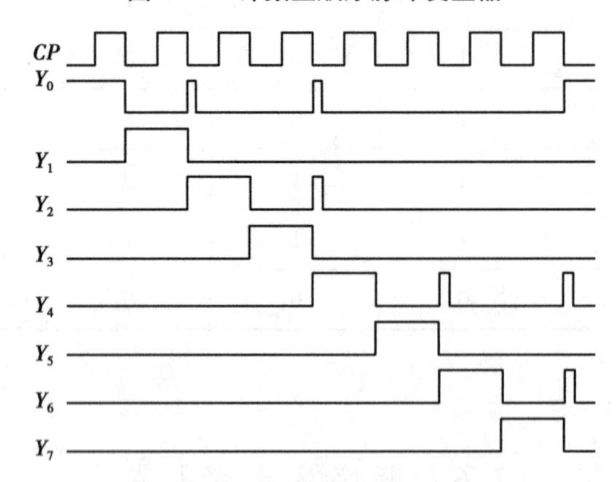

图 7.47　顺序脉冲信号波形

【例 7.14】　试使用 74LS161 和 74LS138 构成 8 输出顺序脉冲发生器。

解　由于 74LS161 是四位二进制计数器,而 74LS138 为 3-8 线译码器,对应的输入编码信息只需要 3 位,因此只要将 74LS161 的最高位舍弃即可直接连接构成。

构成的 8 输出顺序脉冲发生器逻辑图如图 7.48 所示。

在图 7.48 中,通过在 74LS138 的控制端引入封锁脉冲,当计数器每次状态转换工作稳定后才让译码器工作就可有效消除尖峰脉冲的干扰。

使用中规模集成器件构成顺序脉冲发生器,基于其便捷的扩展性,计数型顺序脉冲发生器易于获得,适宜于一组脉冲数较多的顺序脉冲发生器。

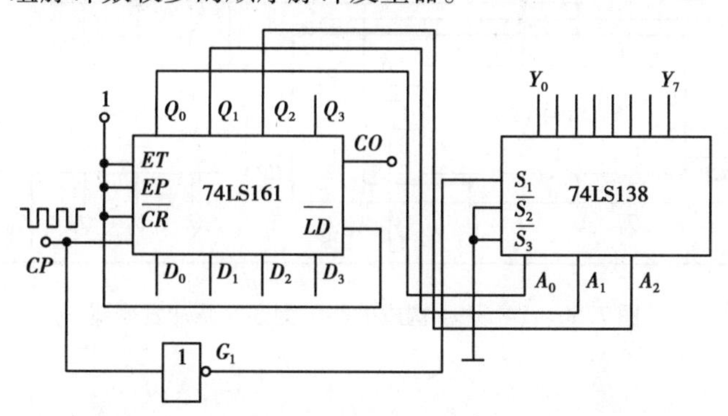

图7.48　集成计数器构成的顺序脉冲发生器

7.6.2　移位型顺序脉冲发生器

移位型顺序脉冲发生器是使用移位寄存器来实现的,可以设想将串行移位型寄存器的内部写入只有一个逻辑高电平"1"或只有一个逻辑低电平"0",然后将串行移位寄存器的输出与输入相连,从并行输出端就可以依次得到一组顺序脉冲信号。

这种方案突出的优点是不需要辅助译码电路,逻辑结构简单。图7.49是采用D触发器构成的顺序脉冲发生器。

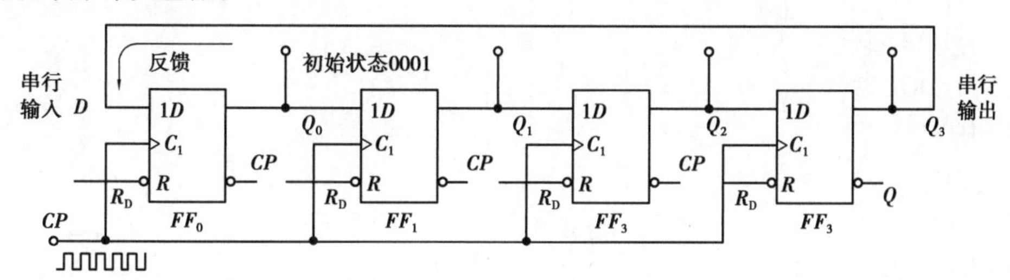

图7.49　移位型顺序脉冲发生器

当电路的初始状态写入0001,就可以依次得到0010,0100,1000,0001状态,从各触发器的输出端可以获得相应的顺序脉冲信号。

由于移位型顺序发生器的有效状态的利用率比较低,因此电路处于无效状态时必须考虑电路是否具有自启动的能力。

【例7.15】　试使用74LS194设计一个00000001-00000010-00000100-00001000-00010000-00100000-01000000-10000000-00000001的顺序脉冲发生器。

解　由于74LS194是四位可逆移位寄存器,为得到8组顺序脉冲,必须使用两片74LS194芯片,初始预置数应置为"00000001",将74LS194设置在右移工作状态,在移位时钟的作用下从对应的并行输出端可获得8组顺序脉冲信号。其逻辑图如图7.50所示。

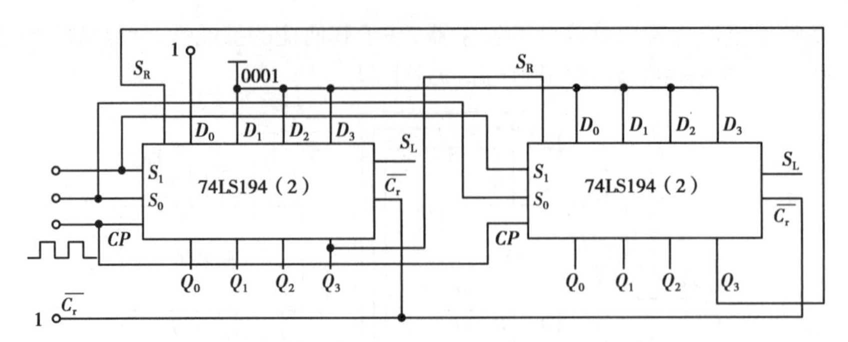

图 7.50　74LS194 构成的移位型顺序脉冲发生器

7.7　计数器的 Verilog HDL 描述及其仿真

【例 7.16】　设计一个带有异步复位控制端和时钟使能控制端的十进制计数器。

解　设计数器的时钟输入端为 CLK，清零端为 RST，置数端为 LOAD，进位输出端为 COUT，4 位数据输出端为 DOUT，DATA 为 4 位数据并行输入端，其 Verilog HDL 设计如下：

```
module cnt10 (CLK,RST,LOAD,COUT,DOUT,DATA);
input CLK, RST;
input LOAD;
input [3:0]DATA;
output [3:0]DOUT;
output COUT;
reg [3:0]Q1;
reg COUT;
assign DOUT= Q1;
always@ (posedge CLK or negedge RST)
  begin
if(! RST) Q1 <= 0;
else if(! LOAD)    Q1 <= DATA;
      else if(Q1<9) Q1 <= Q1+1;
             else   Q1 <= 4'b0000;
end
always @ (Q1) begin
if(Q1 == 4'h9) COUT= 1'b1;
else COUT= 1'b0;
end
endmodule
```

测试平台的 testbench 代码设计如下：

```
'timescale 1ns/1ns
```

```
'define clock_period 20
module cnt10_tb( );
reg CLK,RST,LOAD;
reg[3:0]DATA;
wire COUT;
wire[3:0]DOUT;
cnt10
test_cnt10(.CLK(CLK),.RST(RST),.LOAD(LOAD),.DATA(DATA),.COUT(COUT),
.DOUT(DOUT));
always #('clock_period/2)CLK=~CLK;
initial
begin
CLK=1'b0;
RST=1'b1;
LOAD=1'b1;
DATA=4'b0011;
#('clock_period) RST=1'b0;
#('clock_period) RST=1'b1;LOAD=1'b0;
#('clock_period) LOAD=1'b1;
#205 RST=1'b0;
#15 RST=1'b1;
#('clock_period) LOAD=1'b0;DATA=0101;
#('clock_period)LOAD=1'b1;
end
endmodule
```

通过仿真验证功能设计是否正确,如图 7.51 所示。

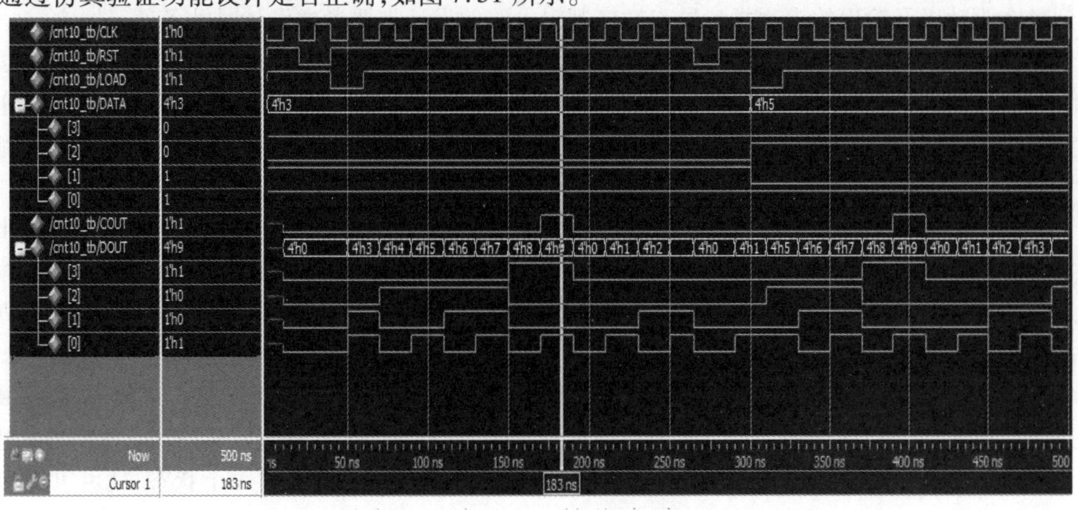

图 7.51　例 7.16 的仿真波形

由图 7.51 可知，当 RST＝0 时，计数器被置为 0 状态，即 DOUT[3:0]＝0；当 RST＝1，LOAD＝0 时，DOUT[3:0]等于 DATA[3:0]的值，即计数器被置初始状态；之后当 RST＝1，LOAD＝1，在 CLK 上升沿到时，计数器加 1 计数，当计数到 DOUT＝1001 时，产生进位，即 COUT＝1。由此验证了例 7.16 给出的程序代码实现了十进制计数器的功能。

本章小结

本章主要讲述了时序逻辑电路的基本概念，讨论了时序逻辑电路的分析方法、设计方法常用时序逻辑器件计数器、序列信号发生器、顺序脉冲发生器的工作原理、逻辑结构以及集成芯片的功能特点与使用方法。掌握常用时序逻辑器件的应用对从事数字电路设计工作具有重要意义。

(1)时序逻辑电路功能上的特点：电路的输出不仅取决于该时刻的输入，而且与上一个时刻的输入有关，具有记忆能力。

(2)时序逻辑电路结构上的特点：电路必须包含存储元件，既有从输入到输出的通道，也有从输出到输入的反馈路径。电路可以没有组合电路，但一定不能没有作为存储单元的触发器。

(3)时序电路的逻辑功能通过方程(输出方程、驱动方程和特性方程)、状态转换表、状态转换图、时序波形图描述。

(4)时序逻辑电路的分析步骤：

①写方程式(时钟方程、输出方程、驱动方程)。

②求状态方程、列状态转换表、画状态转换图和时序图。

将驱动方程代入触发器的特性方程，即求出时序电路的状态方程。将电路现态的多种取值组合代入状态方程进行计算，求出相应的次态，列出状态转换表。

③电路功能说明。

(5)设计时序逻辑电路时，可利用状态转换表，通过化简各触发器次态及输出的卡诺图得到各个驱动以及输出的表达式。异步时序逻辑电路的设计需要考虑设计时钟条件。

(6)计数器的种类繁多，可分为同步计数器和异步计数器两大类。在 SSI 计数器中，根据计数器的状态不同，可构成不同类型的计数器。根据计数器在计数过程中数字的增减趋势，分为加法计数器、减法计数器和加/减计数器。根据计数器中数字的编码方式不同，分为二进制计数器和二-十进制计数器、任意 N 进制计数器。

(7)常用 MSI 集成同步加法计数器有 74LS160，74LS161，74LS162，74LS163，同步加/减计数器有 74LS190，74LS191，异步计数器有 74LS290。这些计数器除具有基本计数功能外，通常还有使能端、扩展端、清零端和置数端，灵活区别和运用这些端口便于扩展时序逻辑电路的功能和构成较复杂的系统。

(8)利用中规模集成计数器的清零端和置数端可获得任意模值的计数器。若已有的是 M 进制计数器，而需要得到的是 N 进制计数器，这时有 $N<M$ 和 $N>M$ 两种情况，当 $N<M$ 时，利用反馈清零法和反馈置数法，在 M 进制计数器的顺序计数过程中，跳越 $M-N$ 个状态，就可以得到 N 进制计数器。当 $N>M$ 时，需要多片 M 进制计数器级联，各片之间(或各级之间)的连接可分为异步连接和同步连接两种方式,同样需要利用反馈清零法和反馈置数法。

(9)在数字系统中“1”和“0”数码按照一定的规则顺序排列,称为序列信号。产生序列信号的电路称为序列信号发生器,其构成一般有3种形式:移存型序列信号发生器、计数型序列信号发生器、用计数器和数据选择器组成的序列信号发生器。

(10)能够产生一组在时间上存在先后顺序的脉冲信号的逻辑电路称顺序脉冲发生器。常见的结构有计数型和移位型两种。

习　题

1.分析图7.52所示的电路,写出状态方程、并作出状态转换图,说明电路功能。

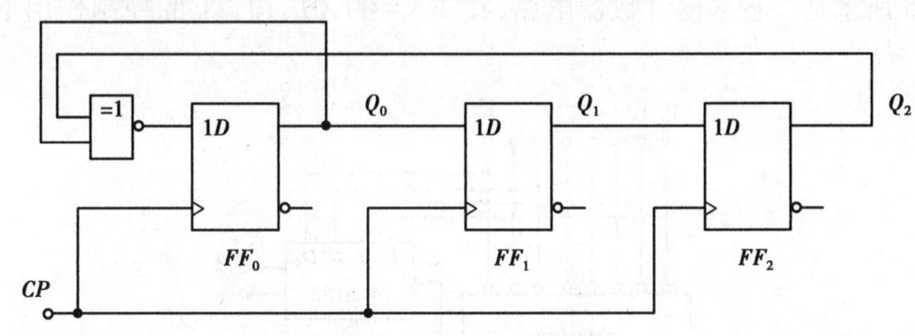

图7.52　习题1电路图

2.分析图7.53所示电路的逻辑功能。列出状态转换表,画出状态转换图和时序图。

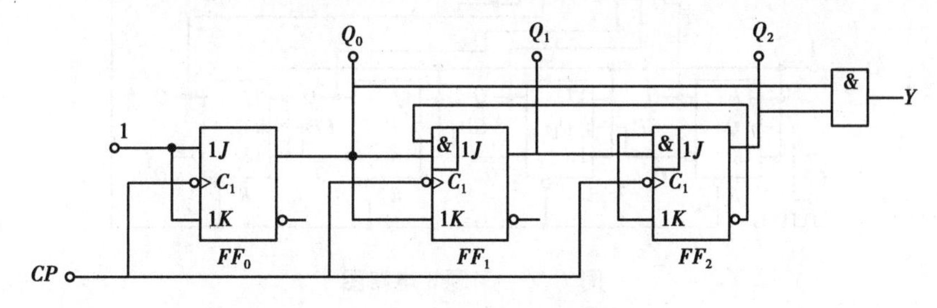

图7.53　习题2电路图

3.试分析图7.54所示异步时序逻辑电路的功能,画出状态转换图。

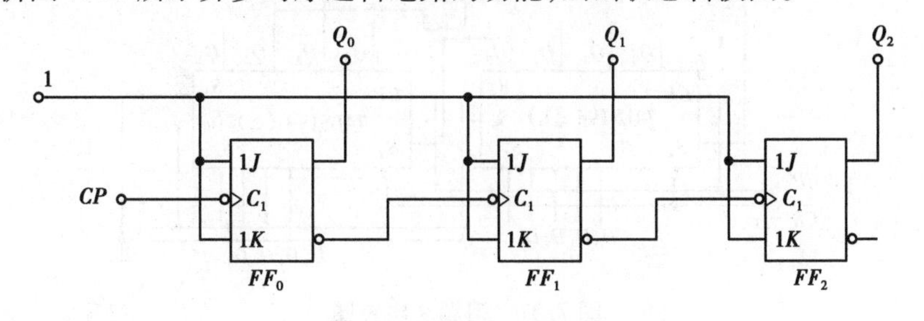

图7.54　习题3电路图

4.试使用JK触发器设计一个九进制同步计数器。

5.试使用D触发器设计一个十二进制同步计数器。

6.试使用JK触发器设计一个带控制端的可逆七进制同步计数器。

7. 试分析图 7.55 中由计数器 74LS161 构成的逻辑电路是几进制计数器。

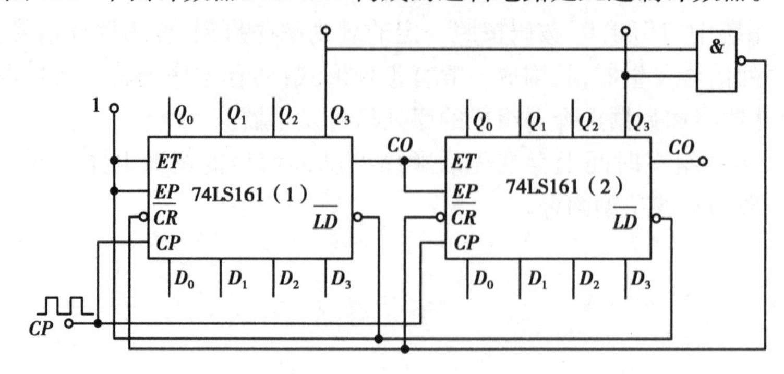

图 7.55　习题 7 电路图

8. 图 7.56 所示是一种多模计数器电路，在 $MN=00,01,10,11$ 的控制作用下构成的计数器的模是多少？

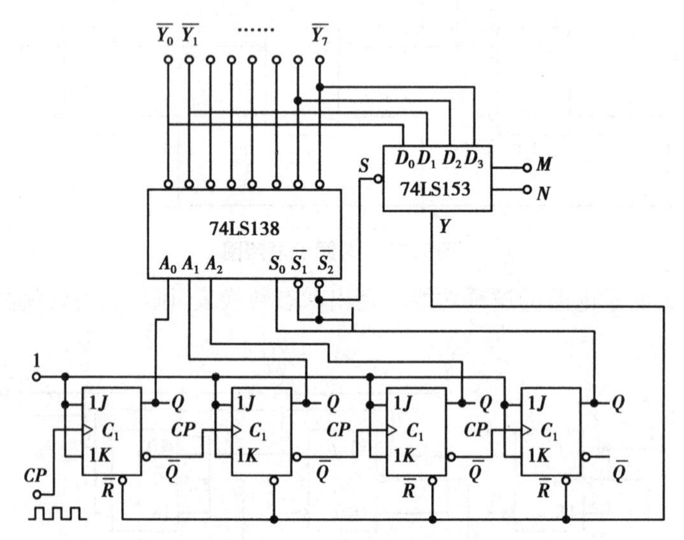

图 7.56　习题 8 电路图

9. 试分析图 7.57 中的逻辑电路构成的是多少进制计数器？

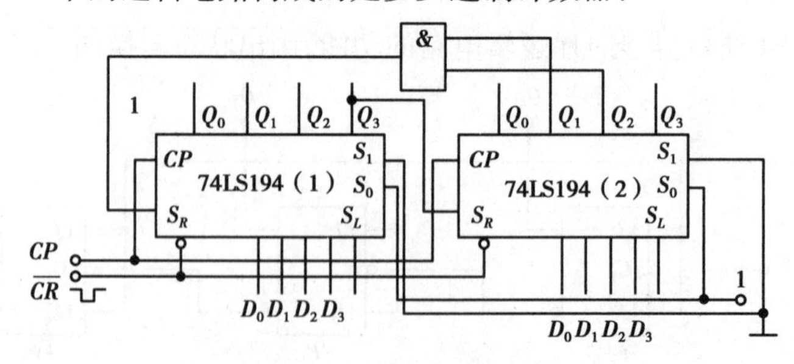

图 7.57　习题 9 电路图

10. 分析图 7.58 中的计数器是多少进制计数器？

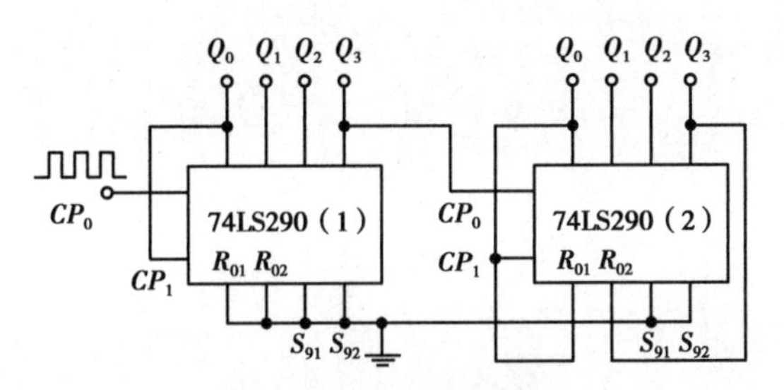

图7.58　习题10电路图

11. 图7.59(a)(b)(c)中是74LS161构成的计数器电路,试分析各为几进制计数器?

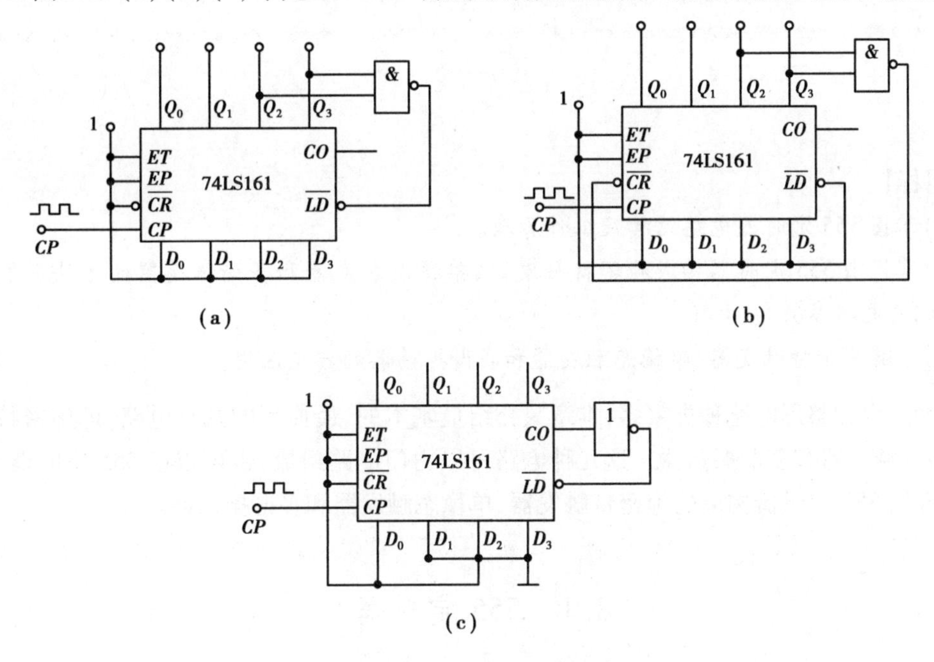

图7.59　习题11电路图

12. 试用同步十进制计数器74LS162,采用反馈清零法设计一个六十进制计数器。

13. 试用同步十进制计数器74LS162,采用反馈置数法设计一个二十四进制计数器。

14. 用74LS161构成有效状态为0101～1110的计数器。

15. 试采用中规模集成电路74LS161和74LS138设计一个16组顺序脉冲发生器。

16. 试使用74LS161设计一个可控能够实现2分频、4分频、8分频和16分频的可变分频器。

17. 试使用74LS194设计一个7位串行-并行数据转换器。

18. 现需要一个8位序列“11000011”,请选择合适的中规模时序逻辑器件设计一个满足上述要求的序列信号发生器。

19. 设计一个流水灯控制器,要求红色、黄色、绿色的彩灯在秒脉冲的作用下顺序循环点亮。红色、黄色、绿色的彩灯每次点亮的时间为3 s,1 s和4 s。

第 8 章

脉冲产生与整形电路

【本章目标】

(1)掌握555定时器电路结构及工作原理。

(2)掌握由555定时器构成施密特触发器、单稳态触发器和多谐振荡器的方法并能够分析计算相关电路参数。

(3)了解施密特触发器、单稳态触发器和多谐振荡器的典型应用。

脉冲产生和整形电路种类繁多,本章只介绍最基本的、最典型的几种电路,即施密特触发器、单稳态触发器和多谐振荡器。这几种电路可以由门电路组成,也可以由555定时器构成,本章只介绍555定时器构成的施密特触发器、单稳态触发器和多谐振荡器。

8.1 555定时器

555定时器是一种中规模集成电路,只要在外部配上适当的阻容元件,就可以方便地构成脉冲产生和整形电路。555定时器的电源电压范围宽,双极性结构的555定时器为5~16 V,单极性结构的555定时器为3~18 V,可提供与TTL及CMOS数字电路兼容的接口电平,在工业控制、定时、电子乐器及防盗报警等方面应用很广。现市场上产品虽然众多,但所有的TTL单定时器型号的最后3位数为555,双定时器为556;CMOS单定时器的最后4位数为7555,双定时器为7556,它们的逻辑功能和引脚排列完全相同,一般可以互换使用。

8.1.1 555定时器的电路结构

图8.1是555定时器的内部电路原理图,它由5个部分组成:

(1)基本RS触发器

由两个与非门组成,$\overline{R}_D$ 是专门设置的可以从外部进行置0的复位端,当 $\overline{R}_D=0$ 时,使 $\overline{Q}=1$,输出 V_O 为低电平。

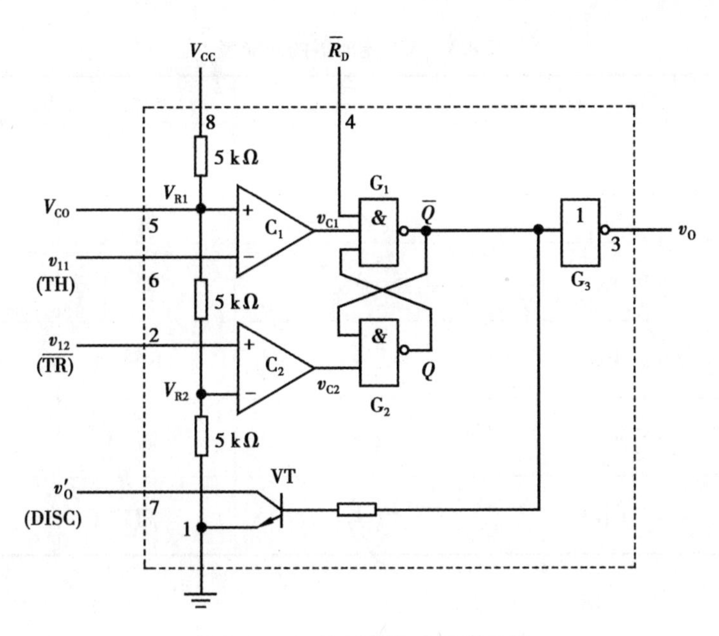

图 8.1　555 定时器的电路结构图

(2)比较器

C_1,C_2 是两个电压比较器。比较器有两个输入端,分别标有“+”号和“-”号,如果用 V_+,V_-表示相应输入端上所加的电压。则当 $V_+>V_-$时,其输出为高电平;当 $V_+<V_-$时,输出为低电平,两个输入端基本上不向外电路索取电流,即输入电阻趋近于无穷大。

(3)分压器

3 个阻值均为 5 kΩ 的电阻串联起来构成分压器(555 也因此而得名),为比较器 C_1 和 C_2 提供参考电压。C_1 的“+”端参考电压 $V_+=\frac{2}{3}V_{CC}$、C_2 的“ - ”端参考电压 $V_-=\frac{1}{3}V_{CC}$。如果在电压控制端 V_{CO} 另加电压,则可改变 C_1,C_2 的参考电压。工作中不使用 V_{CO} 端时,一般都通过一个 0.01 μF 的电容接地,以旁路高频干扰。

(4)晶体管开关和输出缓冲器

晶体管 VT 构成开关,其状态受 $\bar{Q}$ 端控制,当 $\bar{Q}$ 为 0 时 VT 截止、$\bar{Q}$ 为 1 时 VT 导通。输出缓冲器就是接在输出端的反相器 G_3 上,其作用是提高定时器带负载的能力和隔离负载对定时器的影响。

综上所述,555 定时器不仅提供了一个复位电平为$\frac{2}{3}V_{CC}$、置位电平为$\frac{1}{3}V_{CC}$ 且通过 $\bar{R}_D$ 端直接从外部进行置 0,而且还给出了一个状态受该触发器 $\bar{Q}$ 端控制的晶体管开关,因此使用起来极为灵活。

8.1.2　555 定时器的基本功能

表 8.1 为 555 定时器的功能表,它全面地表示了定时器的基本功能。

表 8.1　555 定时器的功能表

输入			输出	
$\bar{R}_D$	v_{I1}	v_{I2}	v_O	VT 状态
0	×	×	低	导通
1	$>\frac{2}{3}V_{CC}$	$>\frac{1}{3}V_{CC}$	低	导通
1	$<\frac{2}{3}V_{CC}$	$>\frac{1}{3}V_{CC}$	不变	不变
1	$<\frac{2}{3}V_{CC}$	$<\frac{1}{3}V_{CC}$	高	截止
1	$>\frac{2}{3}V_{CC}$	$<\frac{1}{3}V_{CC}$	高	截止

①$\bar{R}_D=0$ 时，$\bar{Q}=1$，输出电压 v_O 为低电平，VT 饱和导通。

②$\bar{R}_D=1$、$V_{TH}>\frac{2}{3}V_{CC}$、$V_{\overline{TR}}>\frac{1}{3}V_{CC}$ 时，C_1 输出低电平、C_2 输出高电平，$\bar{Q}=1$，$Q=0$，v_O 为低电平，VT 饱和导通。

③$\bar{R}_D=1$，$V_{TH}<\frac{2}{3}V_{CC}$、$V_{\overline{TR}}>\frac{1}{3}V_{CC}$ 时，C_1，C_2 输出均为高电平，RS 触发器保持原来的状态不变，因此，v_O，VT 也保持原来的状态不变。

④当 $\bar{R}_D=1$，$V_{TH}<\frac{2}{3}V_{CC}$、$V_{\overline{TR}}<\frac{1}{3}V_{CC}$ 时，C_1 输出高电平、C_2 输出低电平，$\bar{Q}=0$、$Q=1$，v_O 为高电平，VT 截止。

⑤当 $\bar{R}_D=1$，$V_{TH}>\frac{2}{3}V_{CC}$，$V_{\overline{TR}}<\frac{1}{3}V_{CC}$ 时，C_1 输出低电平、C_2 输出低电平，$\bar{Q}=1$、$Q=1$，v_O 为高电平，VT 截止。

555 定时器芯片的工作电压范围比较宽，双极型电路 $V_{CC}=4.5\sim16$ V，输出高电平不低于电源电压的 90%，带拉电流和灌电流负载的能力可达 200 mA；CMOS 电路 $V_{DD}=3\sim18$ V，输出高电平不低于电源电压的 95%，带拉电流负载的能力为 1 mA，带灌电流负载的能力为 3.2 mA。

8.2　施密特触发器

施密特触发器(Schmitt Trigger)是脉冲波形变换中经常使用的一种电路，是一种特殊的双稳态电路。根据输入相位、输出相位的关系不同，施密特触发器电路分为同相输出和反相输出两种电路形式，其逻辑符号和电压传输特性如图 8.2 所示。

由施密特触发器的电压传输特性可以看出，它具有以下特点：

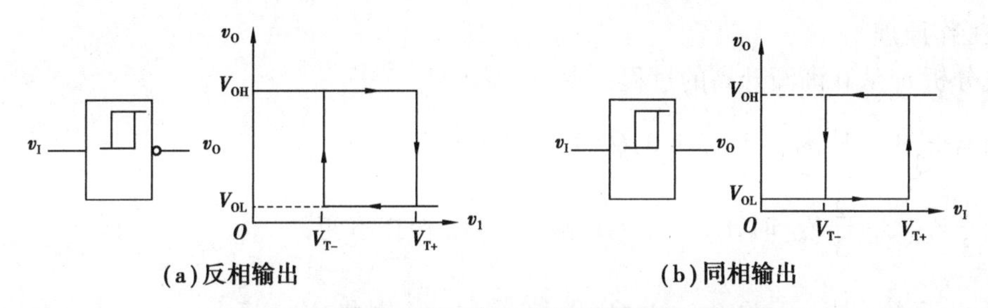

图8.2　施密特触发器的逻辑符号和电压传输特性

①有两个稳定状态。一个稳态输出为高电平 V_{OH}，另一个稳态输出为低电平 V_{OL}，这两个稳态需要输入电平来维持。

②具有滞回电压传输特性。当输入信号高于 V_{T+} 时，电路处于某稳定状态，V_{T+} 称为正向阈值电压；当输入电压低于 V_{T-} 时，电路处于另一种稳定状态。V_{T-} 称为负向阈值电压；而当输入电压处于两阈值电压之间时，其输出将保持原状态不变。正向阈值电压和负向阈值电压之差称为施密特触发器的回差电压，用 ΔV_T 表示，其值为 $\Delta V_T = V_{T+} - V_{T-}$。

8.2.1　555定时器构成的施密特触发器

1)电路的组成和工作原理

(1)电路组成

将555定时器的TH(6)端和 $\overline{TR}$(2)两个输入端连在一起作为信号输入端 v_I，即可得到施密特触发器，如图8.3所示。

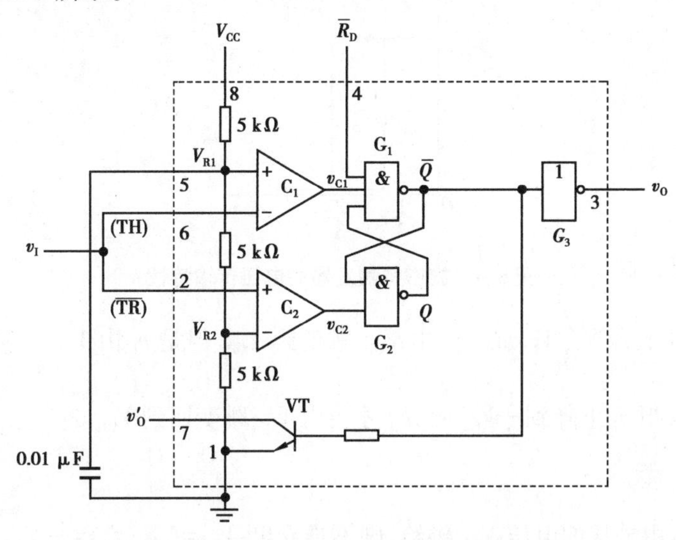

图8.3　用555定时器构成的施密特触发器

由于比较器 C_1，C_2 的参考电压不同，因而SR锁存器的置0信号和置1信号必然发生在输入信号 v_I 的不同电平。因此，输出电压 v_O 由高电平变为低电平和由低电平变为高电平所对应的 v_I 值也不相同，这样就形成了施密特触发电压传输特性。

为了提高比较器参考电压 V_{R1} 和 V_{R2} 的稳定性，通常在 V_{CO} 端接有0.01 μF左右的滤波电容。

(2)工作原理

首先分析 v_I 从 0 渐渐升高的过程:

①当 $v_I<\frac{1}{3}V_{CC}$ 时,$v_{C1}=1$,$v_{C2}=0$,$Q=1$,故 $v_O=V_{OH}$;

②当 $\frac{1}{3}V_{CC}<v_I<\frac{2}{3}V_{CC}$ 时,$v_{C1}=v_{C2}=1$,故 $v_O=V_{OH}$ 保持不变;

③当 $v_I>\frac{2}{3}V_{CC}$ 时,$v_{C1}=0$,$v_{C2}=1$,$Q=0$,故 $v_O=V_{OL}$。因此,$V_{T+}=\frac{2}{3}V_{CC}$。

其次分析 v_I 从高于 $\frac{2}{3}V_{CC}$ 开始下降的过程:

①当 $\frac{1}{3}V_{CC}<v_I<\frac{2}{3}V_{CC}$ 时,故 $v_{C1}=v_{C2}=1$,$v_O=V_{OL}$ 保持不变;

②当 $v_I<\frac{1}{3}V_{CC}$ 时,$v_{C1}=1$,$v_{C2}=0$,$Q=1$,故 $v_O=V_{OH}$。因此,$V_{T-}=\frac{1}{3}V_{CC}$。

由此得到电路的回差电压为:

$$\Delta V_T=V_{T+}-V_{T-}=\frac{1}{3}V_{CC}$$

2)滞回特性及主要参数

(1)滞回特性

图 8.4 是一个典型的反相输出施密特触发特性。

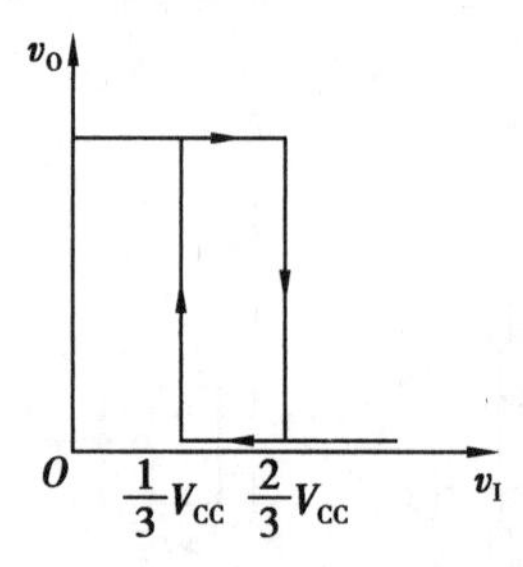

图 8.4　施密特触发器的电压传输特性

虽然当 v_I 由 0 上升到 $\frac{2}{3}V_{CC}$ 时,v_O 由 V_{OH} 跳变到 V_{OL},但是 v_I 由 V_{CC} 下降到 $\frac{2}{3}V_{CC}$ 时,$v_O=V_{OL}$ 却不改变,只有当 v_I 下降到 $\frac{1}{3}V_{CC}$ 时,v_O 才会由 V_{OL} 跳变回到 V_{OH}。

(2)主要参数

如果参考电压由外接的电压 V_{CO} 供给,则不难看出:$V_{T+}=V_{CO}$,$V_{T-}=\frac{1}{2}V_{CO}$,$\Delta V_T=\frac{1}{2}V_{CO}$。

通过改变 V_{CO} 值可以调节回差电压的大小。

①上限阈值电压 V_{T+}。在 v_I 上升过程中,施密特触发器状态翻转,输出电压 v_O 由高电平 V_{OH} 跳变到低电平 V_{OL} 时,所对应的输入电压的值称为上限阈值电压,用 V_{T+} 表示。图 8.4 中 $V_{T+}=\frac{2}{3}V_{CC}$。

②下限阈值电压 V_{T-}。在 v_I 下降过程中，施密特触发器状态更新，输出电压 v_O 由低电平 V_{OL} 跳变到高电平 V_{OH} 时，所对应的输入电压值称为下限阈值电压，用 V_{T-} 表示。图 8.4 中 $V_{T-}=\frac{1}{3}V_{CC}$。

③ 回差电压 ΔV_T，又称为滞回电压，定义为：

$$\Delta V_T = V_{T+} - V_{T-}$$

在图 8.4 中：

$$\Delta V_T = V_{T+} - V_{T-} = \frac{2}{3}V_{CC} - \frac{1}{3}V_{CC} = \frac{1}{3}V_{CC}$$

若在控制端 $V_{CO}(5)$ 外加电压 V_S，则有 $V_{T+}=V_s$，$V_{T-}=\frac{V_s}{2}$，$\Delta V_T=\frac{V_s}{2}$，改变 V_s，它们的值也随之改变。

8.2.2　集成施密特触发器

集成施密特触发器的正向阈值电压 V_{T+} 和负向阈值电压 V_{T-} 稳定，具有较好的一致性，输出矩形脉冲的边沿十分陡峭，抗干扰能力强，应用十分广泛。集成施密特触发器有 CMOS 和 TTL 两大类，有反相施密特触发器也有同相施密特触发器。

1）CMOS 施密特触发器

图 8.5 所示是国产 CMOS 集成施密特触发器门电路 CC40106（六反相器）和 CC4093（四二输入与非门）的引出端功能图。

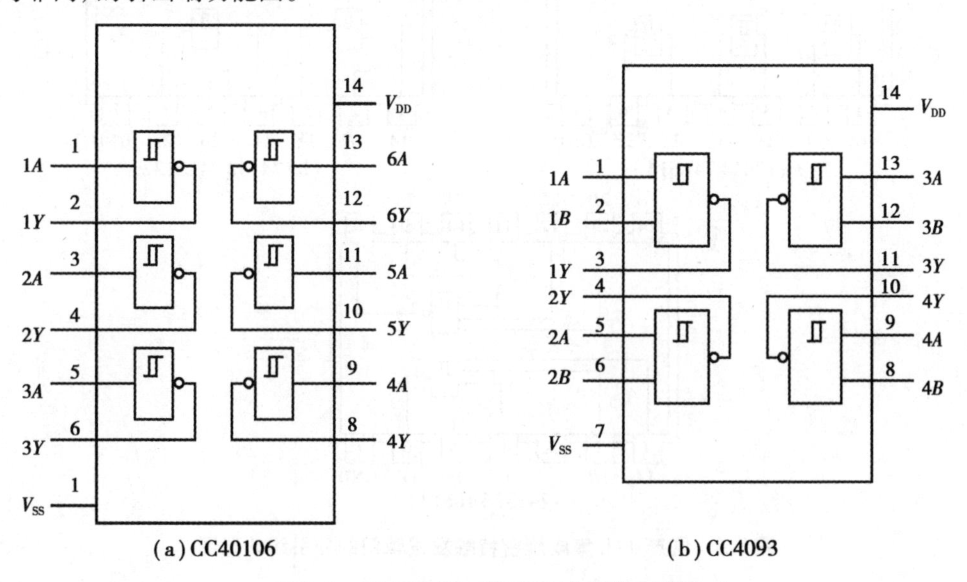

图 8.5　CC40106 和 CC4093 引出端功能图

表 8.2 为 CC40106 和 CC4093 的主要静态参数，应当说明的是，在不同 V_{DD} 条件下，每个参数都有一定的数值范围。

表 8.2　CC40106 和 CC4093 的主要静态参数

电压参数名称	符号	测试条件	参数		单位
		V_{PP}/V	最小值	最大值	
上限阈值电压	V_{T+}	5	2.2	3.6	V
		10	4.6	7.1	
		15	6.8	10.8	
下限阈值电压	V_{T-}	5	0.9	2.8	V
		10	2.5	5.2	
		15	4	7.4	
滞回电压	ΔV_T	5	0.3	1.6	V
		10	1.2	3.4	
		15	1.6	5	

2)TTL 集成施密特触发器

图 8.6 所示为几种常用的国产 TTL 集成施密特触发器逻辑门的外引线功能图。

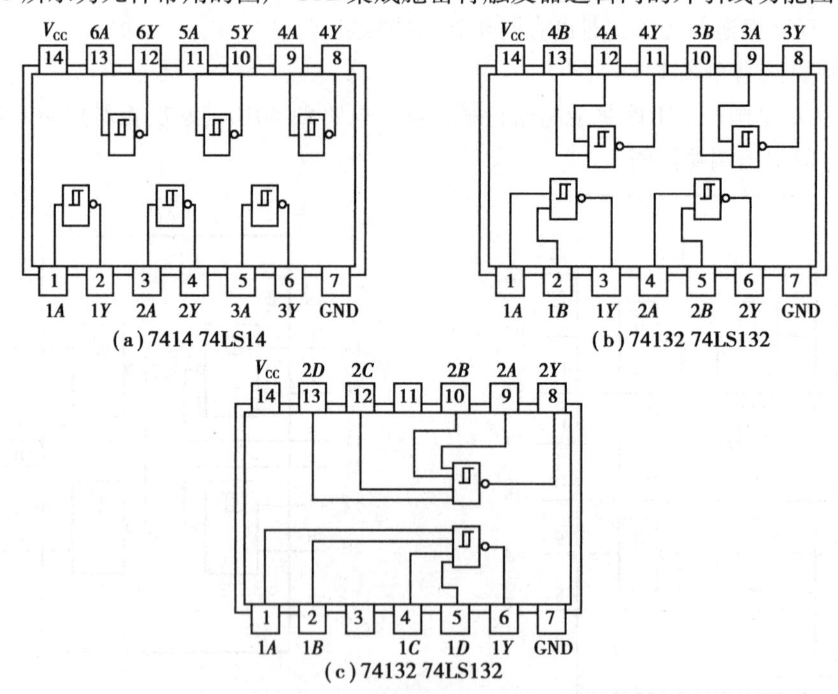

图 8.6　国产 TTL 集成施密特触发逻辑门的外引线功能图

表 8.3 是国产 TTL 集成施密特逻辑门的几个主要参数的典型值。TTL 集成施密特触发与非门和缓冲器具有下列特点：

①输入信号边沿的变化即使非常缓慢,电路也能正常工作。

②对阈值电压和滞回电压均有温度补偿。

③带负载能力和抗干扰能力都很强。

表 8.3　TTL 集成施密特触发门电路的几个主要参数典型值

电路名称	型号	典型延迟时间/ns	典型每门功耗/mW	典型值 U_{T+}/V	典型值 U_{T-}/V	典型值 ΔU_T/V
六反相缓冲器	7414	15	25.5	1.7	0.9	0.8
	74LS14	15	8.6	1.6	0.8	0.8
四二输入与非门	74132	15	25.5	1.7	0.9	0.8
	74LS132	15	8.8	1.6	0.8	0.8
双四输入与非门	7413	16.5	42.5	1.7	0.7	0.8
	74LS13	16.5	8.75	1.6	0.8	0.8

8.2.3　施密特触发器的应用

1)用于波形变换

利用施密特触发器状态转换过程中的正反馈作用,可以将边沿变化缓慢的周期性信号变换成边沿很陡的矩形脉冲信号,图 8.7 为施密特触发器实现的波形变换。

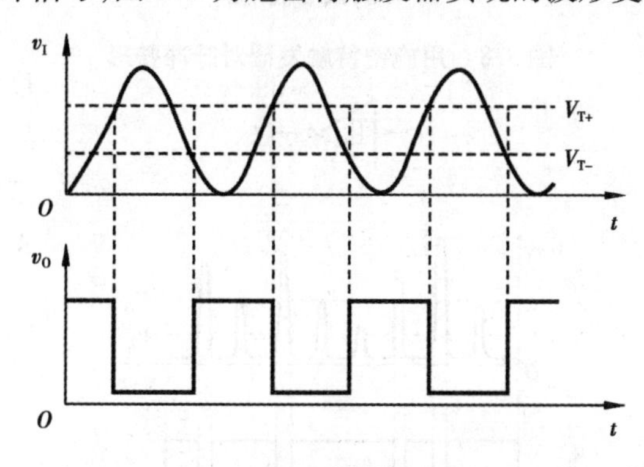

图 8.7　用施密特触发器实现的波形变换

2)用于脉冲整形

在数字系统中,矩形脉冲经传输后往往发生波形畸变,图 8.8 中给出了几种常见的情况。

当传输线上电容较大时,波形的上升沿和下降沿将明显变坏,如图 8.8(a)所示。而当传输线较长,而且接收端的阻抗与传输线的阻抗不匹配时,在波形的上升沿和下降沿将产生振荡现象,如图 8.8(b)所示。当其他脉冲信号通过导线间的分布电容或公共电源线叠加到矩形脉冲信号上时,信号上将出现附加的噪声,如图 8.8(c)所示。以上这些波形的畸变都可以通过施密特触发器来整形。

3)用于脉冲鉴幅

由图 8.9 可知,若将一系列幅度各异的脉冲信号加到施密特触发器的输入端,只有那些幅度大于 V_{T+}的脉冲才会在输出端产生输出信号。因此,施密特触发器能将幅度大于 V_{T+}的脉冲选出,具有脉冲鉴幅的作用。

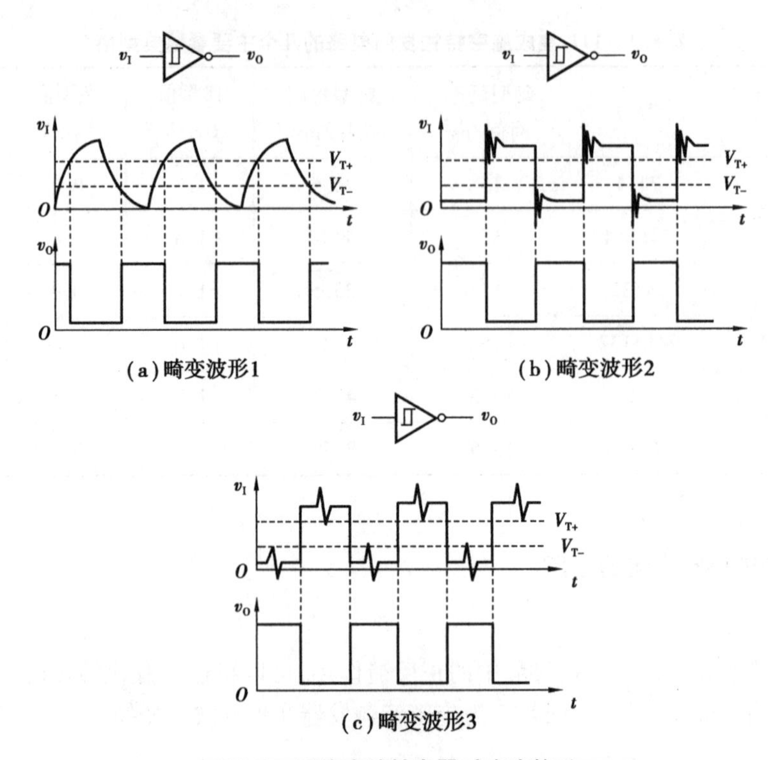

图 8.8　用施密特触发器对脉冲整形

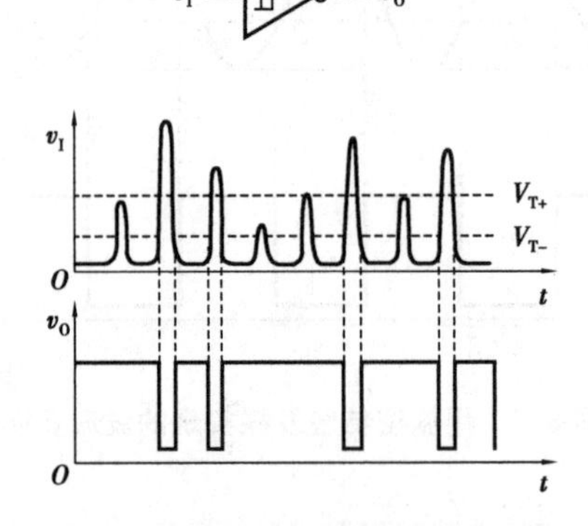

图 8.9　用施密特触发器鉴别脉冲幅度

8.3　单稳态触发器

单稳态触发器(Monostable Tngger)的工作特性具有以下显著特点：

①它有稳态和暂稳态两个不同的工作状态。

②在外界触发脉冲作用下,能从稳态翻转到暂稳态,在暂稳态维持一段时间后,再自动返回稳态。

③暂稳态维持时间的长短取决于电路本身的参数,与触发脉冲的宽度和幅度无关。

由于这些特点，单稳态触发器被广泛应用于脉冲整形、延时（产生滞后于触发脉冲的输出脉冲）以及定时（产生固定时间宽度的脉冲信号）等。

8.3.1　555 定时器构成的单稳态触发器

1）电路组成及工作原理

（1）电路组成

若以555定时器的 v_{I2} 端作为触发信号的输入端，并将由VT和 R 组成的反相器输出电压 v_{OD} 接至 v_{I1} 端，同时在 v_{I1} 对地接入电容 C，就构成了如图8.10所示的单稳态触发器。

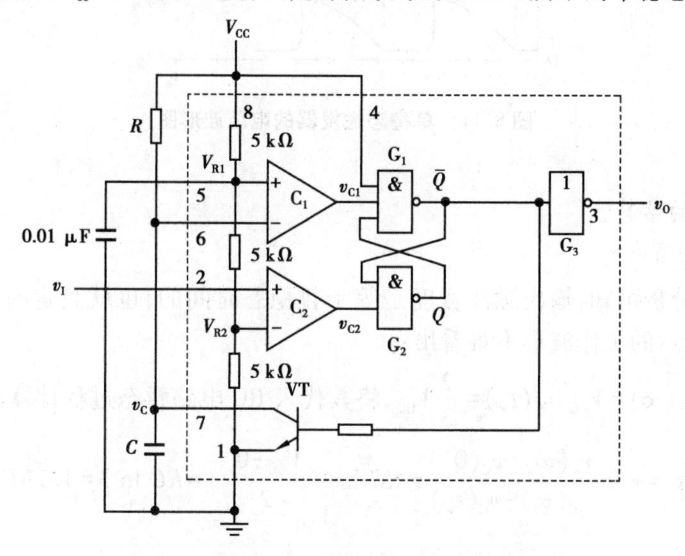

图8.10　用555定时器构成的单稳态触发器

（2）工作原理

如果没有触发信号，v_I 处于高电平，那么稳态时电路一定处于 $v_{C1}=v_{C2}=1, Q=0, v_O=0$ 的状态。假定接通电源后锁存器停在 $Q=0$ 的状态，则VT导通 $v_C\approx 0$。故 $v_{C1}=v_{C2}=1, Q=0, v_O=0$ 的状态将稳定地维持不变。

如果接通电源后锁存器停在 $Q=1$ 的状态，这时VT一定截止，V_{CC} 便经 R 向 C 充电。当充到 $v_C=\frac{2}{3}V_{CC}$ 时，$v_{C1}=0$，于是将锁存器置0，同时VT导通。电容 C 经VT迅速放电，使 $v_C\approx 0$。此后由于 $v_{C1}=v_{C2}=1$，锁存器保持0状态不变，输出也相应地稳定在 $v_O=0$ 的状态。

因此，通电后电路便自动停在 $v_O=0$ 的稳态。

当触发脉冲的下降沿到达，使 v_{I2} 跳变到 $\frac{1}{3}V_{CC}$ 以下时，使 $v_{C2}=0$（此时 $v_{C1}=1$），锁存器被置1，v_O 跳变为高电平，电路进入暂稳态。与此同时VT截止，V_{CC} 经 R 开始向电容 C 充电。当充电至 $v_C=\frac{2}{3}V_{CC}$ 时，v_{C1} 变成0。如果此时输入端的触发脉冲已消失，v_I 回到高电平，则锁存器将被置0，于是输出返回 $v_O=0$ 的状态。同时VT又变为导通状态，电容 C 经VT迅速放电，直至 $v_C\approx 0$，电路恢复到稳态。图8.11画出了触发信号作用下 v_C 和 v_O 相应的波形。

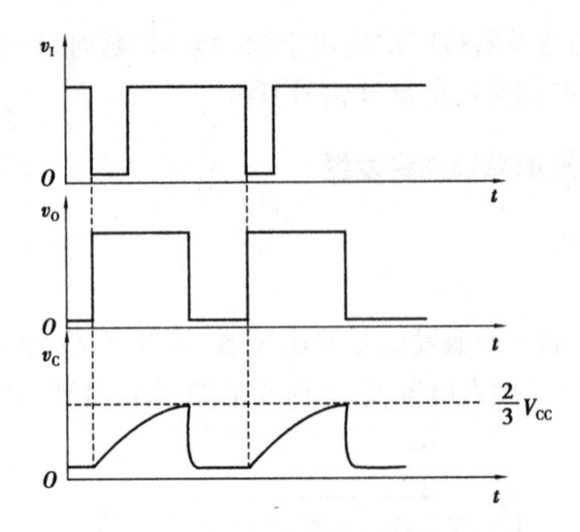

图 8.11　单稳态触发器的电压波形图

2)主要参数的估算

(1)输出脉冲宽度 t_w

由工作原理分析可知,输出脉冲宽度是等于暂稳态时间的,也就是定时电容 C 的充电时间。由图 8.11 所示的工作波形不难看出:

$v_C(0^+)\approx 0, v_C(\infty)=V_{CC}, v_C(t_w)=\dfrac{2}{3}V_{CC}$,将其代入 RC 电路暂态过程计算式可得

$$t_w=\tau_1\ln\frac{v_C(\infty)-v_C(0^+)}{v_C(\infty)-v_C(t_w)}=RC\ \ln\frac{V_{CC}-0}{V_{CC}-\frac{2}{3}\ V_{CC}}=RC\ \ln 3=1.1RC$$

由上式可知,单稳态触发器输出脉冲宽度 t_w 仅取决于定时元件 R,C 的取值,与输入触发信号和电源电压无关,调节 R,C 即可改变 t_w。

(2)恢复时间 t_{re}

恢复时间 t_{re} 就是暂稳态结束后,定时电容 C 经饱和导通的晶体管 VT 放电的时间,一般取 $t_{re}=3\tau_2\sim5\tau_2$,即认为经过 3 ~5 倍时间常数,电容便放电完毕。由于 $\tau_2=R_{CES}\times C$,而 R_{CES} 很小,因此 t_{re} 极短。

(3)最高工作频率 f_{max}

若输入触发信号 v_I 是周期为 T 的连续脉冲,为了保证单稳态触发器能够正常工作,不难理解,应满足下列条件:

$$T>t_w+t_{re}$$

v_I 周期的最小值 T_{min} 应为 t_w+t_{re},即

$$T_{min}=t_w+t_{re}$$

因此,单稳态触发器的最高工作频率应为:

$$f_{max}=\frac{1}{T_{max}}=\frac{1}{t_w+t_{re}}$$

8.3.2　集成单稳态触发器

鉴于单稳态触发器的应用十分普遍,在 TTL 电路和 CMOS 电路的产品中,都生产了单片

集成的单稳态触发器器件。使用这些器件时只需要很少的外接元件和连线，而且由于器件内部电路一般还附加了上升沿与下降沿触发的控制和置零等功能，使用极为方便。此外，由于将元器件集成在同一芯片上，并且在电路上采取了温漂补偿措施，因此电路的温度稳定性比较好。目前使用的集成单稳态触发器有不可重复触发型和可重复触发型两种。不可重复触发的单稳态触发器一旦被触发进入暂稳态后，再加入触发脉冲不会影响电路的工作过程，必须在暂稳态结束后，它才能接收下一个触发脉冲而转入暂稳态，如图 8.12(a)所示。而可重复触发的单稳态触发器则不同，在电路被触发而进入暂稳态后，如果再次加入触发脉冲，电路将重新被触发，使输出脉冲再继续维持一个 t_w 宽度，如图 8.12(b)所示，下面仅介绍非重触发单稳态触发器 74121。

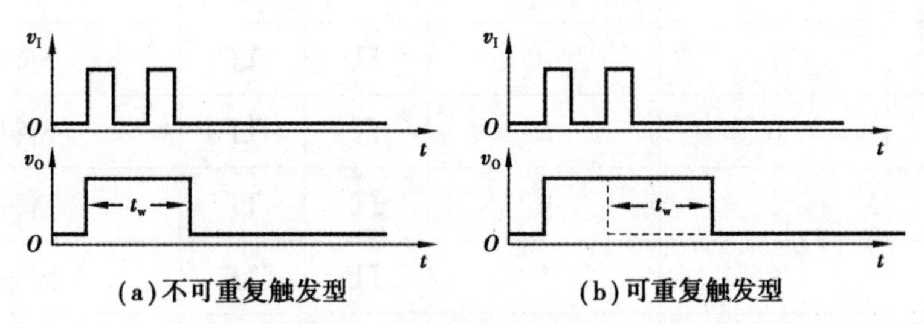

图 8.12　不可重复触发型与可重复触发型单稳态触发器的工作波形

74121 是一种比较典型的 TTL 非重触发单稳态触发器，图 8.13 是非重触发单稳态触发器 74121 的图形符号。

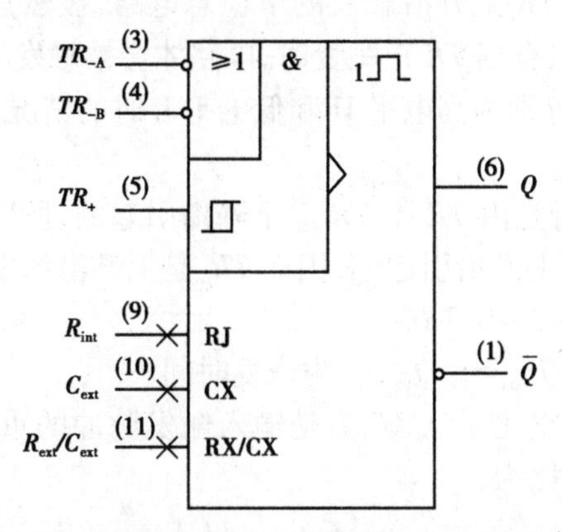

图 8.13　非重触发单稳态触发器 74121 图形符号

TR_{-A} 和 TR_{-B} 是两个下降沿有效的触发信号输入端，TR_+是上升沿有效的触发信号输入端。TR_{-A} 和 TR_{-B} 负或之后，再和 TR_+经具有施密特触发特性的与门相与，便组合成为内部统一的触发信号，为上升沿有效，若用 TR 表示，则可得：

$$TR=TR_+(\overline{TR_{-A}}+\overline{TR_{-B}})$$

符号"1 ⎍"，表示单稳态触发器是非重触发的，Q 和 $\bar{Q}$ 是两个互补输出端。R_{ext}/C_{ext}，C_{ext} 是外接定时电阻和电容的连接端，外接定时电阻 R(可在 1.4 ~ 40 kΩ 之间选择)应一端接 V_{CC}(引出端 14)，另一端接(11)、外接定时电容 C(一般在 1 ~ 10 pF)一端接(10)另一端接(11)即可。74121 内部已设置了一个 2 kΩ 的定时电阻，R_{int}(9)是其引出端，使用时只需将(9)与(14)连接起来即可，不用时则应让(9)悬空。表 8.4 为 74121 的功能表。

表 8.4　74121 功能表

输入			输出		注
TR_{-A}	TR_{-B}	TR_{+}	Q	$\bar{Q}$	
L	×	H	L	H	保持状态
×	L	H	L	H	保持状态
×	×	L	L	H	保持状态
H	H	×	L	H	保持状态
H	↓	H	⊓	⊔	下降沿触发
↓	H	H	⊓	⊔	下降沿触发
↓	↓	H	⊓	⊔	下降沿触发
L	×	↑	⊓	⊔	上升沿触发
×	L	↑	⊓	⊔	上升沿触发

因为 74121 内部是一个 *TR* 上升沿触发的单稳态电路,显然只要 *TR* 保持状态不变,电路就会一直工作在稳定状态;只有当 *TR* 正跳变时,电路才会被触发。

表 8.4 中前 4 行是 *TR* 分别为高电平 H 和低电平 L 时的情况;后 5 行 *TR* 均会产生正跳变即上升沿。

TR 的上升沿在 5,6,7 行是由 TR_{-A},TR_{-B} 下降沿引起的,所以 TR_{-A},TR_{-B} 是下降沿触发信号输入端;8,9 行是由 TR_{+}上升沿引起的,因而 TR_{+}是上升沿触发信号输入端。

输出脉冲宽度 $t_w = RC\ln 2 \approx 0.7RC$。

输入触发脉冲最小周期 $T_{max} = t_w + t_{re}$,t_{re} 为恢复时间。

周期性输入触发脉冲占空比 $q = t_w/T$,T 是输入触发脉冲的重复周期,t_w 是单稳态触发器的输出脉冲宽度。最大占空比为:

$$q_{max} = \frac{t_w}{T_{min}} = \frac{t_w}{t_w + t_{re}}$$

74121 的最大占空比 q_{max},当 $R = 2\ \text{k}\Omega$ 时,q_{max} 为 67%;当 $R = 40\ \text{k}\Omega$ 时,q_{max} 为 90%。

8.3.3　单稳态触发器的应用

1)脉冲定时

由于单稳态触发器可产生宽度和幅度都符合要求的矩形脉冲,因此可利用这个矩形脉冲作为定时信号去控制某电路。在图 8.14 中,单稳态触发器的输出 u'_O送给与门作为定时控制信号,当 $u'_O = V_{OH}$ 时与非门打开,$u_O = u_F$;当 $u'_O = V_{OL}$ 时与门关闭,$u_O = V_{OL}$。

显然,与门打开的时间是恒定不变的,就是单稳态触发器输出脉冲 u'_o的宽度 t_w。

2)脉冲整形

信号失真、叠加了某些干扰或经长距离传输后其边沿会变差,这时可利用单稳态触发器进行整形。将受到干扰的脉冲信号加到单稳态触发器的输入端,输出便可得到符合要求的矩形脉冲。

在图 8.15 中,单稳态触发器能够把不规则的输入信号 u_I 整形为幅度、宽度都相等的“干净”的矩形脉冲 u_O。因为 u_O 的幅度仅决定于单稳电路输出的高、低电平,宽度 t_w 只与 R 和 C 有关。

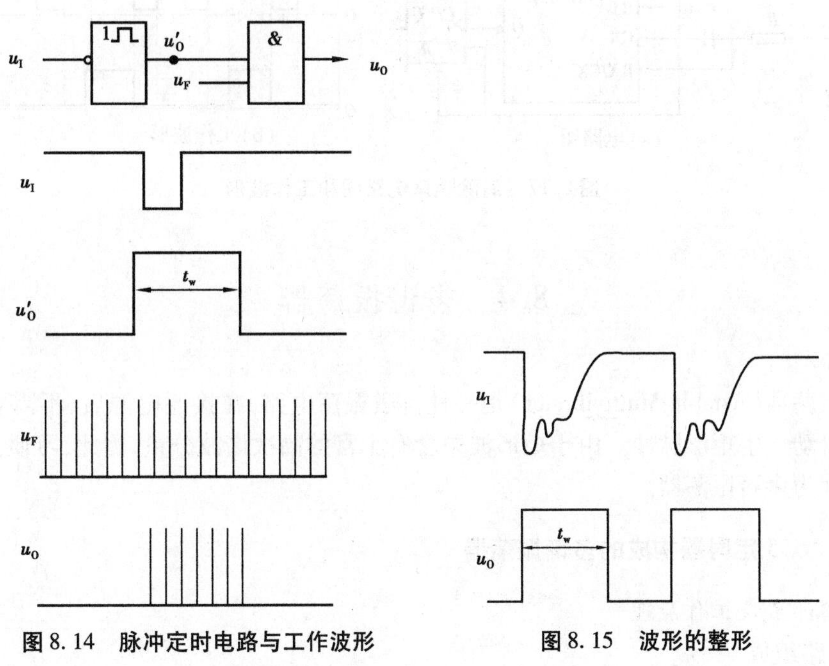

图 8.14　脉冲定时电路与工作波形　　　图 8.15　波形的整形

3)脉冲展宽

当脉冲宽度较窄时,可用单稳态触发器展宽,应用电路如图 8.16 所示。合理选择 C 和 R 的值,可获得宽度符合要求的矩形脉冲。若已知 $R=10\ \text{k}\Omega$,$C=1\ \mu\text{F}$,则矩形脉冲宽度 $t_w \approx 0.7RC=7$ ms。

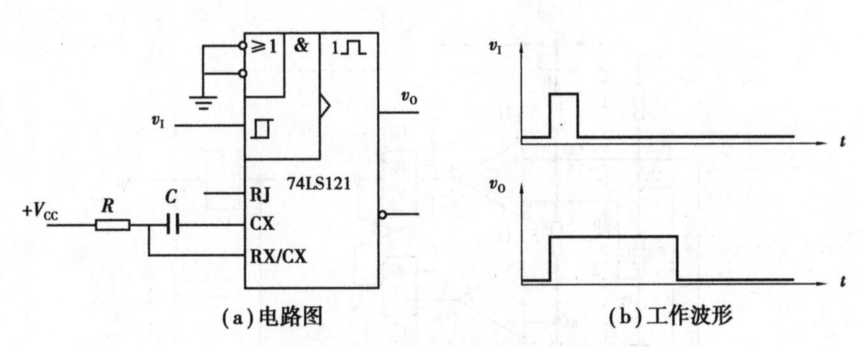

(a)电路图　　　(b)工作波形

图 8.16　脉冲展宽电路和工作波形

4)消除噪声

通常噪声多表现为尖脉冲,宽度较窄,而有用的信号都具有一定的宽度。因此,利用单稳态电路,将输出脉宽调节到大于噪声宽度而小于有用信号宽度即可消除噪声,应用电路和工作波形如图 8.17 所示。

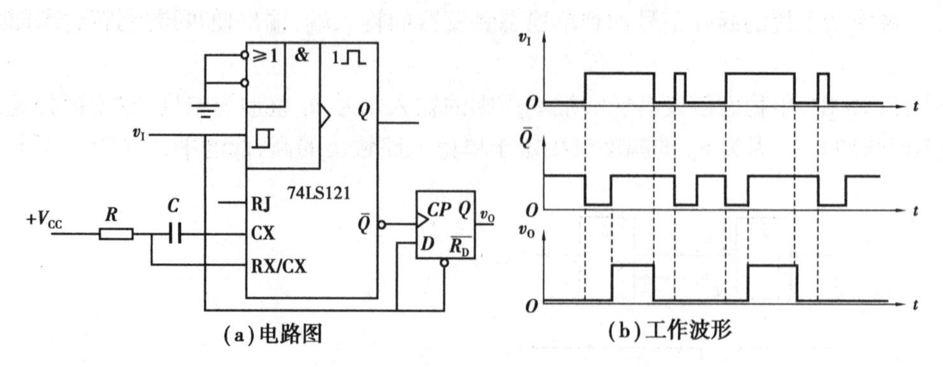

(a)电路图　　(b)工作波形

图 8.17　消除噪声电路图和工作波形

8.4　多谐振荡器

多谐振荡器(Astable Multivibrator)是一种自激振荡电路,在接通电源后,不需要外加触发信号便能自动产生矩形脉冲。由于矩形波中含有丰富的高次谐波分量,因此,习惯上又将矩形波振荡器称为多谐振荡器。

8.4.1　555 定时器构成的多谐振荡器

1) 电路组成及工作原理

(1) 电路组成

既然用 555 定时器能够很方便地接成施密特触发器,那么就可以先把它接成施密特触发器,在此基础上改接成多谐振荡器。只要将 555 定时器的 v_{I1} 和 v_{I2} 连在一起接成施密特触发器,然后将 v_O 经 RC 积分电路接回输入端即可。图 8.18 所示为 555 定时器构成的多谐振荡器。

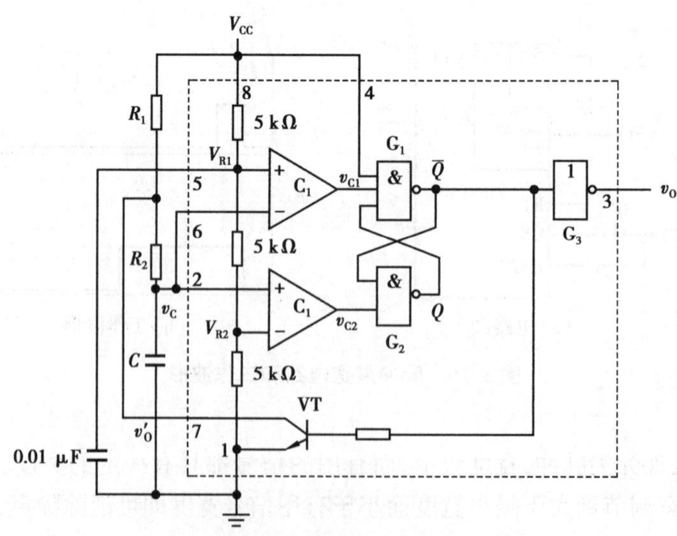

图 8.18　555 定时器构成的多谐振荡器

(2)工作原理

当接通电源后,因为电容上的初始电压为零,所以输出为高电平,并开始经电阻 R 向电容 C 充电。当充电到输入电压为 $v_I = V_{T+}$ 时,输出跳变为低电平,电容 C 又经过电阻 R 开始放电。当放电至 $v_I = V_{T-}$ 时,输出电位又跳变成高电平,电容 C 重新开始充电。周而复始,电路便不停的振荡。

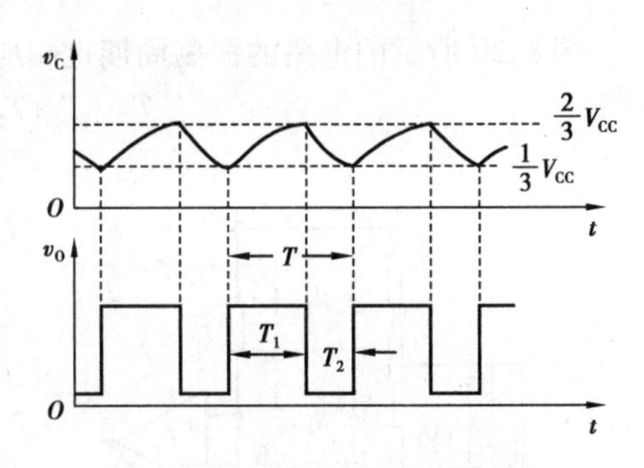

图 8.19　多谐振荡器的电压波形

电容上的电压 v_C 和输出电压 v_O 之间的关系,如图 8.19 所示。

2)振荡频率的估算

由图 8.19 中 v_C 的波形求得电容 C 的充电时间 T_1 和放电时间 T_2 各为:

$$T_1 = (R_1+R_2)C \ln \frac{V_{CC}-V_{T-}}{V_{CC}-V_{T+}} = (R_1+R_2)C \ln 2 \tag{8.1}$$

$$T_2 = R_2 C \ln \frac{0-V_{T+}}{0-V_{T-}} = R_2 C \ln 2 \tag{8.2}$$

电路的振荡周期为:

$$T = (T_1+T_2) = (R_1+2R_2)C \ln 2 \tag{8.3}$$

振荡频率为:

$$f = \frac{1}{T} = \frac{1}{(R_1+2R_2)C \ln 2} \tag{8.4}$$

通过改变 R 和 C 的参数即可改变振荡频率。由于用 555 定时器组成的多谐振荡器的最高振荡频率约为 500 kHz,因此用 555 定时器接成的振荡器在频率范围方面具有较大的局限性,高频的多谐振荡器仍然需要使用高速门电路接成。

3)占空比可调电路

由式(8.2)和式(8.3)求出输出脉冲的占空比为:

$$q = \frac{T_1}{T} = \frac{R_1+R_2}{R_1+2R_2} \tag{8.5}$$

式(8.5)说明,图 8.18 电路输出脉冲的占空比始终大于 50%。为了得到小于或等于 50% 的占空比,可以采用如图 8.20 所示的改进电路。由于接入了二极管 VD_1 和 VD_2,电容的充电电流和放电电流流经不同的路径,充电电流只流经 R_1,放电电流只流经 R_2,因此,电容 C 的充电时间为:

$$T_1 = R_1 C \ln 2$$

放电时间为:

$$T_2 = R_2 C \ln 2$$

故得输出脉冲的占空比为:

$$q = \frac{R_1}{R_1+R_2} \tag{8.6}$$

若取 $R_1 = R_2$,则 $q = 50\%$。

图 8.20 所示的电路的振荡周期也相应地变为：

$$T=(T_1+T_2)=(R_1+R_2)C\ln 2 \tag{8.7}$$

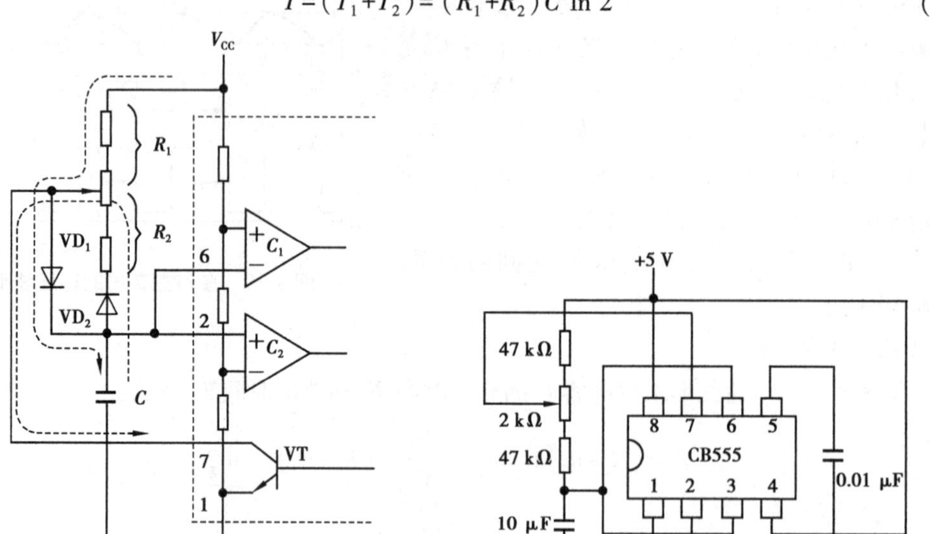

图 8.20　用 555 定时器组成的占空比可调的多谐振荡器　　图 8.21　例 8.1 设计的多谐振荡器

【例 8.1】　试用 555 定时器设计一个多谐振荡器，要求振荡周期为 1 s，输出脉冲幅度大于 3 V 而小于 5 V，输出脉冲的占空比 $q=2/3$。

解　由 555 定时器的特性参数可知，当电源电压取为 5 V 时，在 100 mA 的输出电流下输出电压的典型值为 3.3 V，所以取 $V_{CC}=5$ V 可以满足对输出脉冲幅度的要求。若采用图 8.18 所示的电路，则由式(8.5)可知，

$$q=\frac{R_1+R_2}{R_1+2R_2}=\frac{2}{3}$$

故得到 $R_1=R_2$。

又由式(8.7)知，

$$T=(R_1+R_2)C\ln 2=1$$

若取 $C=10\ \mu\text{F}$，则代入上式得

$$3R_1C\ 1\text{n}\ 2=1$$

$$R_1=\frac{1}{3C\ln 2}=\frac{1}{3\times 10^{-5}\times 0.69}\ \Omega=48\ \text{k}\Omega$$

因为 $R_1=R_2$，所以取两只 47 kΩ 的电阻与一个 2 kΩ 的电位器串联，即得到图 8.21 所示的电路。

8.4.2　石英晶体多谐振荡器

在许多应用场合下都对多谐振荡器的振荡频率稳定性有严格要求。例如，在将多谐振荡器作为数字钟的脉冲源使用时，它的频率稳定性直接影响计时的准确性。在这种情况下，前面讲述的几种多谐振荡器电路难以满足要求，因为在这些振荡器中振荡频率主要取决于输入电压在充、放电过程中达到转换电平所需要的时间，所以频率稳定性不可能很高。

不难看出:①这些振荡器中转换电平本身就不够稳定,容易受电源电压和温度变化的影响;②这些电路的工作方式容易受干扰,造成电路状态转换时间的提前或滞后;③在电路状态临近转换时电容的充、放电已经比较缓慢。在这种情况下转换电平微小的变化或轻微的干扰都会严重影响振荡周期。因此,在对频率稳定性有较高要求时,必须采取稳频措施。

目前普遍采用的一种稳频方法是在多谐振荡器电路中接入石英晶体而组成石英晶体多谐振荡器,图 8.22 给出了石英晶体的符号和电抗频率特性。将石英晶体与对称式多谐振荡器中的耦合电容串联起来,就组成了如图 8.23 所示的石英晶体多谐振荡器。

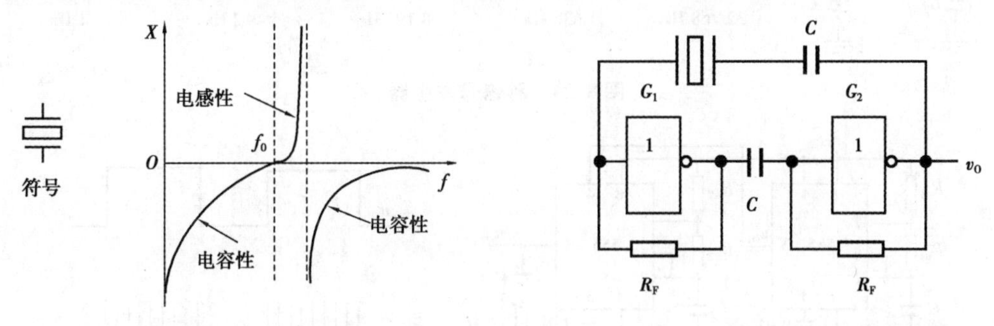

图 8.22　石英晶体的电抗频率特性和符号　　　图 8.23　石英晶体多谐振荡器

由石英晶体的电抗频率特性可知,当外加电压的频率为 f_0 时,石英晶体的阻抗最小,所以将它接入多谐振荡器的正反馈环路中后,频率为 f_0 的电压信号最容易通过,并在电路中形成正反馈,而其他频率信号经过石英晶体时被衰减。因此,振荡器的工作频率也必然是 f_0。

由此可见,石英晶体多谐振荡器的振荡频率取决于石英晶体的固有谐振频率 f_0,而与外接电阻、电容无关。石英晶体的谐振频率由石英晶体的结晶方向和外形尺寸决定,具有极高的频率稳定性。石英晶体的频率稳定度($\Delta f_0/f_0$)可达 $10^{-11} \sim 10^{-10}$,能够满足大多数数字系统对频率稳定度的要求。具有各种谐振频率的石英晶体已被制成标准化和系列化的产品出售。

在如图 8.23 所示的电路中,若取 TTL 电路 7404 作为 G_1 和 G_2 的反相器,$R_F = 1\ \text{k}\Omega$,$C = 0.05\ \mu\text{F}$,则其工作频率可达几十兆赫兹。

8.4.3　多谐振荡器的应用

1)秒信号发生器

图 8.24 所示是一个秒信号发生器的逻辑电路图。CMOS 石英晶体多谐振荡器产生 $f = 32\ 768$ Hz 的基准信号,经由 T' 触发器构成的 15 级异步计数器分频后,便得到稳定度极高的秒脉冲信号,这种秒信号发生器可作为各种计时系统的基准信号源。

2)模拟声响电路

图 8.25(a)所示是由两个多谐振荡器构成的模拟声响电路,若调节定时元件 R_{A1},R_{B2},C_2,使振荡器Ⅰ的频率 $f = 1$ Hz;调节 R_{A1},R_{B2},C_2,使振荡器Ⅱ的频率 $f = 1$ kHz,那么扬声器就会发出"呜……呜"的间歇声响。因为振荡器Ⅰ的输出电压 v_{O1} 接到振荡器Ⅱ中 555 定时器的复位端(4 脚),当 v_{O1} 为高电平时Ⅱ振荡,为低电平时 555 复位,振荡器Ⅱ便停止振荡。图 8.25(b)所示是电路的工作波形。

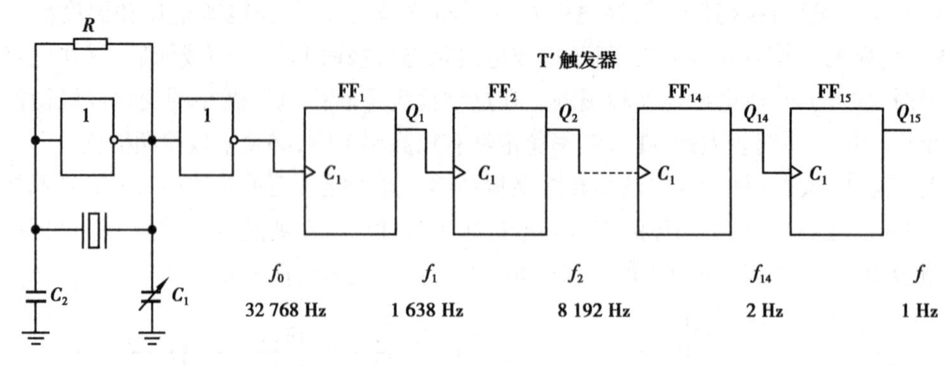

图 8.24　秒信号发生器

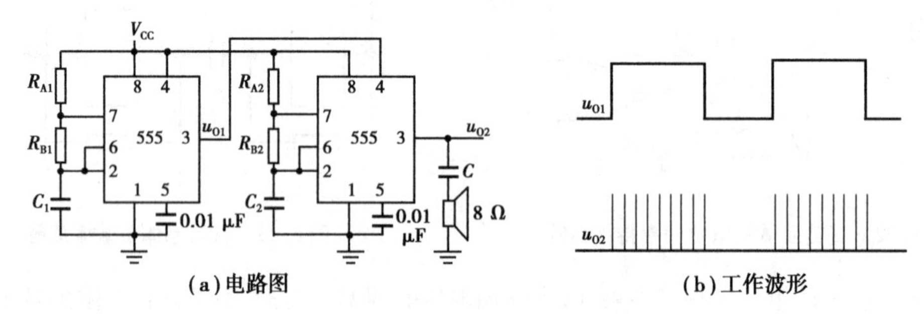

图 8.25　模拟声响电路

本章小结

本章在简单介绍 555 定时器后,重点讲解了获得矩形脉冲的两种方法和一些具体电路。一种是将已有的波形整形为矩形脉冲的施密特触发器和单稳态触发器;另一种是利用自激振荡电路直接产生矩形脉冲的多谐振荡器。

(1)555 定时器是一种用途很广的模数混合集成电路,除了能组成施密特触发器、单稳态触发器和多谐振荡器,还可以接成各种灵活多变的应用电路。

(2)施密特触发器有两个稳定状态,而每个稳定状态都是依靠输入电平来维持的。施密特触发器具有滞后传输特性,它有两个阈值电压。调节回差电压大小,可改变电路的抗干扰能力。回差越大抗干扰能力越强。施密特触发器虽然不能自动产生方波信号,但可以把其他形状的信号变换成方波,为数字系统提供标准的脉冲信号。

(3)单稳态触发器有一个稳定状态和一个暂稳态。从稳定状态转换到暂稳态时必须外加触发信号,从暂稳态转换到稳定状态由电路自身完成。单稳态触发器可在触发信号的作用下输出固定脉宽,常用来定时、延时、整形等。可重复触发的单稳态触发器可以被外加信号连续触发,而不可重复触发的单稳态触发器不允许外加信号连续触发。

(4)多谐振荡器是一种自激振荡电路,它没有稳定状态,只有两个暂稳态。不需要外加输入信号就可以自动产生矩形脉冲。构成多谐振荡器有多种形式,可用门电路组成,也可用 555 定时器组成,还可用石英晶体组成。石英晶体振荡器一般在振荡频率要求很高的情况下采用。

习　题

1. 若反相输出的施密特触发器输入信号波形如图8.26所示，试画出输出信号的波形。施密特触发器的转换电平 V_{T+} 和 V_{T-} 已在输入信号波形图上标出。

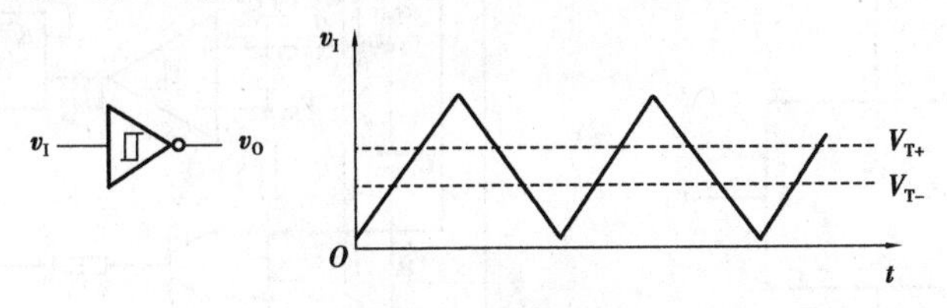

图8.26　习题1图

2. 在图8.27所示的555定时器接成的施密特触发器电路中，试求：

(1)当 $V_{CC}=12$ V，且没有外接控制电压时，V_{T+}，V_{T-}，ΔV_T 值各为多少？

(2)当 $V_{CC}=9$ V，外接控制电压 $V_{CO}=5$ V时，V_{T+}，V_{T-}，ΔV_T 值各为多少？

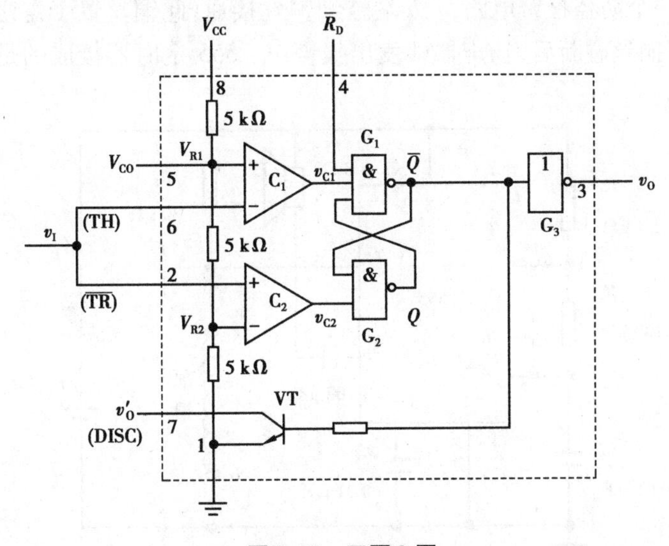

图8.27　习题2图

3. 试画出用74121构成的单稳态触发器的电路图，即画出外接定时原件 R 和 C 的连线图。若 $C=0.01$ μF，要求输出脉冲宽度 t_w 的调节范围为10～1 000 μs，试估算 R 的取值范围。

4. 图8.28是用555定时器组成的开机延时电路。若给定 $C=25$ μF，$R=91$ kΩ，$V_{CC}=12$ V，试计算常闭开关S断开后经过多长的延迟时间才跳变为高电平。

5. 试用555定时器设计一个单稳态触发器，要求输出脉冲宽度在1～10 s的范围内可手动调节。给定555定时器的电源为15 V，触发信号来自TTL电路，高低电平分别为3.4 V和0.1 V。

6. 在图8.29所示的用555定时器组成的多谐振荡器电路中，若 $R_1=R_2=5.1$ kΩ，$C=0.01$ μF，$V_{CC}=12$ V，试计算电路的振荡频率。

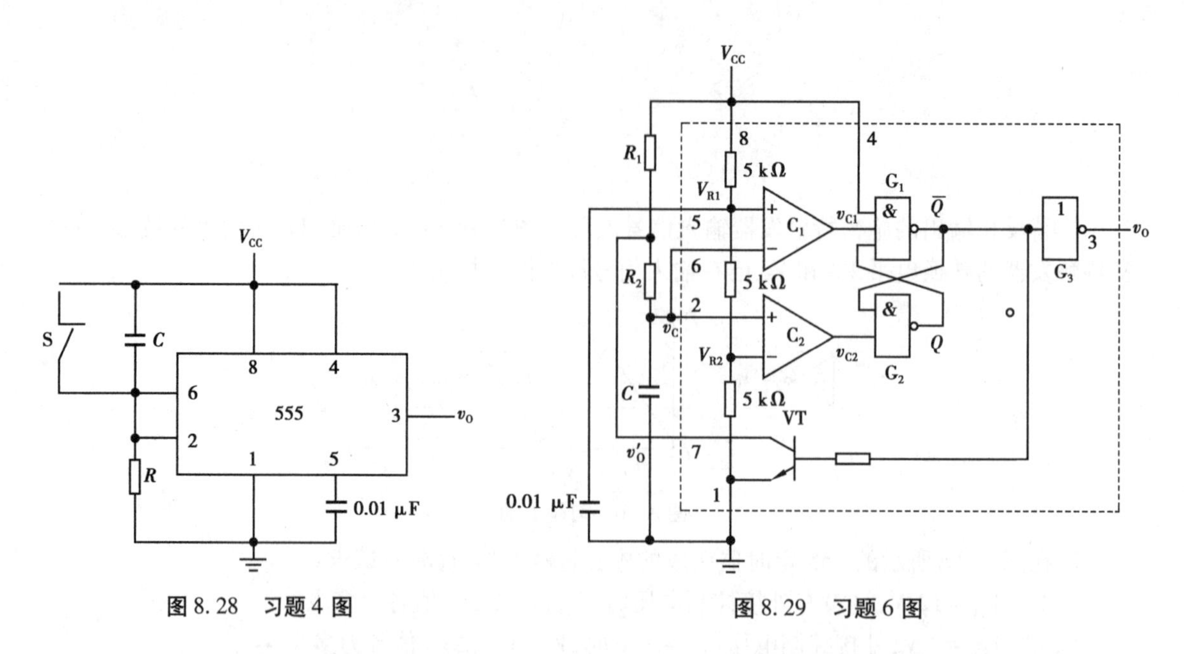

图 8.28　习题 4 图　　　　图 8.29　习题 6 图

7. 图 8.30 是一个防盗报警电路，a，b 端被细铜丝接通，此铜丝置于盗窃者必经之处。当盗窃者闯入室内将铜丝碰断后，扬声器即发出报警声。555 定时器接成的是何种电路？试计算报警声音的频率。

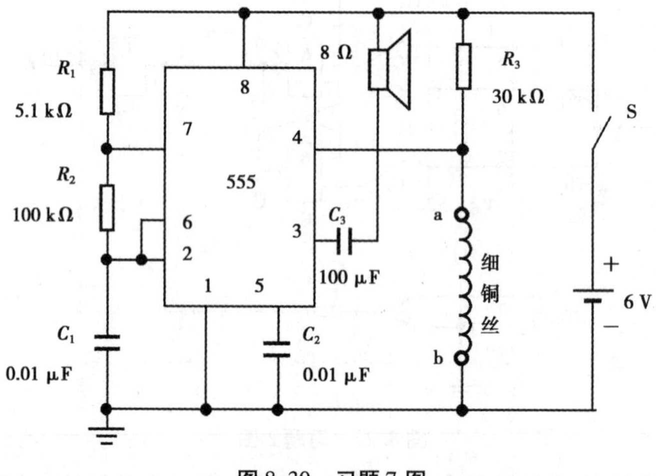

图 8.30　习题 7 图

8. 555 定时器应用电路如图 8.31(a)所示，若输入信号 u_I 如图 8.31(b)所示，请画出 u_O 的波形。

9. 图 8.32 中的 G_1 是 CMOS 反相器，输出的高、低电平分别为 $V_{OH}=12\ V$，$V_{OL}=0\ V$，试求延迟时间的具体数值和扬声器发出声音的频率。

10. 图 8.33 是救护车扬声器发音电路。在图中给出的电路参数下，试计算扬声器发出声音的高、低音频率及高、低音的持续时间。当 $V_{CC}=12\ V$ 时，555 定时器输出的高、低电平分别为 11 V 和 0.2 V，输出电阻小于 100 Ω。

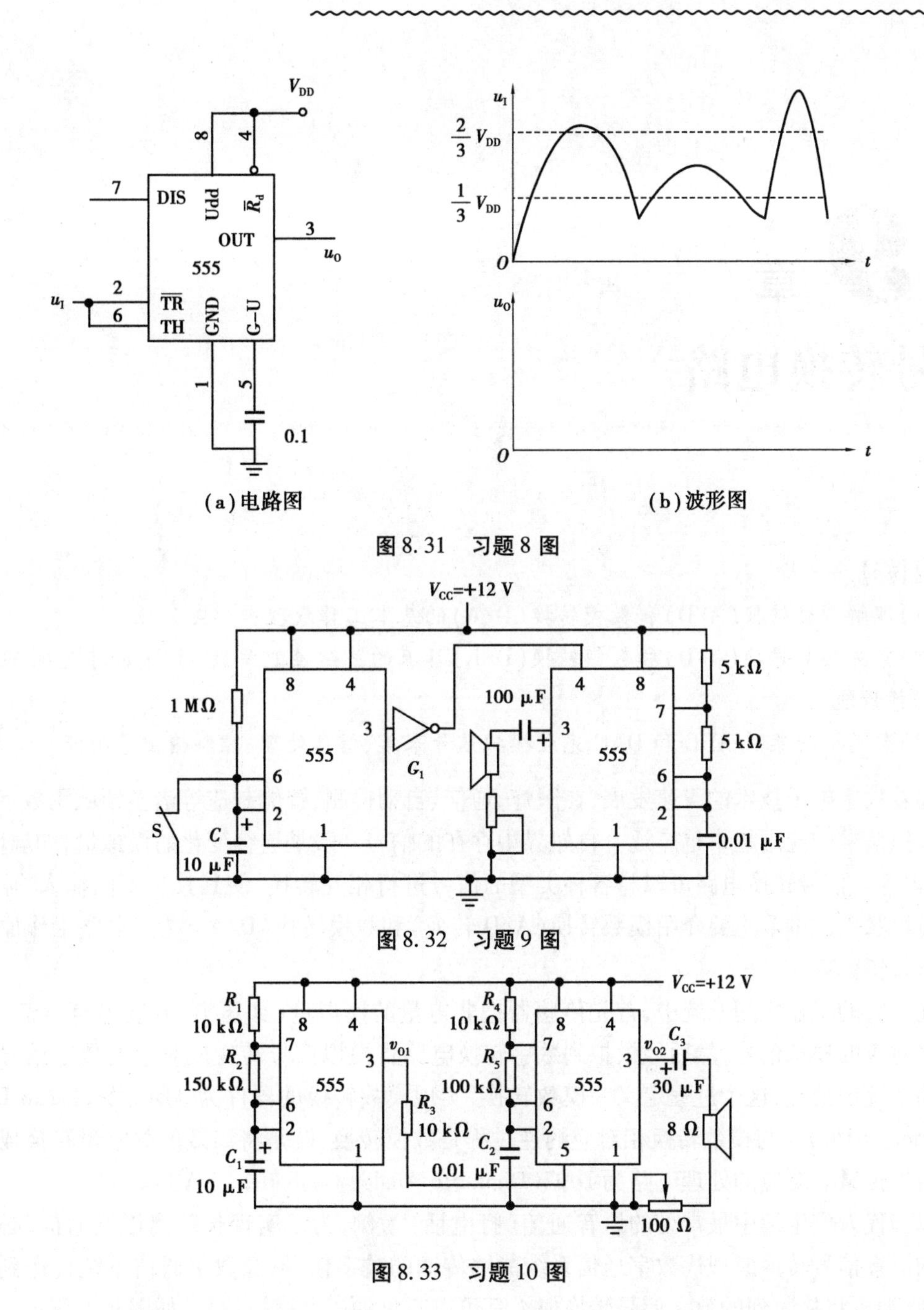

图 8.31　习题 8 图

图 8.32　习题 9 图

图 8.33　习题 10 图

第 9 章 信号转换电路

【本章目标】

(1)理解模数转换(A/D)和数模转换(D/A)的基本工作原理;

(2)掌握模数转换(A/D)和数模转换(D/A)具有的关键性能参数,了解如何提升 ADC 和 DAC 转换性能;

(3)熟悉运用集成 ADC 和 DAC 完成模拟信号采集、信息处理、控制输出等功能。

随着数字电子技术的飞速发展,在医疗、通信、自动检测、智能制造等诸多领域用数字电路处理模拟信号的应用越来越广泛。自然界中存在的信号一般是连续变化的模拟量,如温度、湿度、压力等。信号转换电路可以将各种类型的信号进行相互转换,使其具有不同输入、输出的器件可以联用。本章主要介绍模数转换(A/D 转换)和数模转换(D/A 转换)电路工作原理和关键参数指标。

在一般的工业应用系统中,首先传感器把非电量的模拟量(如压力、温度等自然信号)变成与之对应的模拟信号,然后经模拟到数字转换电路将模拟信号转变成对应的数字信号送数字电路系统中处理,这个过程定义为模数转换,实现模数转换的器件为 ADC(Analog to Digital Conberter, ADC)。与模数转换相对应的逆过程是数模转换,就是将离散的数字量转换成连续变化的模拟量。对应的处理电路为 DAC(Digital to Analog Conberter, DAC)。

以当代人们生活中最常见的语音通信(打电话)为例,为了实现长距离语音通信,必须将模拟的语音信号转换成现代数字通信系统能够传输的数字信号;经数字通信系统传送到接收端;接收端再将接收到的数字信号转换成人耳可以听见的语音模拟信号,如图 9.1 所示。

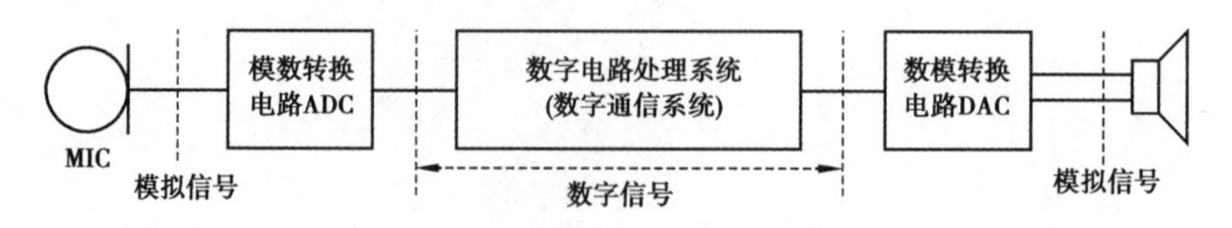

图 9.1 语音信号 AD 和 DA 处理过程

9.1　模数转换电路

数模转换电路 A/D 是用来将模拟量转变为数字量的电路装置。模拟量可以是电压、电流等电信号,也可以是压力、温度、湿度、位移、声音等非电信号。但在 A/D 转换前,输入 A/D 转换器的输入信号必须经各种传感器把各种物理量转换成电路可以识别的电信号。

A/D 转换电路主要包含抽样、保持、量化和编码 4 个基本信号处理模块,如图 9.2 所示。

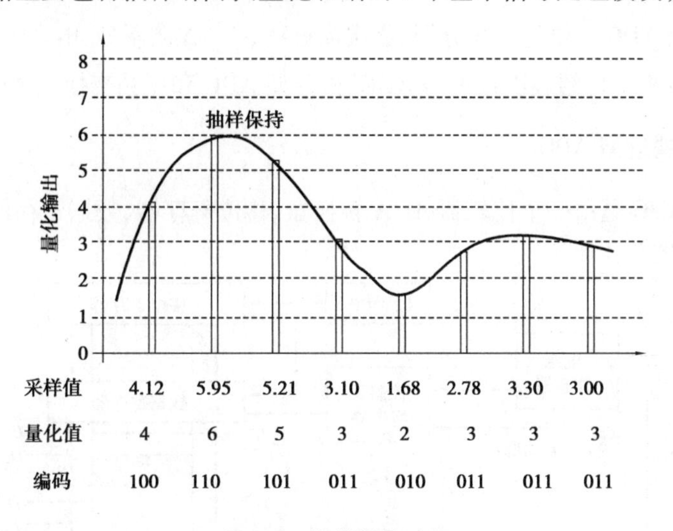

图 9.2　数模转换过程

抽样:把在时间上连续的模拟信号转换成离散信号。

保持:作用是采集模拟输入电压在某一时刻的瞬时值,并在模数转换器进行转换期间保持输出电压不变,以供模数转换。

量化:离散信号在幅度取值上依然是连续的,量化主要完成离散信号幅度的离散化。

编码:用二进制编码技术来表征量化后的模拟信号。

模数转换器 ADC 的主要性能指标有:

(1)分辨率

数字量变化一个最小单位时对应的输入模拟信号的变化量称为分辨率。分辨率又称为精度,通常以模拟信号转换成数字信号的位数来表示。位数为 n 的 ADC 可以将输入模拟信号的幅度分为 2^n 个区间,如图 9.2 所示,3 位二进制数字信号将模拟输入信号分为 8 个区间(虚线所示),能够区分的最小输入电压差异为$\frac{1}{2^n}FSR$(满量程输入)。

例如,8 位 ADC 的最大输入信号幅度为 5 V,则这个信号被分为 256 个区间,最小能分辨的差异幅度为 5 V/256=19.5 mV。

(2)转换速率

完成一次从模拟转换到数字的 A/D 转换所需的时间倒数。积分型 A/D 的转换时间是毫秒级低速 A/D,逐次比较型 A/D 是微秒级中速 A/D,全并行/串并行型 A/D 可达到纳秒级。

(3)采样时间

采样时间是指两次 A/D 转换的时间间隔。为了保证转换的正确完成,采样速率(Sample Rate)必须小于或等于转换速率。常用的单位是 ksps(kilo Samples per Second)和 Msps(Million Samples per Second),表示每秒采样次数。

(4)量化误差

由 A/D 的有限分辨率而引起的误差,即有限分辨率 A/D 的阶梯状转移特性曲线与无限分辨率 A/D(理想 A/D)的转移特性曲线(直线)之间的最大偏差。通常是 1 个或半个最小数字量的模拟变化量,分别表示为 1 LSB 和 1/2 LSB。

模数转换电路 ADC 主要包括积分型、逐次逼近型、$\sum$-Δ 调制型、电容阵列逐次比较型、压频变换型等。本章主要介绍逐次逼近型 ADC、积分型 ADC 和压频变换型 ADC。

9.1.1 逐次逼近型 ADC

逐次逼近型 ADC 是由一个比较器、D/A 转换器、移位寄存器、数据寄存器及控制逻辑电路等电路组成的,如图 9.3 所示。

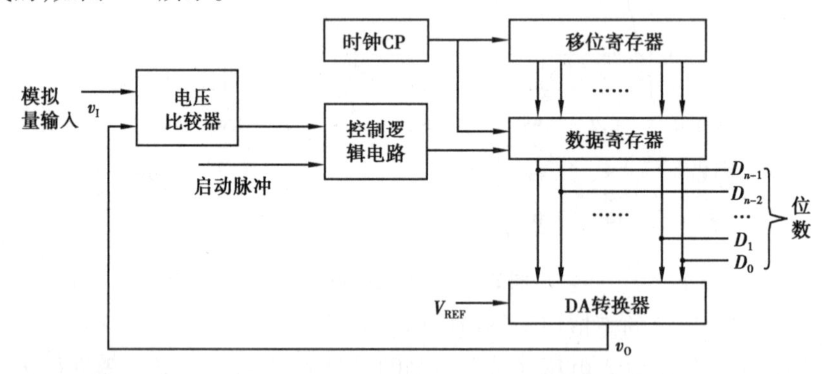

图 9.3 逐次逼近型 ADC 结构

逐次逼近型 ADC 的模数转换与日常生活中天平称重量的原理相似,从重到轻逐级增减砝码进行试探。若物体重于砝码,则该砝码保留,否则移去。再加上第二个次重砝码,根据物体重量是否大于砝码总重量决定第二个砝码去留。重复此过程,一直加到最小砝码为止。将所有留下的砝码重量相加,可得此物体的重量。

逐次逼近型 AD 转换器原理图的基本原理是从高位到低位逐位试探比较,模数转换过程如下:

①初始化时将逐次逼近寄存器各位清零。

②转换开始时,先将逐次逼近寄存器最高位置 1,送入 D/A 转换器,经 D/A 转换后生成的模拟量 v_O 送入比较器,与送入比较器的待转换的模拟量 v_I 进行比较,若 $v_O<v_I$,该位 1 被保留,否则被清除。

③置逐次逼近寄存器次高位为 1,将寄存器中新的数字量送 D/A 转换器,输出的 v_O 再与 v_I 比较,若 $v_O<v_I$,该位 1 被保留,否则被清除。

④重复此过程,直至逼近寄存器最低位。

⑤转换结束后,将逐次逼近数据寄存器中的数字量输出,得输出码组。

逐次逼近的操作过程是在一个控制逻辑电路的控制下进行的。逐次逼近式 A/D 是比较常见的一种 A/D 转换电路,转换时间为微秒级。

图9.4以4位逐次逼近型 ADC 为例,描述了逐次逼近型 ADC 的工作原理和流程。

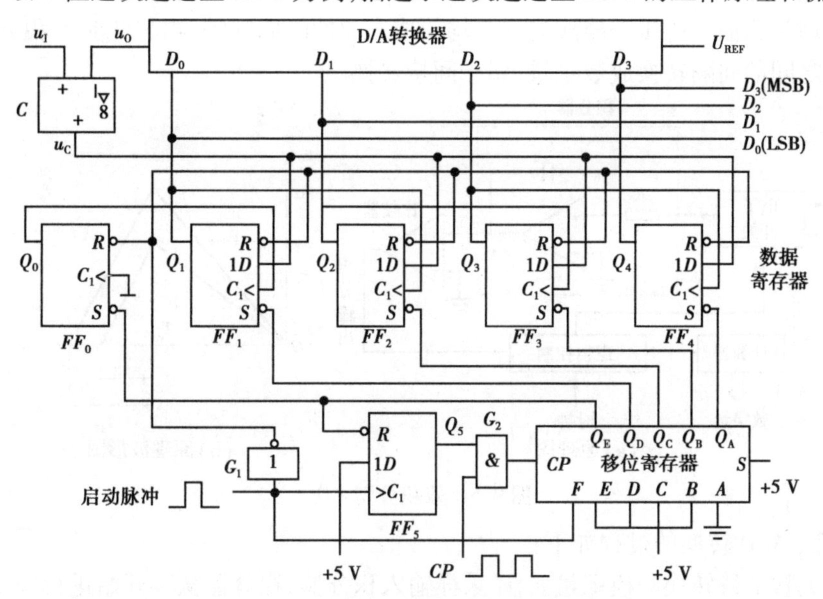

图9.4　4位逐次逼近型 ADC 原理图

图9.4中5位移位寄存器可进行并行入/串行操作,其 F 为并行置数端,高电平有效,S 为高位串行输入。数据寄存器由4个 D 边沿触发器组成,数字量从 $Q_4 \sim Q_1$ 输出。

当启动脉冲上升沿到来后,触发器 $FF_0 \sim FF_4$ 被清零,FF_5 触发器中输出 Q_5 被置1,进而高电平开启 G_2 与门,时钟 CP 脉冲进入移位寄存器 CP 端。在第一个 CP 脉冲作用下,由于移位寄存器的置数使能端 F 由"0"变为"1",并行置数功能启动,输入数据 $ABCDE$ 并行置入移位寄存器,移位寄存器输出端 $Q_EQ_DQ_CQ_BQ_A=11110$。Q_A 低电平作用 FF_4 触发器,致使数据寄存器的最高位置 $Q_4=D_3=1$,即 $Q_4Q_3Q_2Q_1=1000$。D/A 转换器将数字量1000转换为模拟电压 u_O,送入比较器 C 与输入模拟电压 u_I 比较,若输入电压 $u_I>u_O$,则比较器 C 输出 $u_C=1$,否则为 $u_C=0$。比较结果送反馈给触发器 $FF_1 \sim FF_4$ 中数据端口 $1D$。

第二个 CP 脉冲到来后,移位寄存器的串行输入端 S 为高电平,移位寄存器工作在串行状态,数据发生一次移位操作。即当 Q_A 由"0"变为"1"时,同是最高位 Q_A 数据"0"移送到次高位 Q_B;数据寄存器中最高位 Q_4 数据"0"移送到次高位 Q_3。由于数据寄存器的 Q_3 产生了一个上跳沿(由"0"变为"1"),有效触发触发器 FF_4,使 u_C 电平得以在 Q_4 保存下来。此时,由于其他触发器上升沿的触发脉冲 CP,u_C 的信号对 $FF_1 \sim FF_3$ 不起作用。Q_3 变为"1"后建立了新的 D/A 转换器的数据,输入电压 u_I 再与其输出电压 u_O 相比较,比较结果在第三个时钟脉冲作用下存于。

如此重复,直到 Q_E 由"1"变为"0",使 Q_5 由"1"变为"0"后将与门 G_2 封锁,转换完毕。ADC 中输出端 $D_3D_2D_1D_0$ 得到与输入电压 u_I 成正比的数字量。

由以上分析可知,逐次比较型 A/D 转换器完成一次转换所需的时间与其位数和时钟脉冲频率有关,位数越少,时钟频率越高,转换所需的时间就越短。这种 A/D 转换器具有转换速度快、精度高等特点。ADC 模块的精度一般有8位、10位、12位、16位、24位。

9.1.2 双积分型 ADC

双积分型 ADC 转换器由电子开关、积分器、比较器和控制逻辑等部件组成，如图 9.5 所示。基本原理是将输入电压变换成与其平均值成正比的时间间隔，再将此时双积分式 A/D 转换器原理图之间的间隔转换成数字量，属于间接转换。

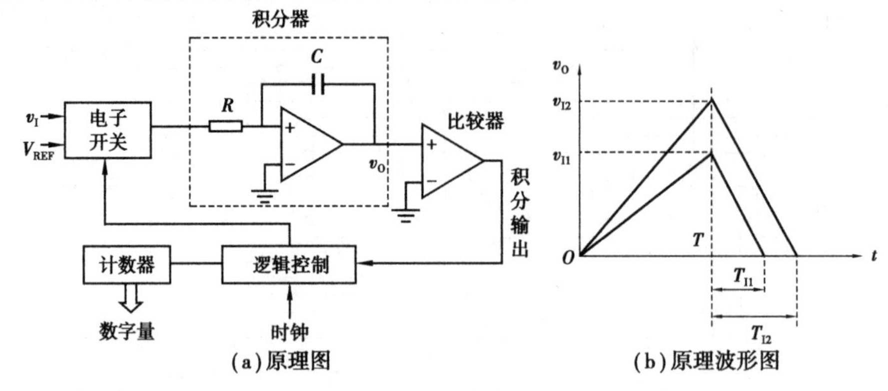

(a)原理图　(b)原理波形图

图 9.5　双积分型 ADC

双积分法 A/D 转换的过程如下：

①将开关接通待转换的模拟量 v_I，v_I 采样输入积分器，积分器从零开始进行固定时间 T 的正向积分。

$$v_o = \frac{1}{C}\int_0^T - \frac{v_I}{R}dt = -\frac{T}{RC}v_I \tag{9.1}$$

②积分时间 T 到达后，开关再接通与 v_I 极性相反的基准电压 V_{REF}，将 V_{REF} 输入积分器，进行反向积分，直到积分输出为 0 时停止积分。如图 9.5 所示，当输入电压位 v_{I1} 时，反向积分输出过程可表示为：

$$\frac{1}{C}\int_0^{T_1} - \frac{V_{REF}}{R}dt - \frac{T}{RC}v_I = 0 \tag{9.2}$$

可得：

$$\frac{T_1}{RC}V_{REF} = \frac{T}{RC}v_I \Rightarrow T_1 = \frac{T}{V_{REF}}v_I$$

由上式可以看出，反向积分时间 T_1 与输入电压 v_{I1} 成正比，与 RC 的取值无关。

③v_I 越大，积分器输出电压 v_O 越大，反向积分时间也越长。如图 9.5(b)所示，因为输入模拟量 $v_{I2}>v_{I1}$，所以反向积分时间 $T_{I2}>T_{I1}$。

④计数器在反向积分时间内 $T_1(T_2)$ 所计的时钟脉冲数值，就是输入模拟电压 $v_{I2}(v_{I1})$ 所对应的数字量，实现了 A/D 转换。

9.1.3 压频变换型 ADC

压频变换型 ADC 由计数器、电压频率转化器和一个具有恒定时间的时钟门控制信号组成，如图 9.6 所示。

压频变换型 ADC 是间接型 ADC，先将输入模拟信号 v_I 的电压转换成频率与其成正比的脉冲信号，然后在固定的时间间隔内对此脉冲信号进行计数，计数结果为正比于输入模拟电压信号的数字量。

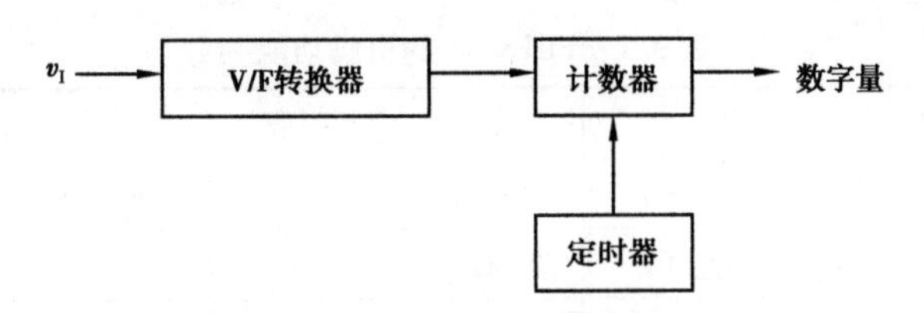

图9.6　压频变换型ADC

从理论上讲,这种ADC的分辨率可以无限增加,只要采用时间长到满足输出频率分辨率要求的累积脉冲个数的宽度即可。

压频变换型ADC具有精度高、价格较低、功耗较低等优点。

9.2　集成ADC及其应用

常用的集成逐次比较型ADC有ADC0808/0809系列(8比特位)、AD575(10位)、AD574(12位)等。

I2C总线是各种总线中使用信号线最少,并具有自动寻址、多主机时钟同步和仲裁等功能的总线。因此,I2C总线在各类实际应用中得到广泛应用。PCF8591是一个单片集成、单独供电、低功耗、8-bit的CMOS模数转换集成芯片。PCF8591器件上输入输出的地址、控制和数据信号都是通过双线双向I2C总线以串行方式进行传输,PCF8591由于其使用的简单方便和集成度高,在单片机应用系统中得到广泛应用。

PCF8591的结构图和引脚图如图9.7所示,引脚功能见表9.1。PCF8591具有4个模拟输入、1个模拟输出和1个串行I2C总线接口。PCF8591的3个地址引脚A0,A1和A2可用于硬件地址编程,允许在同一个I2C总线上接入8个PCF8591器件,而无须额外的硬件。

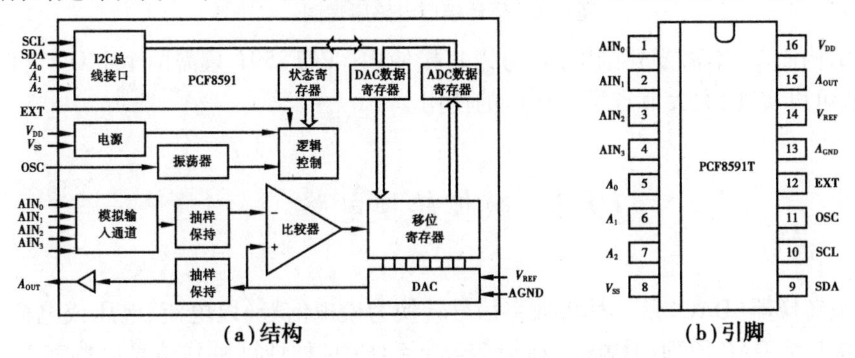

图9.7　PCF8591结构和引脚图

PCF8591的主要特点如下:

①采用单电源供电,工作电压范围为2.5~6 V;

②模拟输入电压范围从V_{SS}到V_{DD};

③内置跟踪保持电路,具备较低待机电流;

④模拟输入端口可编程为单端或差分;

⑤具备一路DA数模转换实现模拟量的输出;

⑥采用逐次逼近型A/D转换模式。

表9.1　PCF8591的引脚功能

接口	引脚	功能	接口	引脚	功能
AIN_0	1	模拟输入通道1	SDA	9	IIC数据输入/输出
AIN_1	2	模拟输入通道2	SCL	10	IIC时钟
AIN_2	3	模拟输入通道3	OSC	11	振荡器输入/输出
AIN_3	4	模拟输入通道4	EXT	12	外部/内部振荡器输入开关
A_0	5	地址控制端口	AGND	13	模拟地
A_1	6	地址控制端口	V_{REF}	14	参考电压输入
A_2	7	地址控制端口	AOUT	15	模拟输出(D/A转换器)
V_{SS}	8	负电源电压	V_{DD}	16	正电源电压

PCF8591的硬件接口电路原理图,如图9.8所示。

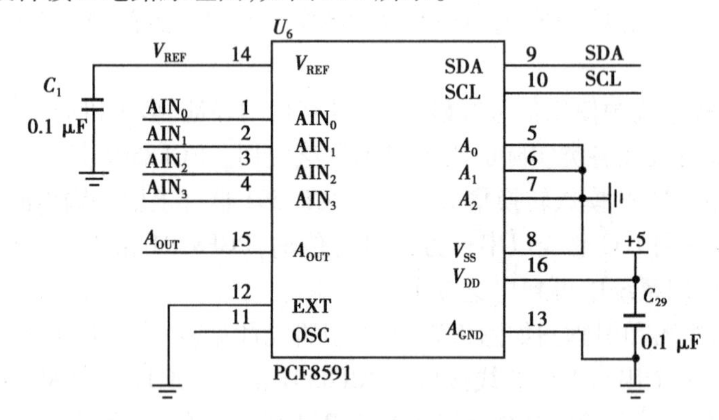

图9.8　硬件接口电路原理图

该器件结构简单,不需要外围电路,可以直接使用,PCF8591只需两个I/O口(时钟和数据)和电源就可以实现,大大节省了I/O口的使用。

9.3　数模转换电路

数字模拟转换器(DAC)是一种将数字信号转换为模拟信号(以电流、电压或电荷的形式)的器件。图9.9为DAC原理结构图。在很多数字系统中(如计算机),信号以数字方式存储和传输,而数字模拟转换器可以将这样的信号转换为模拟信号,从而使得它们能够被外界(人或其他非数字系统)识别。如耳机中将数字形式存储的音频信号输出为人能够听见的模拟声音。

数模转换器又称为D/A转换器,简称DAC,它是把数字量转变成模拟量的器件。DAC主要由数字寄存器、模拟电子开关、位权网络、求和运算放大器和基准电压源(或恒流源)组成。存于数字寄存器的数字量的各位数码,分别控制对应位的模拟电子开关,使数码为1的位在位权网络上产生与其位权成正比的电流值，再由运算放大器对各电流值求和，并转换成电压值。

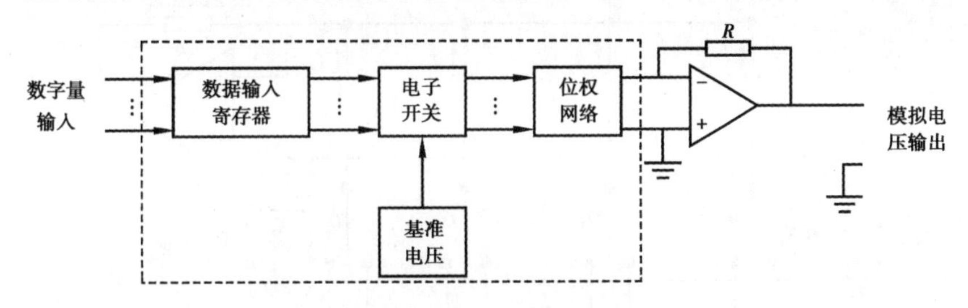

图9.9　DAC原理结构图

根据位权网络的不同，可以构成不同类型的DAC，如权电阻网络DAC、R-2R倒T形电阻网络DAC和单值电流型网络DAC等。

DAC的主要技术指标有分辨率、线性度、转换精度、转换速度和动态范围5种。

（1）分辨率

输入数字量的最低有效位发生变化时，所对应的输出模拟量（电压或电流）的变化量。它反映了输出模拟量的最小变化值。分辨率与输入数字量的位数有确定的关系，可以表示成$FSR/2^n$。其中，FSR表示满量程范围，n为数字量的总位数。例如，满量程为5 V，采用8位DAC时，分辨率为5 V/256≈19.5 mV；当采用12位的DAC时，分辨率则为5 V/4 096≈1.22 mV。显然，位数n越多分辨率就越高。

（2）线性度

线性度也称为非线性误差，是实际转换特性曲线与理想直线特性之间的最大偏差。常以相对于满量程的百分数表示。如±1%是指实际输出值与理论值之差在满刻度的±1%以内。

（3）转换精度

转换精度是指在整个刻度范围内，任一输入数字量所对应的模拟量实际输出值与理论值之间的最大误差，应小于1个LSB。

（4）转换速度

转换速度是指输入数字量发生满刻度变化时，输出模拟信号达到满刻度值的±1/2 LSB所需的时间。它是描述D/A转换速率的一个动态指标。根据建立时间的长短，可以将DAC分成超高速（<1 μs）、高速（10～1 μs）、中速（100～10 μs）、低速（≥100 μs）几挡。

（5）动态范围

数模转换器输出的最大模拟电压到最小模拟电压之间的范围。

9.3.1　权电阻型DAC

权电阻型数模转换器要使用权电阻网络，其中电阻值为$2^{n-1}R$。图9.10为4位数字量的权电阻DAC转换电路图。

权电阻网络中各位电阻的阻值与数字量的权值相对应，电子开关受输入的各位数字信号控制。当数字量为1时，电子开关接通V_{REF}；当数字量为0时，开关接通地。求和运算放大器A_1将各支路电流相加，通过跨接在放大器两端的反馈电阻转换为模拟电压u_o，显然u_o与输入数字量（$D_3D_2D_1D_0$）成正比。

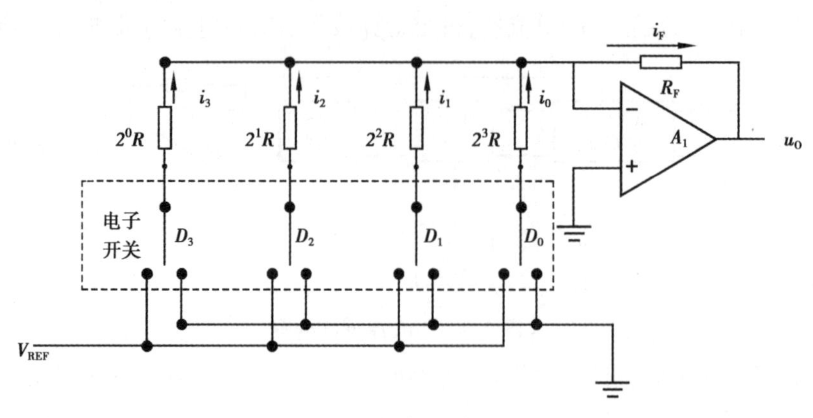

图 9.10 权电阻型 DAC

进入运算放大器 A_1 的总电流为：

$$\begin{aligned} i_F &= i_0 + i_1 + i_2 + i_3 \\ &= D_3 \frac{V_{REF}}{2^0R} + D_2 \frac{V_{REF}}{2^1R} + D_1 \frac{V_{REF}}{2^2R} + D_0 \frac{V_{REF}}{2^3R} \\ &= \frac{V_{REF}}{2^3R}(2^3D_3 + 2^2D_2 + 2^1D_1 + 2^0D_0) \\ &= \frac{V_{REF}}{2^3R}\sum_{i=0}^{3} 2^i D_i \end{aligned} \tag{9.3}$$

求和运算放大器输出端产生的输出电压为：

$$u_o = -i_F R_F = \frac{V_{REF}R_F}{2^3R}\sum_{i=0}^{3} 2^i \cdot D_i \tag{9.4}$$

跨接电阻 R_F 一般取值为 $R/2$，n 位 DAC 的输出模拟信号为：

$$u_O = -i_F R_F = \frac{V_{REF}}{2^n}\sum_{i=0}^{n-1} 2^v D_i \tag{9.5}$$

由式(9.5)可知，通过调整 V_{REF} 的数值，可改变 DAC 的模拟信号的输出动态范围。

权电阻网络 DAC 的转换精度取决于基准电压 V_{REF}，以及模拟电子开关、运算放大器和各权电阻值的精度。其缺点是各权电阻的阻值都不相同，位数多时，其阻值相差甚远，这给保证精度带来了很大的困难，特别是对集成电路的制作很不利，因此在集成的 DAC 中很少单独使用该电路。

9.3.2 T 型电阻网络 DAC

T 型电阻网络 DAC 由若干个相同的 R 和 $2R$ 阻值的电阻网络节组成，每节对应一个输入点位，如图 9.11 所示。节与节之间串接成 T 型网络。和权电阻网络相比，由于它只有 R 和 $2R$ 两种阻值，更容易获取，克服了权电阻阻值多且阻值差别大的缺点。

输入数字信号(二进制数)控制相应的电子开关，经 T 型电阻网络将二进制数字信号转换成与其数值成正比的电流，再由运算放大器将模拟电流转换成模拟电压输出，从而实现由数字信号到模拟信号的转换。

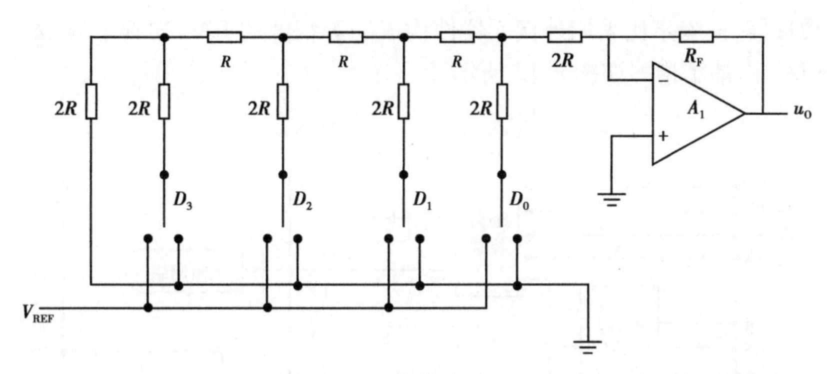

图9.11　T 型电阻网络 DAC

倒T电阻型DAC也只有 R 和 $2R$ 两种电阻值,比较容易实现。4位倒T型电阻DAC的电阻网络结构如图9.12所示。若跨接电阻 R_F 取值为 $R/2$,运放 A_1 的输出电压与二进制数值的关系为:

$$u_O = -i_F R_F = \frac{V_{REF}}{2^4}\sum_{i=0}^{3} 2^i \cdot D_i \tag{9.6}$$

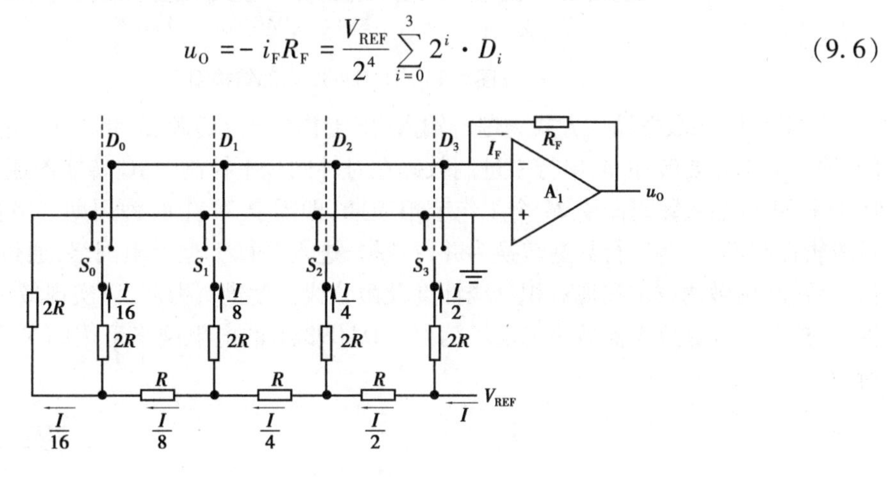

图9.12　倒T型电阻DAC

常用的CMOS开关倒T型电阻网络D/A转换器的集成电路有AD7520(10位)、DAC1210(12位)及AK7546(16位高精度)等。

除了上面介绍的电阻网络DAC,还有权电流DAC、权电容DAC等形式的DAC。其中,因为电流型DAC则是将恒流源切换到电阻网络中,恒流源内阻极大,相当于开路,所以连同电子开关在内,对它的转换精度影响都比较小,又因电子开关大多采用非饱和型的ECL开关电路,使这种DAC可以实现高速转换,转换精度较高。但在DAC集成芯片中,应用得最多的是T型和倒T型电阻网络DAC。

9.4　集成DAC及其应用

T1公司的DAC9881是目前精确度较高的D/A转换芯片,采用成熟的HPA07 COMS加工技术,分辨率达到18 bit,采用标准的SPI串行数据输入方式,输入数据时钟频率可达50 MHz,稳定时间仅为5 μs,满足DSP,MCU,FPGA等系统控制器的快速性要求。该芯片通过采用复杂的低噪声缓冲器,使噪声比采用外接元器件构成同等精度的 DAC 转换器减少 75%,其噪声比为 24 nV/Hz。内部结构图如图 9.13 所示。

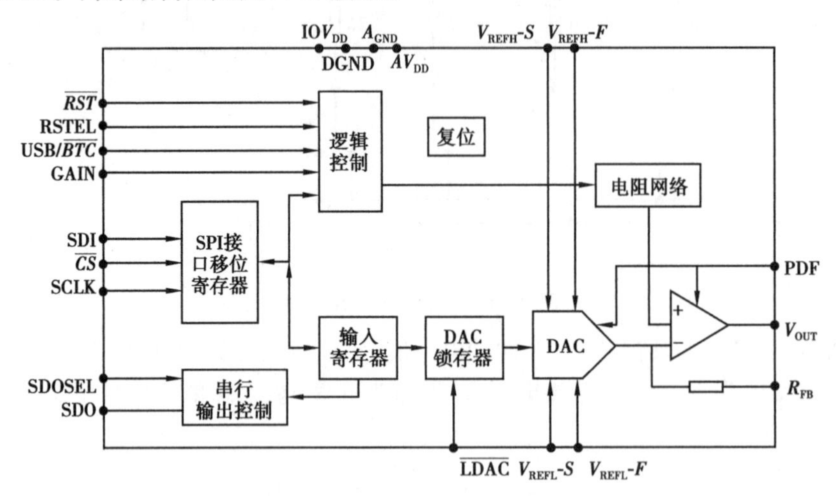

图 9.13　DAC9881 内部结构图

DAC9881 的数据输入方式为串行输入,即工作节拍 SCLK 是和串行二进制数码定时同步的,输入端不需要缓冲器,串行二进制数码在时钟同步下控制 DAC 转换器逐位工作。因此,转换 1 个 24 位输入数码需要 24 个工作节拍周期,即需要 24 个时钟周期。串行数据输入后,经过逻辑控制模块,将串行数据转换为并行数据,进入并行 T 型电阻网络,通过保证电阻 R 的阻值一致性,用微调技术实现对积分线性度及微分线性度进行微调,以实现最优化的积分线性度性能,然后经运算放大器后输出电压信号。DAC9881 的电阻网络采用的 T 型结构,如图 9.14 所示。

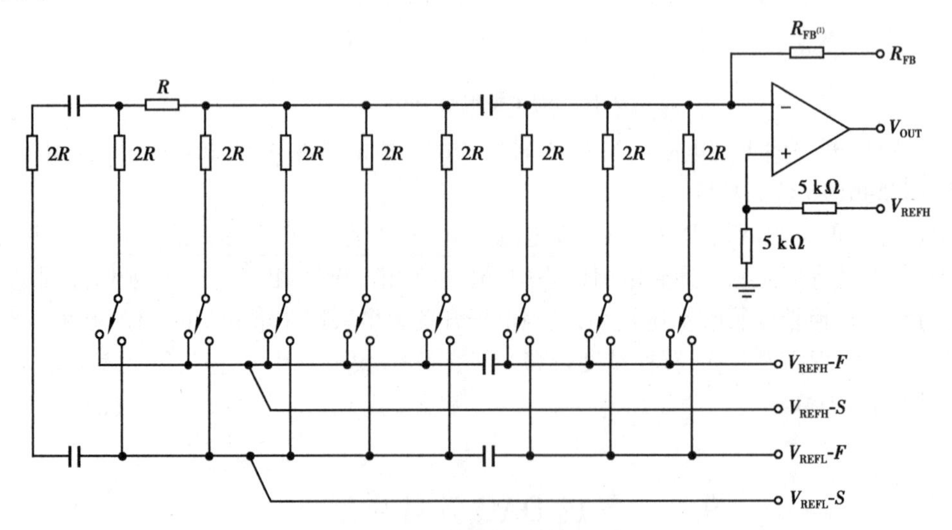

图 9.14　T 型电阻网络

注:R_{FB}=5 kΩ 时增益为 1;R_{FB}=10 kΩ 时增益为 2

DAC9881 最大动态输出范围从 V_{REFL} 到($V_{REFH}-V_{REFL}$)×G。其中,G 为输出缓冲增益,当芯片中 G_{AIN} 端口连接到 D_{GND} 时,G=1;G_{AIN} 端口连接到 IOV_{DD} 时,G=2。模拟输出电压 V_{OUT} 必须

小于 V_{DD},否则会发生输出饱和现象。

模拟输出电压为：$V_{OUT}=\frac{V_{REFH}-V_{REFL}}{2^{18}}\times CODE\times G\times V_{REFL}$，其中，CODE 的取值范围为 0～262 143,这是由数字量编码位数 n 所确定的;V_{REFH} 是最大基准电压,V_{REFL} 是最小基准电压。

DAC9881 是一款高性能的 A/D 转换芯片,具有串行输入、并行处理、电压输出等特点,且精度高,速度快,可以大大地减少对数据总线的占用,广泛应用于高精度的控制场合,如伺服控制、精密仪器等。

本章小结

由于微处理器和微型计算机在各种检测、控制和信号处理系统中的广泛应用,也促进了 ADC 和 DAC 的迅速发展。而且随着计算机计算精度和计算速度的不断提高,对 ADC 和 DAC 的转换精度和转换速度也提出了更高的要求。因此,转换精度和转换速度是 ADC 和 DAC 最重要的两个指标。

ADC 的功能是把模拟量转换成数字量。本章主要介绍了逐次逼近型、积分型和压频变换型的 ADC。逐次逼近型 ADC 转换速度适中,在集成 A/D 转换器产品中用得最多。双积分型 A/D 转换器的转换速度很低,但由于它的电路结构简单,性能稳定可靠,抗干扰能力较强,因此在各种低速系统中得到了广泛应用。

DAC 的功能是把数字量转换成模拟量。本章重点介绍了权电阻网络型、倒 T 型电阻网络型的 D/A 转换器。其中,倒 T 型电阻网络在 CMOS 集成 D/A 转换器中较为常见。

为了得到较高的转化精度,除了选用分辨率较高的 ADC 和 DAC,还必须保证参考电源和供电电源有足够的稳定度,并减小环境温度的变化。否则,即使选用了高分辨率的芯片,也难于得到应有的转换精度。

习　题

1. 影响 ADC 转换精度的因素主要有哪些?

2. 模数转换主要由哪些模块构成?每个模块的功能是什么?

3. 若 4 位逐次逼近型 ADC(图 9.4)的模拟输入电压幅度为 3.9 V,请问此 ADC 转换输出的二进制数值是多少?产生的误差是多少?

4. STM32 单片机的 ADC 最大输入模拟电压为 3.3 V,编码位数为 12 位,请问此 ADC 的最小分辨率是多少?

5. 在 4 位的 T 电阻型 DAC 中,若二进制数值为 1010,基准电压 V_{REF} 为 5 V,跨接电阻 R_F 取值为 $R/2$,则输出模拟电压信号的幅度是多少?

6. DAC 的主要技术指标有哪些?如何提升 DAC 的转换精度?

第 10 章
数字系统设计基础

【本章目标】

(1)了解数字系统的基本概念,理解数字系统的基本构成及各部分的功能。

(2)了解数字系统的设计方法及设计步骤,理解基于 EDA 的自上而下的设计方法。

(3)了解状态机的 Verilog HDL 设计。

在当今电子设计领域,数字系统设计的复杂程度在不断地增加,而设计时限却越来越短。面对这样的情况,传统的手工设计方法已经远远不能满足要求,大部分设计工作都需要在计算机上借助电子设计自动化 EDA(Electronic Design Automation)软件工具来完成,EDA 已成为现代数字系统设计的主要方式和重要手段。

10.1 数字系统的基本构成

一个完整的数字系统通常可分为 5 个部分:输入电路、输出电路、数据处理器、控制器和时钟电路。各部分具有相对的独立性,在控制器的协调和指挥下完成各自的逻辑功能,其中控制器是整个系统的核心。如图 10.1 所示为数字系统的结构框图。

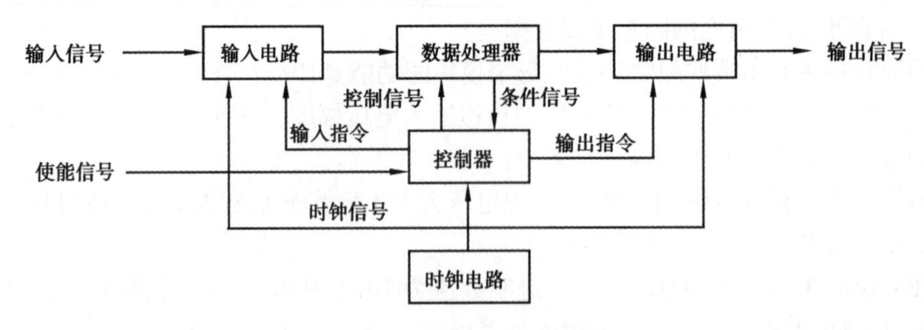

图 10.1 数字系统的结构框图

输入/输出电路是整个数字系统对外信号交流的接口,是完成将物理量转化为数字量或将数字量转换为物理量的功能部件。输入电路用于将外部输入信号转换成系统能接收和处理的数字信号，并传送到数据处理器，一般可由模数转换器、译码器、数据选择器和寄存器等组成。输出电路用于将经过数据处理器运算和处理后的数字信号转换成模拟信号或开关信号，以驱动执行机构，一般可由译码器、显示电路、寄存器和数模转换器等实现。

数据处理器主要完成数据的采集、存储、运算和传输等功能。数据处理器由寄存器和组合电路组成。寄存器用于短暂存储信息，组合电路实现对数据的加工和处理。数据处理器与外界进行数据交换，在控制器发出的控制信号作用下，数据处理器将进行数据的存储和运算等操作。

由于控制器是执行数字系统算法的核心，具有记忆功能，因此控制器为时序系统。控制器负责规定算法的步骤，在每一个计算步骤给数据处理器发出命令信号，同时接收来自数字处理器的状态变量，确定下一个计算步骤，以确保算法按正确的次序实现。控制器的输入信号是外部控制信号和由数据处理器送来的条件信号，按照数字系统设计方案要求的算法流程，在时钟信号的控制下进行状态转换，同时产生与状态和条件信号相对应的输出信号。

时钟电路是用来产生系统工作的同步时钟信号，使整个系统在时钟信号的作用下，一步一步地按顺序完成各种操作。

并非每一个数字系统都严格按上述五个部分组成。对简单的数字系统，其输入和输出电路可以省略，但数据处理器和控制器是不能缺少的。对复杂的数字系统，每个组成部分都可以堪称是一个子系统或若干子系统的组合，每个子系统用来完成一项相对独立的任务，即某种局部的工作，并将运行的情况反馈到控制器，然后控制器根据使能信号和反馈的条件信号，发出下一个控制信号，来启动下一个子系统工作。因此，数字系统可以被认为是由控制器将若干个子系统组合起来的总系统。

10.2　数字系统的设计方法

10.2.1　传统的设计方法

数字系统设计有多种方法，传统的方法有试凑设计法、MCU（Microcontroller Unit：微控制单元或单片机）设计法等。

试凑设计法又称为模块设计法，就是用试探的方法将系统按给定的功能要求分解成若干个相对独立的功能模块或子系统，选择合适的功能部件实现各模块来拼凑数字系统。试凑法主要是凭借设计者对逻辑设计的熟练技巧和经验来构思方案，划分模块，选择器件，拼接电路。通常，这种设计方法选用中小规模以及大规模集成器件实现数字系统，适合设计规模不大、功能不太复杂的小型数字系统，对复杂的数字系统，这种设计方法就不再适用。

复杂的数字系统设计可以采用 MCU 设计法。由于 MCU 的应用，过去难以甚至不能用 SSI 和 MSI 实现的复杂数字系统在 MCU 的软件设计中可以轻松实现。同时 MCU 的使用使电子系统的智能化水平在广度和深度上产生了质的飞跃。但是用 MCU 设计的系统存在运行速度和可靠性不高的缺点，设计成果移植困难、大规模复杂设计不便于多人协作并行工作，因此，MCU 设计法主要用于对智能化要求较高或需要进行人机对话的应用场合。

传统的设计方法都是采用“自下而上（Bottom Up）”的设计方法，即首先确定可用的元件；

其次根据这些器件进行逻辑设计,完成各模块后,进行连接形成系统;最后经调试、测量观察整个系统是否达到规定的性能指标。这种设计方法有以下缺点:

①要求设计者具有丰富的设计经验,设计受市场器件情况等因素的限制,而且设计方法没有明显的规律可循。

②系统调试是在系统完成后进行的,如果发现系统设计需要修改,则需要重新制作电路板、重新购买器件、重新调试和设计,设计过程反复较多,开发效率低,开发时间长。

③传统的设计方法一般都是基于原理图的设计,可移植性差,可继承性差,对复杂系统的设计、阅读、交流、修改、更新、保存都十分困难,不利于复杂系统的任务分解和综合。

10.2.2 基于 EDA 的现代数字系统设计方法

随着电子技术和计算机技术的发展,数字系统的设计方法和设计手段发生了很大的变化,传统的设计方法已逐步退出历史舞台,而基于 EDA 技术的层次化设计正在成为现代数字系统设计的主流。

1)自顶向下的设计方法

基于 EDA 技术的现代数字系统的设计一般采用自顶向下的方法。自顶向下(Top to Down)法是一种从抽象定义到具体实现,从高层次到低层次逐步求精的分层次、分模块的设计方法。它是数字系统设计中最常用的设计方法之一。该设计方法的具体实施过程如下:

①根据系统的总体功能要求进行系统级设计。

②按照一定的标准将整个系统划分成若干个子系统。

③将各个子系统划分为若干功能模块,针对各模块进行逻辑电路级设计。

采用该方法设计时,高层设计进行功能和接口描述,说明模块的功能和接口,模块功能的更详细描述在下一设计层次说明,最底层的设计才涉及具体的寄存器和逻辑门电路等实现方式的描述。

采用自顶向下的设计方法有以下优点:

①自顶向下设计方法是一种模块化设计方法。对设计的描述从上到下逐步由粗略到详细,符合常规的逻辑思维习惯。由于高层设计同器件无关,所做的设计易于在各种集成电路工艺或可编程器件之间移植。

②适合多个设计者同时进行设计。随着技术的不断进步,许多设计由一个设计者已无法完成,必须由多个设计者分工协作共同完成一项设计的情况越来越多。在这种情况下,应用自顶向下的设计方法便于多个设计者同时开展设计,并能对设计任务进行合理分配,用系统工程的方法对设计进行管理。

针对具体的设计,实施自顶向下的设计方法的形式会有所不同,但均需遵循以下两条原则:逐层分解功能,分层次进行设计。同时,应在各个设计层次上考虑相应的仿真验证问题。

2)基于 EDA 的现代数字系统设计方法

基于 EDA 的现代数字系统设计根据设计输入方式的不同,又可以分为原理图设计法、程序设计法、波形图设计法和状态机设计法等。

(1)原理图设计法

原理图设计法是 EDA 工具软件提供的基本设计方法。该方法是选用 EDA 软件提供的器件库资源,利用电路作图的方法进行相关的电气连接,从而构成相应的系统或满足某些特定功能的新元件。这种方式大多用于对系统及各部分电路很熟悉的情况,或在系统对时间特性要求较高的场合。原理图设计方法的主要优点是直观、易学、容易实现仿真,便于信号的观察和电路的调整,但当系统功能较复杂时,原理图输入方式效率较低。因此,它适合与不太复杂的小系统和复杂系统的综合设计(与其他设计方法进行联合设计)。

(2)程序设计法

程序设计法是使用硬件描述语言(Hardware Description Language,HDL)进行的设计,也称HDL设计。HDL设计是目前工程设计最重要的设计方法。程序设计的语言种类较多,广泛使用的有VHDL,Verilog HDL,ABEL-HDL和AHDL等。目前,绝大多数EDA开发软件都支持VHDL和Verilog HDL,只有少数开发软件支持ABEL-HDL和AHDL。

对那些只关心输入与输出信号之间的关系,而不需要对中间变量进行干预的系统可采用波形图设计法。该方法只需给出输入信号与输出信号的波形,用户可以借助开发软件提供的波形输入系统,建立和编辑波形设计文件,EDA软件根据用户定义的输入/输出波形自动生成逻辑关系和相应的功能模块。波形设计法是一种简明的设计方法,并且容易查错。该方法编译软件复杂,不适合复杂系统的设计,只有少数EDA软件支持这种设计方法。

有些EDA软件提供了可视化图形状态机描述法。设计人员可以借助EDA软件提供的图形状态机设计窗口,以绘画的方式创建图形状态机来描述系统的功能。使用这种方法,设计者不必关心PLD内部结构和逻辑表达式,只需要考虑状态转移条件和各状态之间的关系来构成状态转移图。EDA软件根据用户绘制的状态机自动生成功能模块。状态机的设计方法是目前比较流行的一种数字系统的设计方法,本书将在10.4节详细介绍状态机的设计方法。

10.3　数字系统的设计步骤

数字系统与逻辑功能部件的设计方法不同,逻辑功能部件一般采用“自底向上”的设计方法,首先按照任务要求建立真值表或状态表,给出逻辑功能描述;其次进行逻辑函数化简;最后完成逻辑电路设计。基于EDA的数字系统则采用“自顶向下”的设计方法,其设计步骤如图10.2所示的流程图。

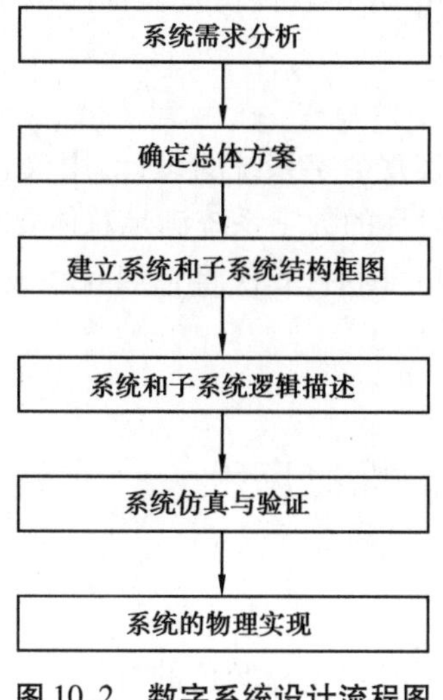

图10.2　数字系统设计流程图

1）系统需求分析

系统需求分析是数字系统设计的首要任务。在设计任务书中，可用各种方式提出对整个数字系统的逻辑要求，常用的方式由自然语言、逻辑流程图、时序图或几种方法的结合。设计者在读完技术任务书后应明确以下内容：确定系统的基本功能；确定输入和输出信号；确定各功能模块之间的相互关系；确定系统的具体指标。

2）确定总体方案

数字系统总体方案将直接影响整个数字系统的质量和性能，总体方案需要综合考虑以下几个因素：系统功能要求、系统使用要求和系统性能价格比。考虑不同的侧重点，可以得出不同的设计方案。同一功能的系统可以有多种工作原理和实现方法，应根据实际问题以及工作经验对各个方案进行比较，从中选出最优方案。

3）建立系统及子系统结构框图

系统方案确定后，再从结构上对系统进行逻辑划分，确定系统的结构框图。具体方法：根据数据子系统和控制子系统各自的功能特点，将系统从逻辑上划分为数据子系统和控制子系统两个部分。逻辑划分的依据：怎样更利于实现系统的工作原理就怎样进行逻辑划分。逻辑划分后，就可以画出整个系统的结构框图。然后对数据子系统进行进一步结构分解，将其分解为多个功能模块，再将各个功能模块分解为更小的模块，直至可用基本的逻辑功能模块（如寄存器、计数器、加法器、比较器等）来实现为止。最后画出由基本功能模块组成的数据子系统结构框图，数据子系统中所需的各种控制信号将由控制子系统产生。

4）系统和子系统逻辑描述

当系统中各个子系统和模块的逻辑功能和结构确定后，则需采用比较规范的形式描述系统的逻辑功能。设计方案的描述方法有多种，常用的有方框图、流程图和硬件描述语言等。对系统的逻辑描述可先采用较粗略的方框图，再将方框图逐步细化为详细逻辑流程图，最后将详细逻辑流程图用电路原理图或硬件描述语言描述出来。

5）系统仿真与验证

在电路设计完成后必须验证设计是否正确，在早期，只能通过搭试硬件电路才能得到设计的结果。目前，数字电路设计的EDA软件都具有仿真功能，先通过系统仿真，当系统仿真结果正确后再进行实际电路的测试。由EDA软件仿真验证的结果十分接近实际结果，因此，可极大地提高电路设计的效率。

6）系统的物理实现

物理实现是指用实际的器件实现数字系统的设计，用仪表测量设计的电路是否符合设计要求。通过EDA软件仿真，如果设计的数字系统满足总体要求，就可以用芯片实现数字系统。首先实现各个逻辑功能电路，调试正确后，其次将它们互联成子系统，最后进行数字系统总体调试。

10.4 有限状态机的应用——交通灯控制器设计

1）功能简介

交通信号灯通常情况下由红、绿、黄3种颜色的灯组成。红灯亮时，禁止通行；绿灯亮时，可以通行;黄灯亮时,提示通行时间已经结束,马上要转换成红灯。十字路口交通信号灯简化示意图,如图10.3所示。

单独一个方向上的信号灯点亮的顺序:红灯熄灭后绿灯亮,绿灯熄灭后黄灯亮,黄灯熄灭后红灯亮,这样一直循环下去。另外,同一方向上的一对信号灯亮的颜色一致,且显示的时间是一样的。

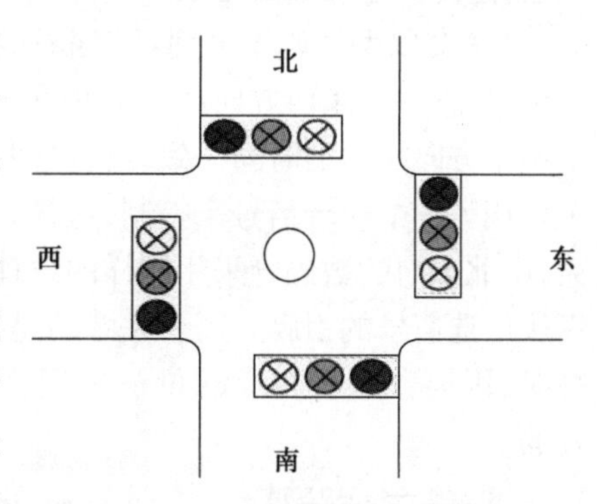

图10.3　交通信号灯简化示意图

设定一个周期内,红灯发光30 s,绿灯发光27 s,黄灯发光3 s。以东西方向信号灯状态为例,因为红灯发光的时间等于黄灯与绿灯发光的时间和,所以一个完整的状态转换周期是红灯发光的时间的两倍,也就是60 s。在东西方向红色信号灯发光的30 s内,南北方向由绿灯切换到黄灯;在南北方向红色信号灯发光的30 s内,东西方向也由绿灯切换到黄灯。因此,将东西和南北方向信号灯同时保持在固定状态的时间段分为一个状态。由此产生了循环往复的4个状态,如图10.4所示。

①东西方向红灯亮27 s,南北方向绿灯亮27 s,然后切换到状态2。

②东西方向红灯亮3 s,南北方向黄灯亮3 s,然后切换到状态3。

③东西方向绿灯亮27 s,南北方向红灯亮27 s,然后切换到状态4。

④东西方向黄灯亮3 s,南北方向红灯亮3 s,然后切换到状态1。

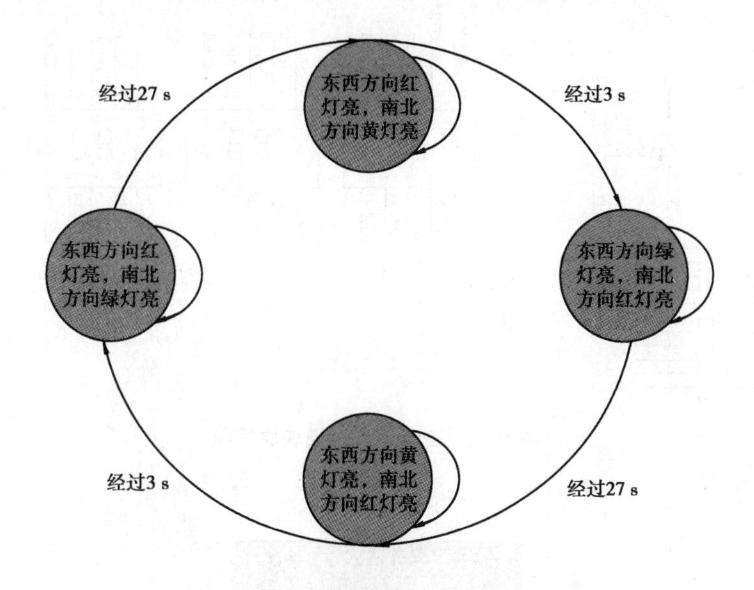

图10.4　交通信号灯的状态转换图

另外,以东西方向为例:一个周期内,红灯发光30 s,绿灯发光27 s,黄灯发光3 s。那么在红灯发光期间,数码管上显示的数字要从29递减到0;同理,绿灯发光期间,数码管上显示的数字要从26递减到0;黄灯发光期间,数码管上显示的数字要从2递减到0。

2)硬件实现

交通灯硬件系统设计如图10.5、图10.6所示。交通信号灯模拟模块电路的4个方向共12个LED灯,而使用6个LED控制信号来驱动12个LED灯,这是因为东西方向或者南北方向 LED 灯的亮灭状态总是一致的，所以将东西方向或者南北方向颜色相同的 LED 灯并联在一起，这样设计的好处是减少了交通信号灯扩展模块 LED 控制信号的引脚。

4 个共阳型数码管分别对应 4 个路口，每个路口用两位数码管显示当前状态的剩余时间。在十字路口中，东西方向或者南北方向数码管显示的时间总是一样的。以东西方向为例，因为这两个方向显示的时间一致，所以这两个方向的数码管的十位可以用同一个位选信号来控制，个位用另一个位选信号来控制，这样就可实现两个位选信号控制东西方向共 4 位数码管的亮灭，南北方向的数码管采用同样的设计思路。这种设计思路的优点是减少了交通信号灯扩展模块位选信号的引脚。需要注意的是，数码管由 PNP 型三极管驱动，当三极管的基极为低电平时，因为数码管相应的位被选用，所以交通信号灯模拟模块电路的位选信号是低电平有效的。

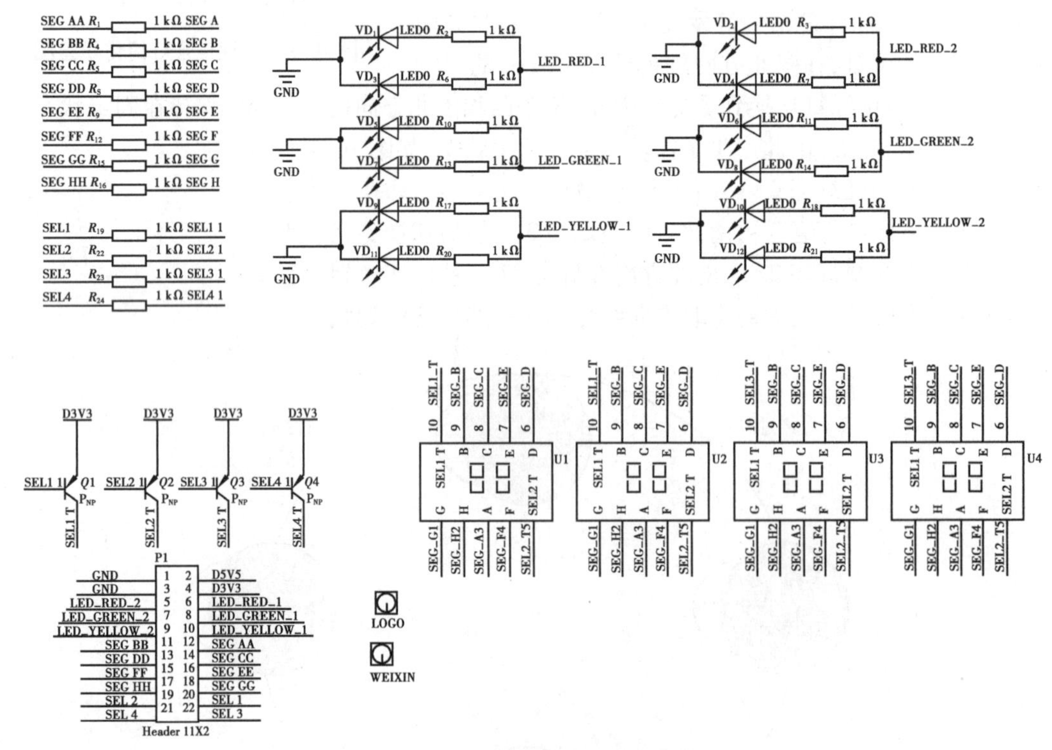

图 10.5　交通灯模拟模块原理图

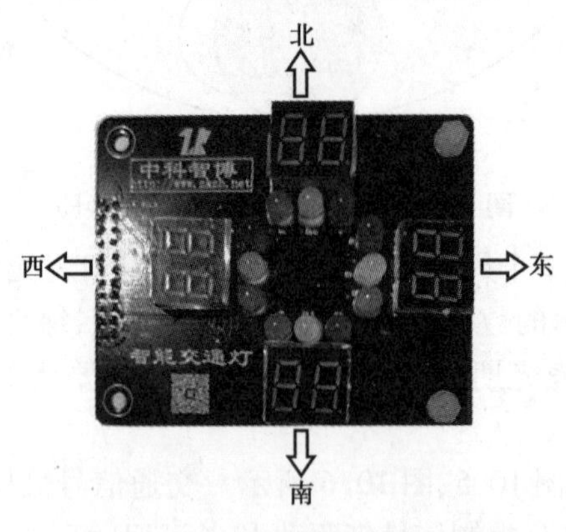

图 10.6　交通灯模拟模块实物图

3) Verilog HDL 设计

根据交通灯设计任务,可规划出系统 Verilog HDL 的设计流程:交通灯控制模块将需要显示的时间数据连接到数码管显示模块,同时将状态信号连接到 LED 灯控制模块,然后数码管显示模块和 LED 灯控制模块驱动交通信号灯外设工作。交通灯系统设计框图如图 10.7 所示。

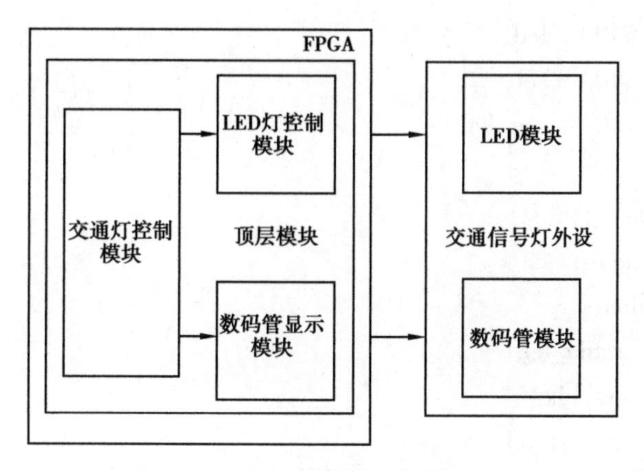

图 10.7　交通灯系统设计框图

各模块端口及信号连接,如图 10.8 所示。

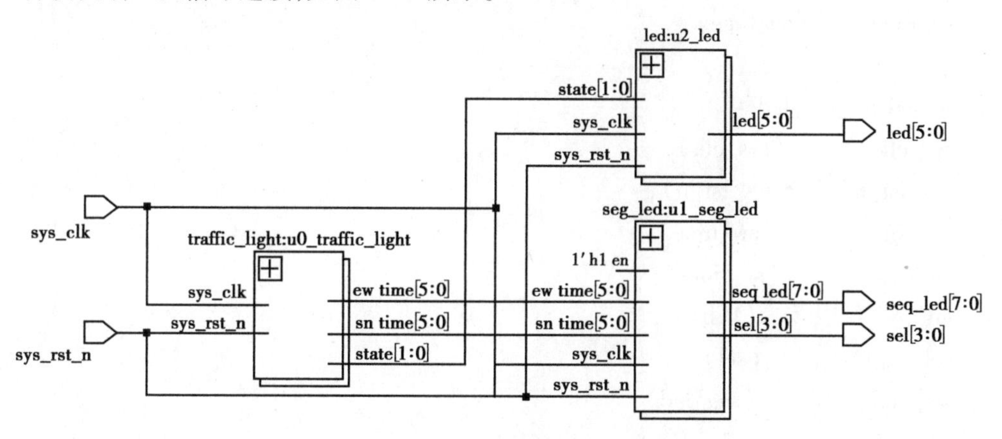

图 10.8　交通信号灯顶层模块原理图

由图 10.8 可知,FPGA 程序主要包括 4 个模块:顶层模块(top_traffic)、交通灯控制模块(traffic_light)、数码管显示模块(seg_led)、LED 灯控制模块(led)。在顶层模块(top_traffic)中完成其他 3 个模块的实例化,并实现各模块之间的数据传递,将 LED 灯和数码管的驱动信号输出给外接设备(交通信号灯外设)。

交通灯控制模块(traffic_light)是本设计的核心,该模块控制信号灯的状态转换,将实时的状态信号 state[1:0]输出给 LED 灯控制模块(led),同时将东西和南北方向的实时时间数据 ew_time[5:0]和 sn_time[5:0]输出给数码管显示模块(seg_led)。

数码管显示模块(seg_led)接收交通灯控制模块传递过来的东西和南北方向的实时时间数据 ew_time[5:0]和 sn_time[5:0],并以此驱动对应的数码管,将数据显示出来。

LED 灯控制模块(led)根据接收到的实时状态信号 state[1:0],驱动东西和南北方向的

LED 灯发光。

顶层模块的代码如下：

```
module traffic_led_ctrl(
input sys_clk,
input sys_rst_n,
output        [5:0]  led,
output        [3:0]  sel,
output        [7:0]  seg_led
);
wire [1:0] state;
wire [5:0]ew_time;
wire [5:0]sn_time;
traffic_led  u0_traffic_led(
.sys_clk      (sys_clk),
.sys_rst_n    (sys_rst_n),
.state       (state),
.ew_time      (ew_time),
.sn_time      (sn_time)
);
seg_led u1_seg_led(
.sys_clk        (sys_clk),
.sys_rst_n      (sys_rst_n),
.ew_time         (ew_time),
.sn_time         (sn_time),
.en               (1'b1) ,
.sel              (sel),
.seg_led           (seg_led)
);
led u2_led(
.sys_clk              (sys_clk),
.sys_rst_n           (sys_rst_n) ,
.state                (state),
.led                   (led)
);
Endmodule
```

交通灯控制模块的代码如下：

```
module traffic_led(
input           sys_clk ,
input           sys_rst_n ,
```

```
output  reg [1:0] state,
output  reg  [5:0] ew_time ,
output  reg   [5:0] sn_time
);
// parameter define
parameter  TIME_LED_Y      = 3;
parameter  TIME_LED_R      = 30;
parameter   TIME_LED_G     = 27;
parameter   WIDTH          = 25_000_000;
//reg define
reg  [5:0]  time_cnt;
reg  [24:0]  clk_cnt;
reg             clk_1hz;
always@ (posedge sys_clk or negedge sys_rst_n) begin
if(! sys_rst_n)
 clk_cnt <= 25'b0;
 else if (clk_cnt < WIDTH - 1'b1)
    clk_cnt <= clk_cnt +1'b1;
 else
    clk_cnt <= 25'b0;
 end
always@ (posedge sys_clk or negedge sys_rst_n) begin
if(! sys_rst_n)
 clk_1hz <= 1'b0;
else if (clk_cnt == WIDTH -1'b1)
 clk_1hz <=  ~clk_1hz;
else
 clk_1hz<= clk_1hz;
end
always@ (posedge clk_1hz or negedge sys_rst_n) begin
if(! sys_rst_n) begin
 state <= 2'd0;
 time_cnt <= TIME_LED_G;
end
else begin
case (state)
2'b0: begin
 ew_time <= time_cnt + TIME_LED_Y -1'b1;
 sn_time <= time_cnt - 1'b1;
```

```
if( time_cnt > 1) begin
 time_cnt <= time_cnt - 1'b1;
 state <= state;
end
else begin
 time_cnt <= TIME_LED_Y;
 state <= 2'b01;
end
end
2'b01: begin
 ew_time <= time_cnt - 1'b1;
 sn_time <= time_cnt - 1'b1;
if (time_cnt >1 ) begin
 time_cnt <= time_cnt - 1'b1;
 state <= state;
end
else begin
 time_cnt <= TIME_LED_G;
 state <= 2'b10;
end
end
2'b10: begin
 ew_time <= time_cnt -1'b1;
 sn_time <= time_cnt + TIME_LED_Y - 1'b1;
if(time_cnt >1) begin
 time_cnt <= time_cnt -1'b1;
 state <= state;
end
else begin
 stime_cnt <= TIME_LED_Y;
 tate <= 2'b11;
end
end
2'b11: begin
 ew_time <= time_cnt -1'b1;
 sn_time <= time_cnt - 1'b1;
if (time_cnt >1) begin
 time_cnt <= time_cnt -1'b1;
 state <= state;
```

```
end
else begin
 time_cnt  <= TIME_LED_G;
 state <= 2'b0;
end
end
default: begin
 state <= 2'b0;
 time_cnt <= TIME_LED_G;
end
endcase
end
end
Endmodule
```

数码管显示模块的代码如下：

```
module seg_led(
input                    sys_clk,
input                    sys_rst_n,
input       [5:0]        ew_time,
input       [5:0]        sn_time,
input                    en,
output      reg [3:0]    sel,
output      reg[7:0]     seg_led
);
//parameter  define
parameter  WIDTH = 50_000;
// reg define
 reg [15:0]              cnt_1ms;
 reg[1:0]                cnt_state;
reg[3:0]                 num;
// wire define
wire [3:0]               data_ew_0;
wire [3:0]               data_ew_1;
wire [3:0]               data_sn_0;
wire [3:0]               data_sn_1;
assign  data_ew_0 = ew_time /10;
assign  data_ew_1 = ew_time %10;
assign  data_sn_0 = sn_time /10;
assign  data_sn_1 = sn_time %10;
```

```
    //计数 1 ms
    always @ (posedge sys_clk or negedge sys_rst_n) begin
    if (! sys_rst_n)
     cnt_1ms <= 15' b0;
    else if (cnt_1ms < WIDTH - 1' b1)
     cnt_1ms <= cnt_1ms +1' b1;
    else
     cnt_1ms <= 15' b0;
    end
  //计数器,用来切换数码管点亮的 4 个状态
    always @ (posedge sys_clk or negedge sys_rst_n) begin
    if (! sys_rst_n)
     cnt_state <= 2' d0;
    else if ( cnt_1ms == WIDTH - 1' b1)
     cnt_state <= cnt_state + 1' b1;
    else
     cnt_state <= cnt_state;
    end
```

//首先显示东西方向数码管的十位,然后是个位。其次显示南北方向数码管的十位,然后是个位

```
    always @ (posedge sys_clk or negedge sys_rst_n) begin
       if (! sys_rst_n) begin
       sel <= 4' b1111;
       num <= 4' b0;
       end
    else if(en) begin
       case (cnt_state)
    3' d0 : begin
     sel <= 4' b1110;
     num <= data_ew_0;
    end
    3' d1 : begin
     sel <= 4' b1101;
    num <= data_ew_1;
       end
    3' d2 :begin
     sel <=4' b1011;
     num <=data_sn_0;
       end
```

```
3'd3 : begin
 sel <= 4'b0111;
 num <= data_sn_1;
   end
default :begin
 sel <= 4'b1111;
 num <= 4'b0;
end
endcase
end
else begin
 sel <= 4'b1111;
 num <= 4'b0;
end
end
//数码管要显示的数值所对应的段选信号
always @(posedge sys_clk or negedge sys_rst_n) begin
 if (! sys_rst_n)
   seg_led <= 8'b0;
 else begin
   case (num)
    4'd0: seg_led <= 8'b1100_0000;
    4'd1: seg_led <= 8'b1111_1001;
    4'd2: seg_led <= 8'b1010_0100;
    4'd3: seg_led <= 8'b1011_0000;
    4'd4: seg_led <= 8'b1001_1001;
    4'd5: seg_led <= 8'b1001_0010;
    4'd6: seg_led <= 8'b1000_0010;
    4'd7: seg_led <= 8'b1111_1000;
    4'd8: seg_led <= 8'b1000_0000;
    4'd9: seg_led <= 8'b1001_0000;
   default : seg_led <= 8'b1100_0000;
 endcase
 end
end
endmodule
```

LED 灯模块

```
module led (
input             sys_clk,          //系统时钟
```

```
input              sys_rst_n,          //系统复位
input       [1:0]  state,              //交通灯的状态
output reg  [5:0]  led                 //红、黄、绿 LED 灯发光使能
);
//parameter define
parameter    TWINKLE_CNT = 20_000_000;  //让黄灯闪烁的计数次数
//reg define
reg       [24:0]        cnt;                      //让黄灯产生闪烁效果的计数器
//计数时间为 0.2s 的计数器,用于使黄灯闪烁
always @ (posedge sys_clk or negedge sys_rst_n)begin
    if(! sys_rst_n)
        cnt <= 25'b0;
    else if (cnt < TWINKLE_CNT - 1'b1)
        cnt <= cnt + 1'b1;
    else
        cnt <= 25'b0;
end
//在交通灯的 4 个状态中,使相应的 LED 灯发光
always @ (posedge sys_clk or negedge sys_rst_n)begin
  if(! sys_rst_n)
      led <= ~6'b100100;
  else begin
      case(state)
        2'b00:led<= ~6'b100010;          //LED 寄存器从高到低分别驱动;东西向
                                            红、绿、黄灯,南北向红、绿、黄灯
        2'b01: begin
          led[5:1]<= ~5'b10000;
        if(cnt == TWINKLE_CNT - 1'b1)   //计数满 0.2 s 使黄灯的亮灭状况切换
                                            一次,产生闪烁的效果
            led[0] <= ~led[0];
        else
            led[0] <= led[0];
        end
      2'b10:led<= ~6'b010100;
      2'b11: begin
         led[5:4]<= ~2'b00;
         led[2:0]<= ~3'b100;
         if(cnt == TWINKLE_CNT - 1'b1)
            led[3] <= ~led[3];
```

```
            else
              led[3] <= led[3];
          end
          default:led<= ~6' b100100;
        endcase
      end
end
endmodule
```

4）下载验证

首先打开交通灯实验工程，在工程所在的路径下打开“top_traffic/par”文件夹，找到“top_traffic. qsf”并双击打开。注意工程所在的路径名只能由字母、数字以及下画线组成，不能出现中文、空格以及特殊字符等。工程打开后，如图 10.9 所示。

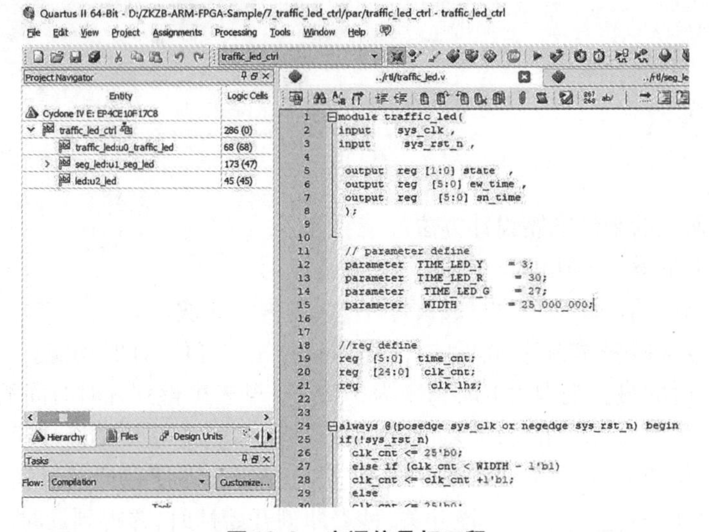

图 10.9　交通信号灯工程

首先将交通信号灯模块按照排母上丝印标识插在开发板上左边的 P6 扩展口上，其次将下载器一端连接计算机，另一端与开发板上对应的端口连接，最后连接电源线并打开电源开关，当程序下载完成后，可以观察到交通信号灯开始工作，在开发系统上得到如图 10.10 所示的结果，说明交通灯试验验证成功。

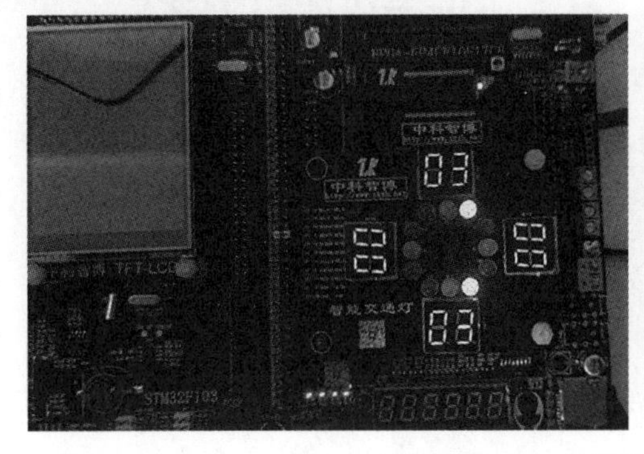

图 10.10　交通信号灯演示结果

本章小结

数字系统具有工作稳定、精确度高、可靠性高、抗干扰能力强，便于系统的模块化和小型化等优点。一个完整的数字系统通常可分为输入电路、输出电路、数据处理器、控制器和时钟电路 5 个部分。

传统的数字系统设计方法采用自下而上的设计方法，而基于 EDA 技术的现代数字系统的设计一般采用自上而下、由粗到细、逐步求精的方法。

状态机电路设计是指用当前时刻电路的输入信号和电路的状态（状态变量）组成的逻辑函数去描述时序逻辑电路功能的方法。任何一个时序电路都可归结为一个状态机，状态机的本质是对具有逻辑顺序或时序规律的事件进行描述，因此，具有逻辑顺序和时序规律的事情都可用状态机描述。

习　题

1. 简述自下而上的硬件电路设计方法。
2. 简述自上而下设计方法的特点。
3. 将本章实例中的黄灯常量改写成黄灯在 3 s 内闪烁 3 次。
4. 设计一块数字秒表，能够精确反映计时时间，并完成复位、计时功能。

要求：秒表计时的最大范围为 1 h，精度为 0.01 s。秒表可得到计时时间的 min、s、10^{-1} s 等度量，且各度量单位可以正确进位；当复位清零有效时，秒表清零并做好计时准备。在任何情况下，只要按下复位开关，秒表都要无条件地进行复位操作，即使在计时过程中也要无条件地清零；设置秒表启动/停止开关，按下该开关，秒表即刻开始计时，并得到计时结果，松开该开关时，计时停止。

参考文献

[1] 阎石. 数字电子技术基础[M]. 6 版. 北京:高等教育出版社,2016.

[2] 张雪平,赵娟. 数字电路与逻辑设计[M]. 北京:清华大学出版社,2016.

[3] 何建新. 数字逻辑设计基础[M]. 2 版. 北京:高等教育出版社,2019.

[4] 林平. 电路分析与电子技术基础-Ⅲ-数字电路分析与设计[M]. 北京:高等教育出版社,2019.

[5] 杨志忠,卫桦林. 数字电子技术基础[M]. 3 版. 北京:高等教育出版社,2018.

[6] 王毓银. 数字电路逻辑设计[M]. 3 版. 北京:高等教育出版社,2018.

[7] 康华光. 电子技术基础-数字部分[M]. 6 版. 北京:高等教育出版社,2014.

[8] 张德华,阮秉涛. 集成电子技术基础教程(下册)[M]. 3 版. 北京:高等教育出版社,2015.

[9] 李晶皎,李景宏,曹阳. 逻辑与数字系统设计[M]. 北京:清华大学出版社,2008.

[10] 范爱平,周常森. 数字电子技术基础[M]. 北京:清华大学出版社,2008.

[11] 林涛. 数字电子技术基础[M]. 北京:清华大学出版社,2006.

[12] 曾菊容,高曾辉,等. 数字电子技术实验与仿真教程[M]. 成都:电子科技大学出版社,2020.

[13] 高吉祥. 数字电子技术[M]. 2 版. 北京:电子工业出版社,2008.

[14] 唐志宏,韩振振. 数字电路与系统[M]. 北京:北京邮电大学出版社,2008.

[15] 陈文楷. 数字电子技术基础[M]. 北京:机械工业出版社,2010.

[16] 中国集成电路大全. TTL 集成电路[M]. 北京:国防工业出版社,1985.

[17] 文良华. EDA 技术及应用[M]. 成都:四川大学出版社,2021.

[18] 罗杰. Verilog HDL 与 FPGA 数字系统设计:Quartu Ⅱ[M]. 北京:机械工业出版社,2015.

[19] 王钿,卓兴旺. 基于 Verilog HDL 的数字系统应用设计[M]. 2 版. 北京:国防工业出版社,2007.

[20] PALNITKAR S. Verilog HDL 数字设计与综合[M]. 夏宇闻,胡燕祥,刁岚松,译. 北京:电子工业出版社,2009.